できる YouTuber式

Excel パワークエリ 現場の教科書

［著］ユースフル（大垣凛太郎）

インプレス

はじめに

Excelの限界を突破する

本書を手に取っていただき、ありがとうございます。ユースフル株式会社の大垣凜太郎と申します。

突然ですが、皆さんは以下のような作業をしていて「面倒くさいな」と思ったことはないでしょうか。

- **毎月、CSVファイルを一から加工してデータ集計作業を行う**
- **業務システムなどから定期的に出力されたExcelファイルを整形する**
- **フォルダに入った複数のExcelファイルをコピー&ペーストでまとめる**
- **ファイルが重すぎてファイルが開かない、開いたとしても動かない**

もし、1つでも当てはまるとしたら、パワークエリが皆さんの仕事を楽にしてくれるはずです。上記の作業なら、それぞれ30分もあれば自動化できますし、ファイルの容量も軽くできます。しかも、難しいことは1つもありません。難易度でいえば、ExcelのVLOOKUP関数よりも簡単に理解できるはずです。

このように、パワークエリは皆さんが普段直面しているデータ整形作業を簡単に自動化するために生まれたツールです。それなのに、パワークエリは「きっと難しくて自分には無理かもしれない」「自分には関係ないツールだ」と思っている人が多いように感じます。

ただ、難しく感じる理由もあるんです。というのも、パワークエリのようにはじめて学ぶツールは「書籍だけ」で勉強するのが難しいからです。つまり、はじめて触るツールは「操作」を理解する必要がありますが、文字情報と画面の静止画像の情報だけだと、操作の理解に限界が生まれてしまうわけです。

「本×動画」で効率的にパワークエリを学ぶ

そこで、本書は「本×動画」という学習体験を提供し、皆さんがパワークエリをわかりやすく学べるようにしました。具体的には、パワークエリの機能を解説するにあたって、各レッスンに動画の解説を付けています。本書だけでパワークエリの学習が完結するようにしてありますが、同時に動画を活用することによって、パワークエリの操作を直感的に理解できます。操作の流れを理解しやすい動画と、情報が体系的に整理された書籍をあわせて活用することで、皆さんがやりたいことに一直線にたどりつけるようにしてあります。

ルーチン作業を脱出する

ビジネスの現場は「ルーチン」でできています。毎日、毎週、毎月といったスパンで定期的に行うデータ集計作業は、組織の中で数字に基づいて事業を円滑に運営するためには欠かせない作業です。しかし、必要な作業だからといって、それを人間がやらなければならないということにはなりません。皆さんには、もっとやるべきこと、やりたいことがあるはずです。

このとき、同じ作業を繰り返すのは、ヒトよりもパソコンのほうが得意ですよね。であれば、パソコンにその作業をやってもらうべきです。でも、自動化といえばプログラミング。そして、プログラミングを学習するのは費用もかかるし、習得できるかどうかもわからない。こうして悶々とした結果、明日も同じ作業を続けることになっているかもしれません。

もしそうだとしたら、ぜひ、パワークエリを学んでみてください。パワークエリは、プログラミング不要で操作ができるため、学習コストが低いツールです。本書の内容をすべて覚える必要はありません。学習したうちのどれか1つは必ず実務の現場で使えるはずです。そして、皆さんが習得したスキルで、現場のルーチンワークをどんなに小さくてもいいから変えてみてください。

そうしたら、きっと気づいてもらえるはずです。皆さんの仕事は、もっと簡単にできるんだと。まだ現場でやれることはたくさんあるんだと。そんな皆さんの未来のために、本書が一助になればと思っています。

それでは、早速はじめていきましょう！ よろしくお願いします。

2023年12月　大垣凛太郎

本書で紹介する操作はすべて2023年11月現在の情報です。

- 本書では「Windows 11」と「Microsoft 365 Business Standardプラン」、「Excelバージョン2307」を使用し、インターネットに常時接続されている環境を前提に画面を再現しています。
- 本文中では、「Microsoft Excel」のことを「Excel」と記述しています。
- 本文中で使用している用語は、基本的に実際の画面に表示される名称に則っています。
- 「できる」「できるシリーズ」は株式会社インプレスの登録商標です。本書に記載されている会社名、製品名、サービス名は、一般に各開発メーカおよびサービス提供元の登録商標または商標です。なお、本文中には ™ および© マークは明記していません。

CONTENTS

CHAPTER 1

パワークエリが どんなツールか知ろう

CHAPTER 2

CHAPTER 3

大量のデータをかんたんに取り込む

CHAPTER 4

業務で使いやすい形式にデータを整形する

CHAPTER 6

自分好みのデータを作成する

練習用ファイルについて

本書の各レッスンで使っているExcelファイルなどの練習用ファイルは、以下Webサイトからダウンロードできます。
練習用ファイルと書籍・動画を併用することで、より理解が深まります。

本書の練習用ファイルを使用する場合は、ダウンロードしたzipファイルをCドライブで展開してご利用ください。
Cドライブ以外に保存して操作する場合は、76ページから解説している手順に従ってソースファイルのパス(保存先)を書き換えてください。

練習用ファイルのダウンロードページ

https://book.impress.co.jp/books/1122101159

本書の読み方

各レッスンには、操作の目的や効果を示すレッスンタイトルと機能名で引けるサブタイトルを付けています。1レッスンあたり2～6ページを基本に、テキストと図解で、現場で使えるスキルを簡潔に解説しています。

練習用ファイル

解説している機能をすぐに試せるように、練習用ファイルを用意しています（くわしくは前ページを参照）。

動画解説

動画が付いたレッスンは、ページの右上に表示された二次元バーコードまたはURLから動画にアクセスできます。

YouTuberによる動画講義

レッスンで解説している操作を動画で確認できます。著者の解説とともに、操作の動きがそのまま見られるので、より理解が深まります。すべてのレッスンの動画をまとめたページも用意しました。

インターネットに接続している環境であれば、パソコンやスマートフォンのWebブラウザから簡単に閲覧できます。アプリのインストールや登録の手続きなどは不要です。

本書籍の動画まとめページ

https://dekiru.net/ytpq

PROLOGUE

なぜパワークエリを学ぶのか

01

モダンExcel

モダンExcelが注目を集める3つの理由

モダンExcelとは

モダンExcelは、Excel 2016以降に搭載された「Power Query」(パワークエリ)と「Power Pivot」(パワーピボット)という機能を使って、複雑なデータ分析やデータの可視化ができるようになったExcelのことです。パワークエリは、外部データの取り込みや整形を行えます。パワーピボットは、複数のテーブルの関連付けや集計ができます。どちらも、複雑なプログラミングの知識は不要で使えるのが特徴です。

モダンExcel

パワークエリ
外部データの取り込みや整形ができる

パワーピボット
複数のテーブルの関連付けや集計ができる

本書では、モダンExcel初心者の方に向けてパワークエリの使い方を紹介します。また、『できるYouTuber式』シリーズには、パワーピボットの解説書もあります。あわせて勉強すると、より経営戦略や意思決定に役立つデータ分析スキルを身につけられるでしょう。

モダンExcelの対義語でレガシーExcelという言葉もあります。レガシーExcelは、Excel 2016より前のバージョンや、パワークエリやパワーピボットを使わないExcelのことです。

POINT：

1 モダンExcelとは、複雑なデータ分析や可視化ができるExcelのこと

2 モダンExcelには、パワークエリとパワーピボットがある

3 モダンExcelは、Excel 2016から搭載された機能

モダンExcelをマスターしよう

大量データを扱う時代に、データ分析の現場ではモダンExcelが注目を集めています。理由はおもに3つあります。

① 大量データをスイスイ動かせる

大量のデータを取り扱うとExcelの動作が重たくなってしまいます。モダンExcelを利用すると、この問題が解消され、大量のデータを取り込んだ状態でもデータの整形や分析がストレスなく行えるようになります。Excelを業務で多用する皆さんにとっては、Excelの可能性が飛躍的に高まるといってよいでしょう。

② Excelにない機能がたくさん！

モダンExcelというからには、過去のExcelではできないような機能がたくさんあります。たとえば、大量のCSVファイルを1つのファイルに統合したり、表形式のデータからデータテーブルを作ったり、Webサイトからデータを取得したりする操作が簡単にできます。

③ 定例タスクをしくみ化できる

Excelの作業の大半は、定例のタスクです。定例化されたタスクは自動化できるとラクですが、そのためにプログラミングを勉強するのは大変。モダンExcelを活用すれば、Excel操作と同じ感覚で業務を自動化できるようになります。

02

パワークエリ

いま、あなたにパワークエリが必要な3つの理由

パワークエリはこんな方におすすめ

パワークエリとは、前述したようにExcelで外部データの取り込みや整形の作業を自動化できる機能です。パワークエリを活用すべき人は、以下のような人です。

- Excelを使ったデータの整形（不要なデータの削除、値の結合や分割、データの置換、並べ替え、フィルター、文字列や数値の追加など）を定期的に行っている人
- 業務システムなどから出力されたCSVファイルをExcelで整形する業務を行っている人
- 大量データを分析する前処理として、Excelデータの整形を行っている人
- Web上のデータを手作業でExcelにコピー＆ペーストして利用している人
- 複数のExcelファイルや、シートにまたがったデータを結合する作業をしている人

以上のどれか1つでも当てはまる方は、パワークエリの活用をおすすめします。パワークエリを活用するメリットを次ページで解説していきます。

POINT：

1 パワークエリは、データ取り込みと整形を自動化できるツール

2 プログラミング不要で、簡単に操作できる

3 Excelがあれば無料で活用できる

パワークエリの活用をすすめる理由

① Excel整形の作業を自動化でき、引き継ぎも容易

パワークエリなら、前ページに書いたような面倒な手作業を自動化できます。パワークエリはExcelと同じ感覚で操作ができますし、1つ1つの作業がシンプルで短いので、皆さんが作った自動化のしくみを誰かに引き継ぐことも容易です。

② プログラミング不要でとっつきやすい

Excelをある程度学んだ人は、VBAも勉強すべきか悩むかもしれません。しかし、VBAはプログラミング言語なので、習得するのが大変です。パワークエリであれば、プログラミング不要でExcelと同じ感覚で操作ができるので、習得が容易です。

③ Excelのアドイン機能で利用できる

パワークエリは、Excelに標準搭載されたアドイン機能なので、別にソフトをインストールする必要はありません。Excelに慣れている方なら、すぐに利用できます。

Excelを使った、手作業の整形に時間を取られている方は、ぜひ本書でパワークエリの勉強をして、その便利さを実感してほしいです。

03

学習法

「本×動画」を活用する効率的な学習法

本と動画のよいところ取り

本書では「パワークエリ」をテーマに、本と動画の両方のコンテンツを提供しています。本と動画にはそれぞれ以下の特徴があります。

・本は要点を把握しやすい
調べ物をするときに、辞書を引くようにとっさに使え、欲しい情報のポイントをすぐに調べられます。

・動画（YouTube）は操作の流れがわかりやすい
PCでのクリックやドラッグ＆ドロップといった実際の操作の流れは、動画で見れば一目瞭然です。

自分のニーズに応じて、本と動画を組み合わせて学習することで、パワークエリを効率的に習得できます。

［コンテンツの形式の違いによる特徴］

コンテンツの形式	断片的な情報へのアクセスのしやすさ	連続的な情報へのアクセスのしやすさ	配信形式ごとのメリット
文章	○	×	情報の要点をつかむのに向いている（本）
画像	○	×	
音声	×	○	操作の流れをつかむのに向いている（動画）
映像	×	○	

POINT :

1 本は情報の要点をつかみやすい

2 動画は操作の流れをつかみやすい

3 本書は両方のメリットを活かせる

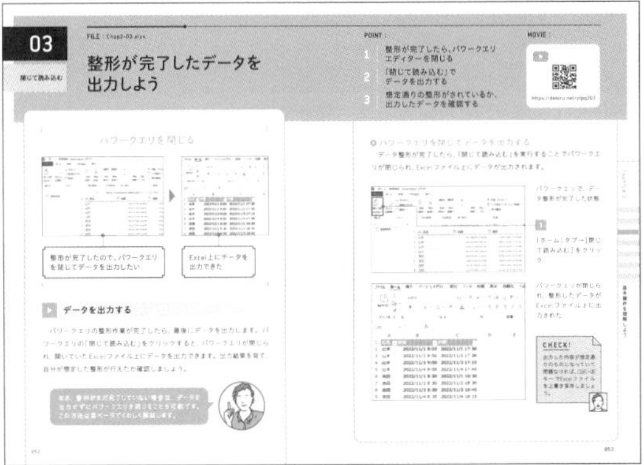

BOOK

- ✓要点をサッとつかめる
- ✓すべての手順を紙面に再現
- ✓本だけでも完結

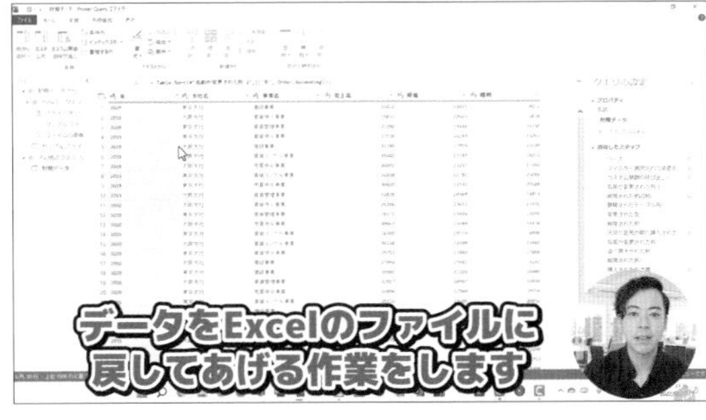

YouTube

- ✓二次元バーコードから簡単にアクセス
- ✓人気講師による丁寧な解説
- ✓コメントで質問できる

本と動画の強みを組み合わせたハイブリッドな学習法で、効率的なスキルアップにつなげましょう。「本×動画」でパワークエリを学んで、ぜひデータ集計業務の自動化を行ってみてください。

COLUMN

VBAがあるのに、なぜパワークエリを学ぶの？

パワークエリをご存じの皆さんは、Excel VBAについてもご存じかもしれません。Excel VBAを駆使すれば、プログラムを自在に組み立てて、業務を自動化できます。一方で、パワークエリにはデータ集計や整形の機能しかありません。それなのに、どうしてパワークエリのスキルを習得する必要があるのでしょうか？

まず、Excel VBAと比較して、パワークエリはスキルの習得が容易です。VBAはプログラム言語の1つなので、VBAの習得にはプログラミングの勉強が必要になります。本書を手にされた皆さんの中には、VBAを勉強してみたけれど、途中で挫折してしまった方も多いのではないでしょうか。日々の業務に追われる中で独学でVBAを学習するのは、かなりハードルの高いことなのです。一方で、パワークエリはプログラミングを必要としません。もちろん、プログラムを書くこともできるのですが、実務の現場では、マウスクリックを中心とした画面上の操作のみでデータ集計や整形の業務を自動化することができます。

次に、パワークエリのほうが引き継ぎも簡単です。たとえば、皆さんは先輩が作ったVBAのプログラムが組み込まれたExcelファイルを見たことはないでしょうか。しかも、プログラムの中身は周りの人もわかっておらず、ボタンを押すととりあえず動くことだけはわかっているというケースもあります。このようなExcelファイルで実行する業務を引き継ぐ場合には、後任者がファイルの中身を解析して、必要な改修を行わなければなりません。さらに、VBAに関する詳細な設計書が残されていることは稀なので、その解析は簡単ではありません。

一方で、パワークエリの業務自動化のプロセスはシンプルで短く、しかも日本語で表現されるので、第三者から見ても処理が理解しやすいはずです。そのため、引き継ぎも楽になりますし、ブラックボックス化した業務をなくすこともできます。

パワークエリは機能が絞られているからこそ、操作や習得が容易で、皆さんの実務の現場で役に立つツールだといえます。

CHAPTER 1

パワークエリが
どんなツールか知ろう

01

パワークエリのメリット

データの取得から整形まで自動化できる

パワークエリで面倒な作業を自動化できる

2019年から2021年までの売上データが年度ごとに個別のExcelファイルに保存されていたとして、これを1つのファイルに結合したいとき、皆さんならどうしますか？

1つ1つファイルを開いて必要な列をコピーして、新しいファイルにペーストして……を繰り返してもいいのですが、新しい年度のデータができるたびにコピペするのも面倒です。パワークエリを使えばその面倒な作業を自動化できます。このレッスンでは、パワークエリを使うメリットを知るために、データを結合する操作の全体像と、パワークエリが何をしているのかを眺めてみましょう。

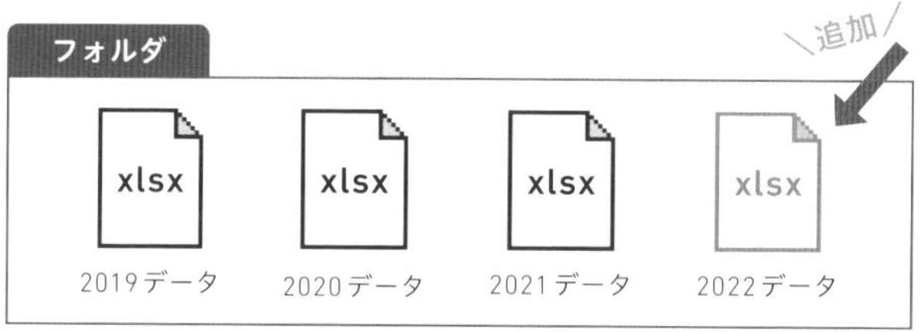

パワークエリ

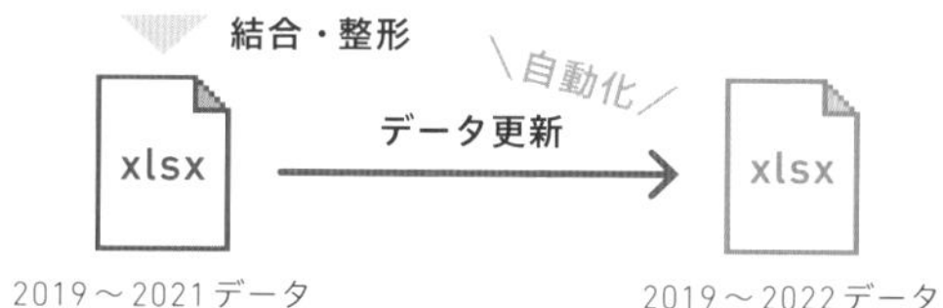

パワークエリでは複数ファイルの結合やデータの整形、追加ファイルの自動更新まで行える

POINT：

1 複数ファイルの結合が簡単

2 柔軟なデータ集計が可能

3 データの整形＆更新のワークフローが自動化できる

MOVIE：

https://dekiru.net/ytpq101

操作の全体像を押さえよう

前ページで紹介したようなファイルの結合やデータの更新をパワークエリで行う場合、以下の流れで操作を進めます。フローチャートの各項目の左にあるアイコンは、その操作で用いるツールを表しています。

データ結合の基本的な流れ

Excel　結合データをインポートするExcelブックを開く

Excel　結合したいファイルが入ったフォルダを指定する

パワークエリ　データを結合して整形する

Excel　Excelにデータを読み込む

データ更新の流れ

ファイルエクスプローラー　追加したいファイルを同じフォルダに入れる

Excel　［更新］ボタンをクリックすると新しいデータが自動的に整形・追加される

次ページから実際の手順を説明していきます。

結合データをインポートするExcelブックを開く

ここでは新しいExcelブックに、この後結合するデータをインポートします。まずは空白のブックを作成しておきましょう。

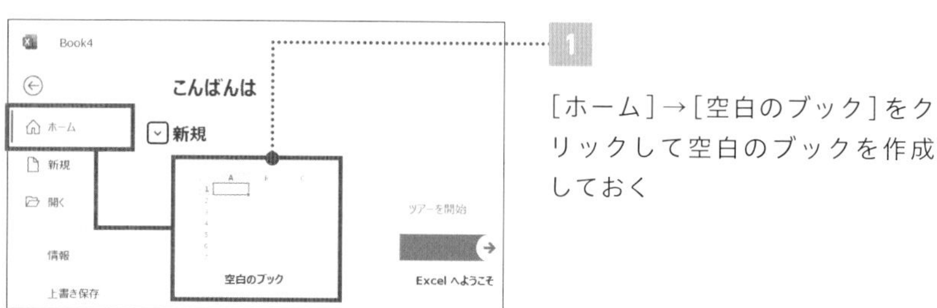

結合したいファイルが入ったフォルダを指定し、結合する

ここでは2019年から2021年までの売上データが保存されている「財務データ」フォルダを指定します。フォルダの指定と結合はシームレスに行えます。

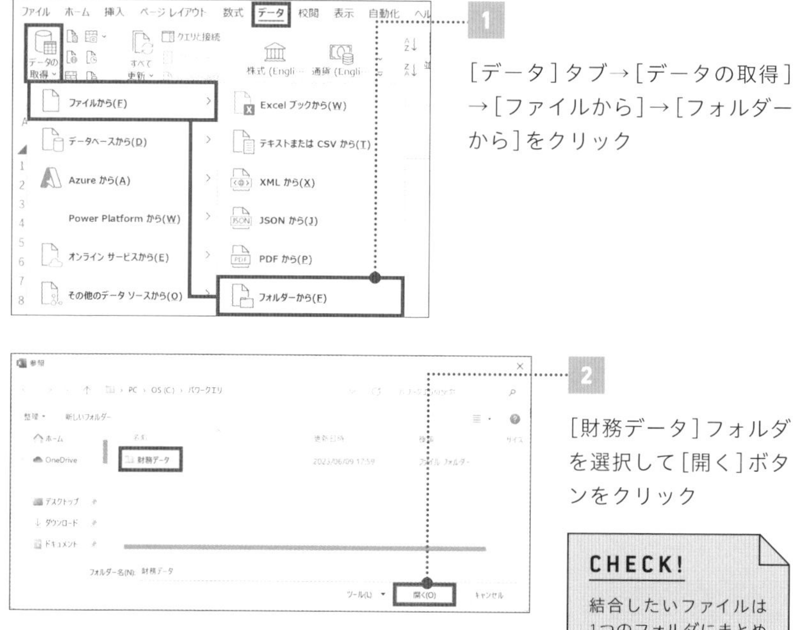

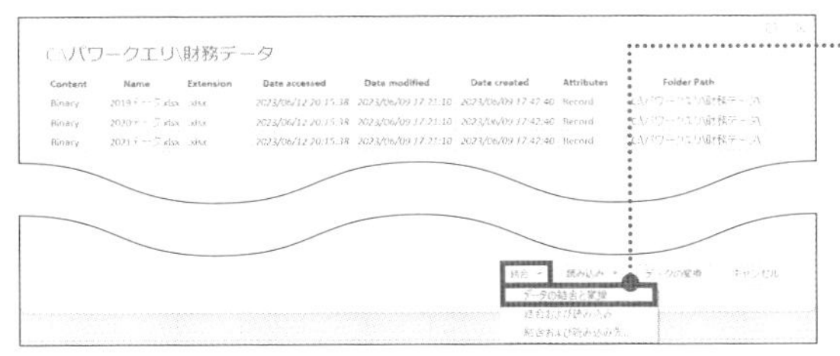

3

フォルダ内のファイルが表示されるので、[結合]→[データの結合と変換]をクリック

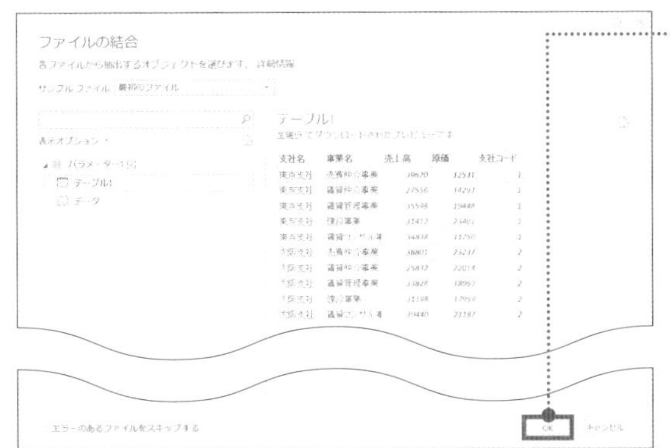

4

データの内容を確認して[OK]ボタンをクリック

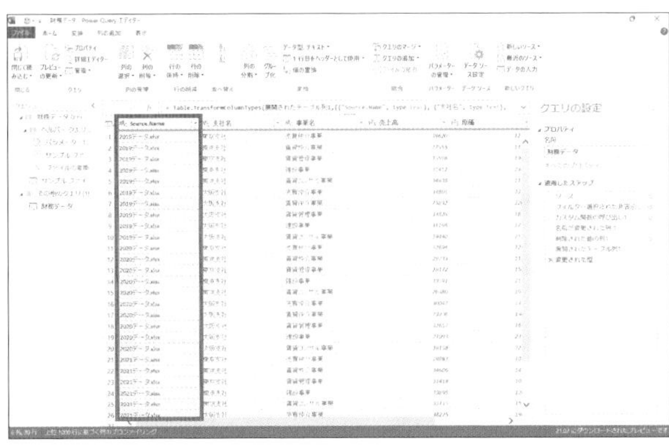

Power Queryエディターに切り替わり、2019年、2020年、2021年の3ファイルのデータが[Source.Name]列に一覧で表示された

2019年、2020年、2021年の3年分のデータを結合できました。なお、いま開いている画面を「Power Queryエディター」といいます。Power Queryエディターとはいわゆる「パワークエリ」のことだと思って大丈夫です。実際、本書でもPower Queryエディターのことをパワークエリと表記している箇所があります。次ページで引き続き操作を続けましょう。

データを整理する

ここまでの操作で、[財務データ]フォルダに保存されたデータがパワークエリで結合されました。ここからはパワークエリで、列の追加や削除といったデータの整理をしていきます。基本的にはExcelの操作と似ていますが、パワークエリではより効率よく作業できます。ここでは不要な「支社コード」列を削除し、「売上高」から「原価」を引いた「粗利」を集計する列を追加します。

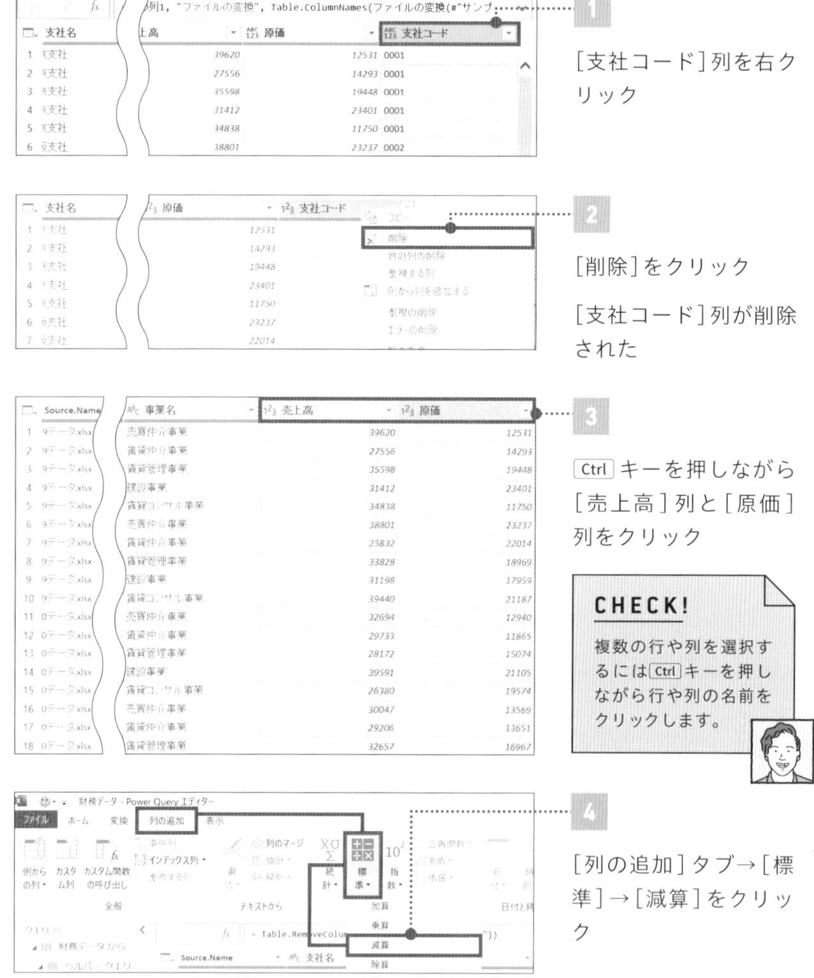

	支社名	売上高	原価	減算
1	支社	39620	12531	27089
2	支社	27556	14293	13263
3	支社	35598	19448	16150
4	支社	31412	23401	8011
5	支社	34838	11750	23088
6	支社	38801	23237	15564

［減算］列が追加され、手順3で選択した［売上高］から［原価］が引かれた数値が自動的に計算された

	支社名	売上高	原価	粗利
1	支社	39620	12531	27089
2	支社	27556	14293	13263
3	支社	35598	19448	16150
4	支社	31412	23401	8011
5	支社	34838	11750	23088
6	支社	38801	23237	15564

5

［減算］列の名前を「粗利」に変更

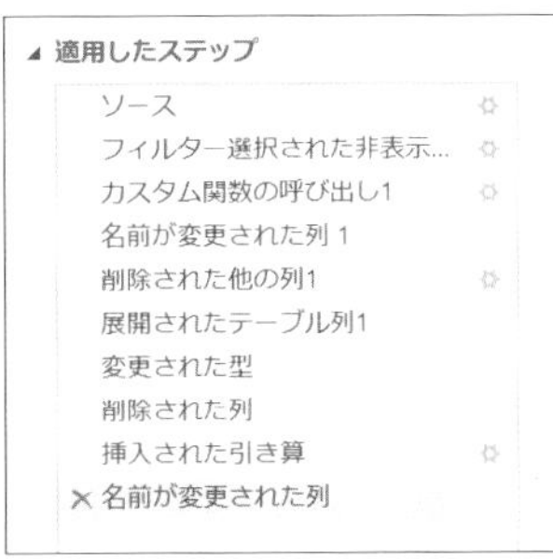

［適用したステップ］に行った操作が追加された

CHECK!

列名をダブルクリックすると名前が選択状態になるので、わかりやすい名前を入力しましょう。

画面右にある［適用したステップ］欄を見ると、「削除された列」などというステップが追加されています。行った操作をパワークエリが記録していることを示しており、この記録については後ほどくわしく説明します。

理解を深めるHINT

パワークエリは計算もできる

このレッスンで「売上高ー原価」の計算結果の列を追加したように、パワークエリでは四則演算などの機能を持った列を作成できます。単なるデータの取り込みや結合だけでなく、列の値を使った計算も自動化できるのがパワークエリの強みの1つです。こうした列の追加については、CHAPTER5でくわしく説明します。

データをExcelにインポートする

ここまでパワークエリで不要な列を削除し、新たに粗利の列を追加してデータを整理できました。このデータを、28ページで作成した空白のExcelブックに通常の表形式（テーブル形式）でインポートします。

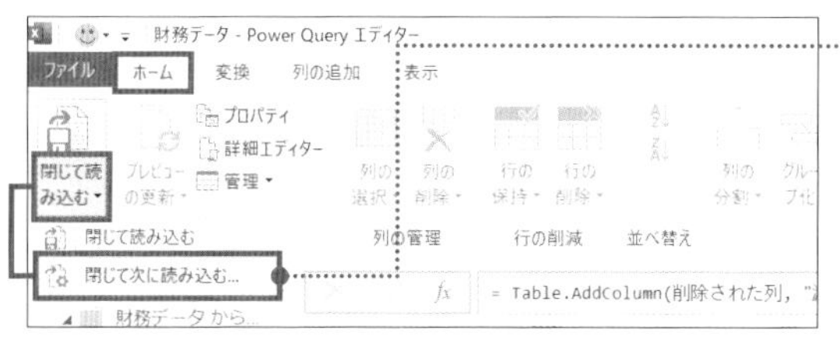

1

［ホーム］タブ→［閉じて読み込む］→［閉じて次に読み込む］をクリック

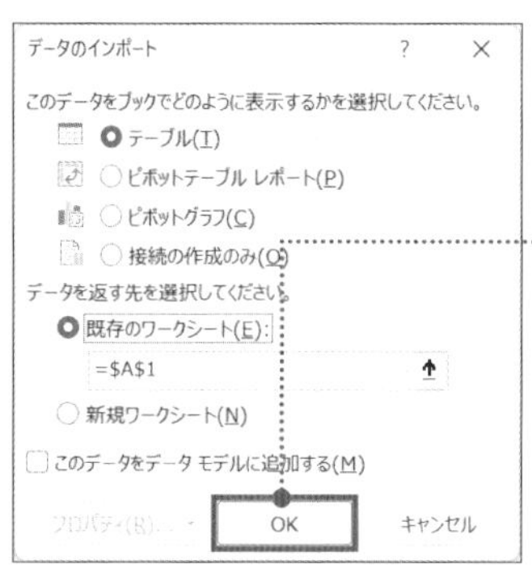

［データのインポート］ダイアログボックスが表示された

2

表示する形式とインポート先を設定して［OK］ボタンをクリック

CHECK!

整形の途中でパワークエリを閉じる場合は［接続の作成のみ］を使用します。62ページで解説しています。

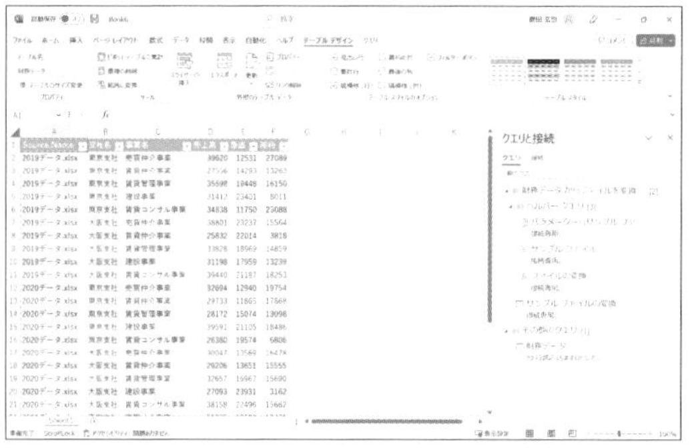

Excelのシートに表形式でインポートできた

CHECK!

このExcelファイルは、［ファイル］タブ→［名前を付けて保存］で保存しておきましょう。

データを更新する

続いて、データを追加して更新します。データの更新はとても簡単です。追加したいデータを同じフォルダに入れて、[更新]ボタンをクリックするだけで、列の追加や削除も自動的に行われてインポートされます。

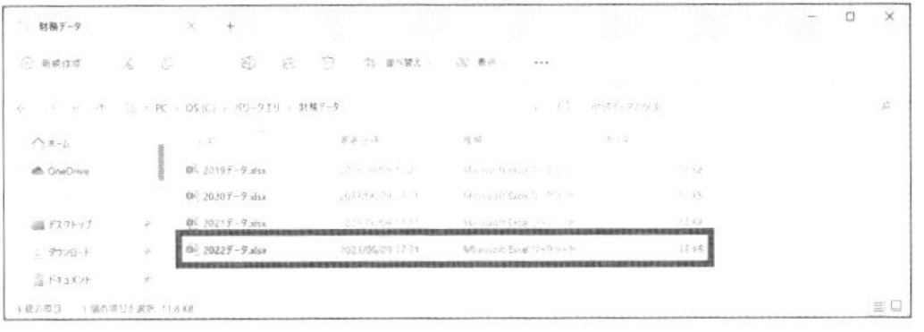

1

[財務データ]フォルダに2022年のデータを追加

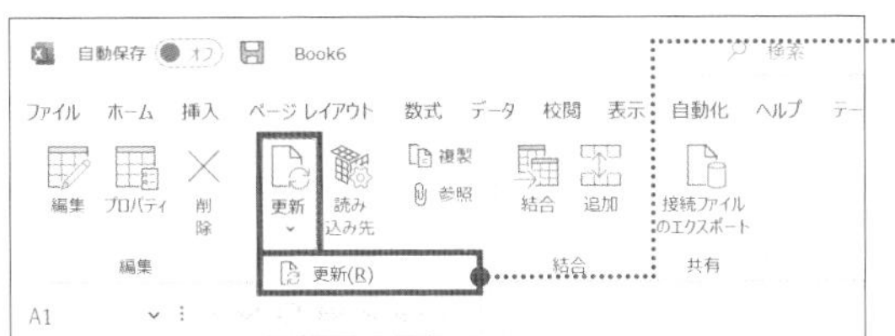

2

インポートするExcelファイルを開き、[クエリ]タブ→[更新]→[更新]をクリック

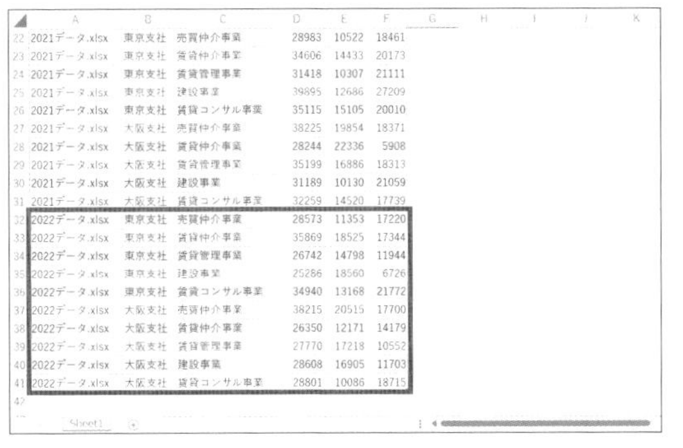

	A	B	C	D	E	F
22	2021データ.xlsx	東京支社	売買仲介事業	28983	10522	18461
23	2021データ.xlsx	東京支社	賃貸仲介事業	34606	14433	20173
24	2021データ.xlsx	東京支社	賃貸管理事業	31418	10307	21111
25	2021データ.xlsx	東京支社	建設事業	39895	12686	27209
26	2021データ.xlsx	東京支社	賃貸コンサル事業	35115	15105	20010
27	2021データ.xlsx	大阪支社	売買仲介事業	38225	19854	18371
28	2021データ.xlsx	大阪支社	賃貸仲介事業	28244	22336	5908
29	2021データ.xlsx	大阪支社	賃貸管理事業	35199	16886	18313
30	2021データ.xlsx	大阪支社	建設事業	31189	10130	21059
31	2021データ.xlsx	大阪支社	賃貸コンサル事業	32259	14520	17739
32	2022データ.xlsx	東京支社	売買仲介事業	28573	11353	17220
33	2022データ.xlsx	東京支社	賃貸仲介事業	35869	18525	17344
34	2022データ.xlsx	東京支社	賃貸管理事業	26742	14798	11944
35	2022データ.xlsx	東京支社	建設事業	25286	18560	6726
36	2022データ.xlsx	東京支社	賃貸コンサル事業	34940	13168	21772
37	2022データ.xlsx	大阪支社	売買仲介事業	38215	20515	17700
38	2022データ.xlsx	大阪支社	賃貸仲介事業	26350	12171	14179
39	2022データ.xlsx	大阪支社	賃貸管理事業	27770	17218	10552
40	2022データ.xlsx	大阪支社	建設事業	28608	16905	11703
41	2022データ.xlsx	大阪支社	賃貸コンサル事業	28801	10086	18715

2022年のデータが追加された

パワークエリで行ったデータの結合や整形といった操作は、すべて記録されており、パワークエリの[適用したステップ]から確認可能です。今回、2022年のデータを追加して[更新]ボタンを押すと自動的にデータの結合や整形が行われました。これは、パワークエリが記録した操作(適用したステップ)すべてを、そのデータにも適用したということです。操作の記録と自動化については、40ページでくわしく説明します。

02

パワークエリと
パワーピボット

パワーピボットと連携させるともっと強力に！

パワークエリで、散らばったデータをまとめて自動加工

パワークエリを使うと、ExcelやCSVファイル、Webからデータを収集して整形する作業を、簡単なマウス操作で自動化できます。収集・整形したデータに対して、次ページで紹介するパワーピボットを利用することで、高度な分析が可能です。

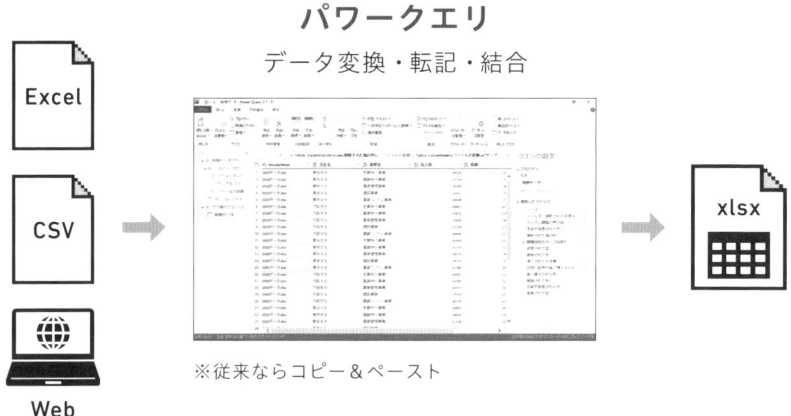

※従来ならコピー＆ペースト

皆さんがデータを取り扱う作業をするときに、大切なのはアウトプットとしての分析結果やグラフです。よりよいアウトプットをするためには、準備作業としてのデータの整形作業は最低限の時間で終わらせたいですよね。パワークエリはデータの整形作業を自動化してくれるツールなので、自動化によって浮いた時間を活用し、パワーピボットで行う高度な分析作業のクオリティを高められるようになります。

POINT :

1 パワークエリはデータ収集・整形を自動化できる

2 パワーピボットは高度なデータ分析が得意

3 この2つを使えば、従来手作業でしていたことを自動化できる

▶ パワーピボットで、データの集計・分析が容易に

パワーピボットを使うと、データを1つのテーブルに集約せずに紐づけるだけで、Excelでは難しかった高度な分析ができます。データのインプットと整形処理はパワークエリで自動化して、アウトプットとしての結果の出力はパワーピボットを使います。パワークエリとパワーピボットを連携することで、Excelで高度な業務ができるようになります。

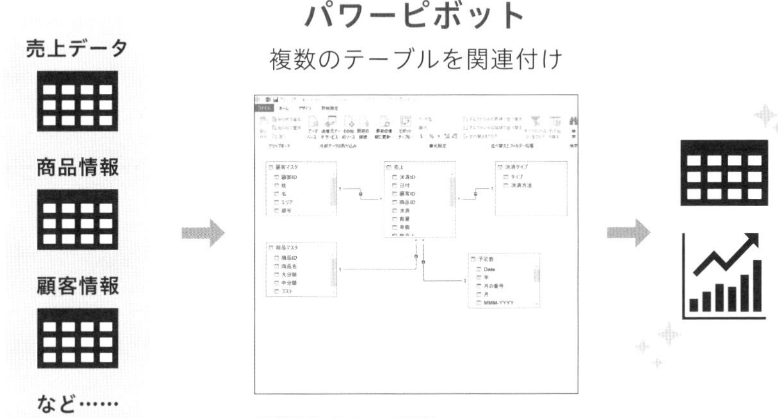

※従来ならExcel関数

パワーピボットをくわしく学びたい方は同シリーズの『できるYouTuber式 Excelパワーピボット 現場の教科書』をおすすめします！

03

基礎的な知識／用語

パワークエリの基礎知識を押さえよう

パワークエリの基礎知識と用語を知ろう

本書のレッスンを理解しやすくするために、ここではパワークエリの基礎知識や、知っておきたい用語について説明します。

「クエリ」はデータ収集と整形の一連の流れのこと

パワークエリでデータ収集と整形、出力を行うと「クエリ」が作成されます。「クエリ」とは、データを収集し、整形し、出力する一連の流れのことです。一度クエリを作成すれば、同じ作業を自動化できます。

なお、列を追加したり、削除したりといった1つ1つの整形作業は「ステップ」として記録されます(40ページ参照)。

データ収集元の「ソース」とパワークエリの関係

収集する元のデータのことを「ソース」と呼びます。パワークエリはExcelファイルやCSVファイルなど、さまざまな形式のデータをソースにできますが、ソースのデータはテーブル形式(42ページ)を備えている必要があります。パワークエリは、ソースから収集したデータを整形しますが、このときソース(元データ)のデータは変更されません。

[パワークエリ利用の基本的な流れ]

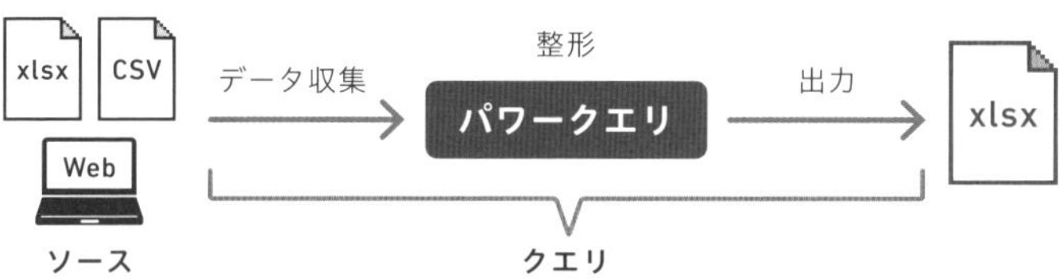

POINT：

1 パワークエリの基本は
データ収集→整形→出力

2 パワークエリ上で整形を行っても、
ソースは変更されない

3 さまざまなデータ型の違いを知る

データ型について知ろう

パワークエリでデータの収集や整形を行ううえで意識したいのが、データの形式（データ型）です。データ型の種類と用途を学ぶことで、「異なるデータ型のデータを結合させようとしてエラーになった」といったトラブルを減らし、「数値を小数点以下まで表示させる」など意図したデータを表示させることが可能になります。

・数値型　　　計算に使える数字データ
・テキスト型　計算には使えない文字データ
・日付型　　　日付や時刻を表すデータ

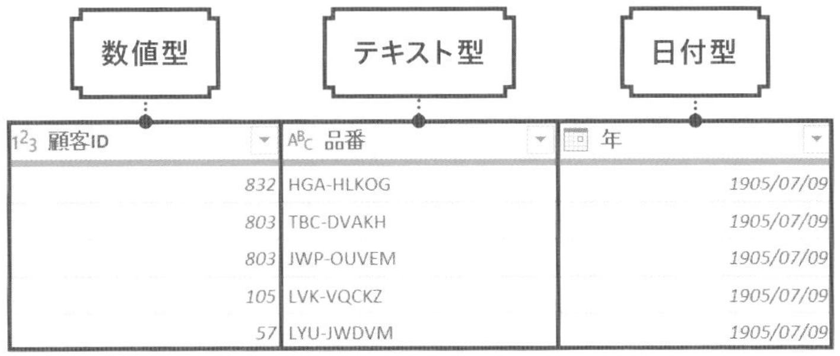

顧客ID	品番	年
832	HGA-HLKOG	1905/07/09
803	TBC-DVAKH	1905/07/09
803	JWP-OUVEM	1905/07/09
105	LVK-VQCKZ	1905/07/09
57	LYU-JWDVM	1905/07/09

ここにあげたデータ型はあくまで大きな分類で、実際はより細かいデータ型が存在します。たとえば数値については「整数」や「パーセンテージ」などといったデータ型があります。ほかのデータ型については、231ページの付録で紹介しています。

04

Power Query エディター／各種タブの機能

画面の見方を覚えよう

Power Queryエディターの画面を見てみよう

Power Query エディター（以下、パワークエリ）でデータの整形を行うときの基本的な画面構成を確認しておきましょう。「適用したステップ」については40ページで、「数式バー」については232ページでそれぞれくわしく説明します。

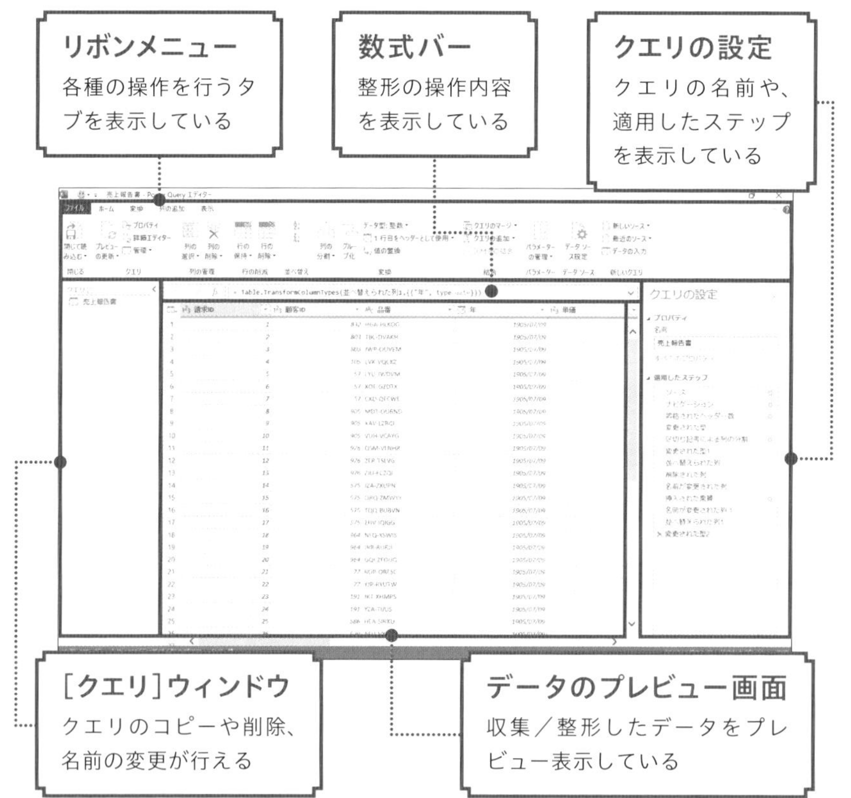

POINT：

1 整形中のデータはプレビュー画面から確認できる

2 [クエリ]ウィンドウからクエリの確認や編集が行える

3 リボンメニューの各タブの役割を押さえる

リボンメニューの各種タブの役割を知ろう

[ホーム]タブ

「閉じて読み込む」などクエリ全体に関する操作や、列や行の整形によく使われる操作のボタンが並んでいます。

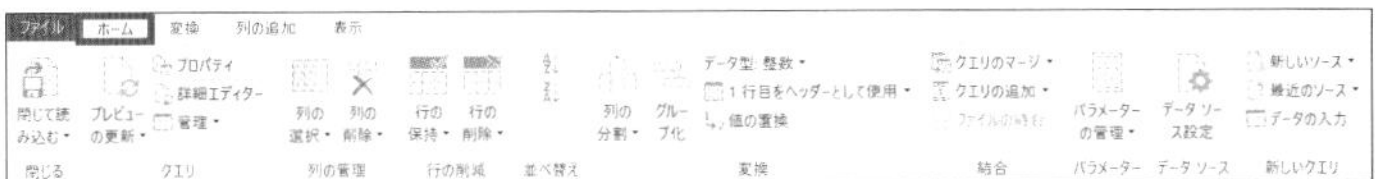

[変換]タブ

データ型に応じて、列のデータを変換するためのボタンが配置されています。

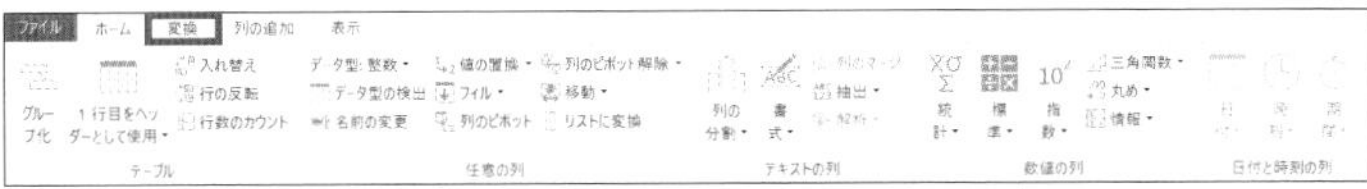

[列の追加]タブ

条件を指定して、新しい列を追加できるメニューです。

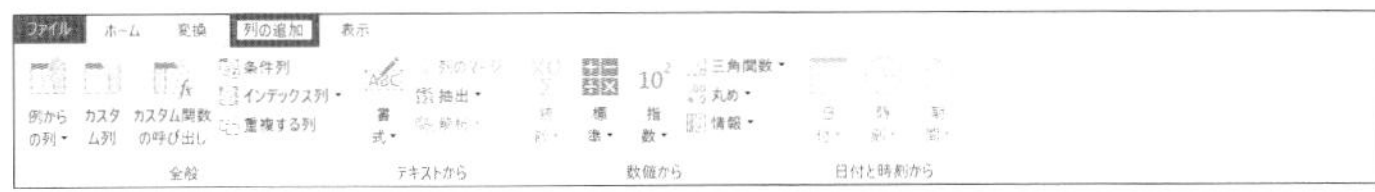

[表示]タブ

パワークエリのレイアウトの設定が可能です。

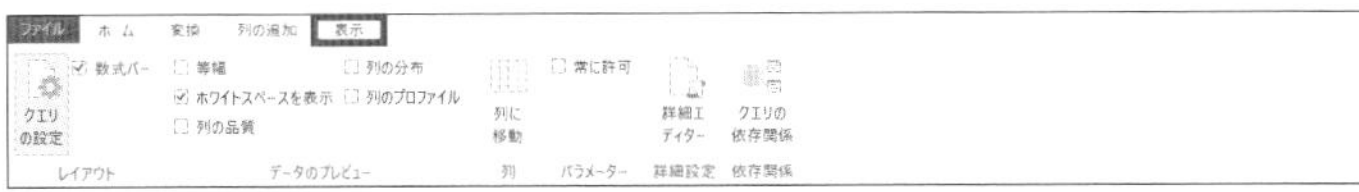

05

ステップの機能

パワークエリの強み「ステップ」を理解する

パワークエリの「ステップ」の概要をつかもう

パワークエリで行った操作は「ステップ」として記録されます。このステップは、[クエリの設定]にある[適用したステップ]に一覧され、ここからステップの履歴をたどったり、特定のステップを修正したり、といった操作が行えます。パワークエリを使いこなすために大切な機能なので、まずはステップの基本的な役割について理解しておきましょう。

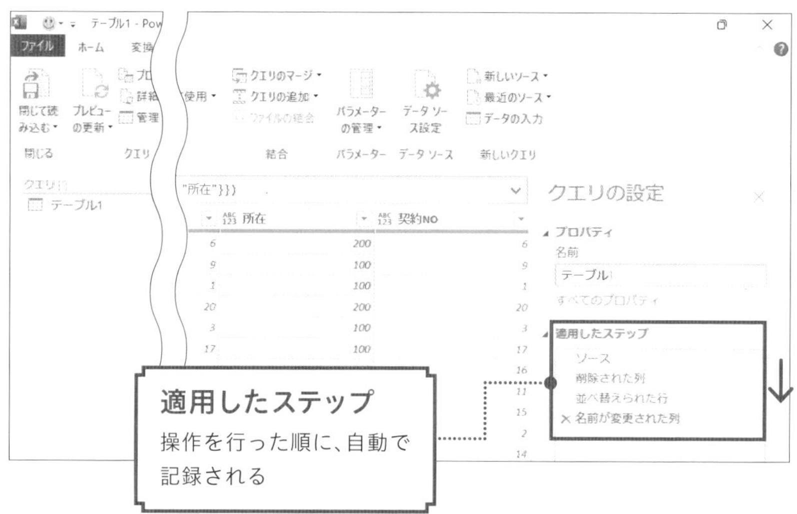

36ページで説明したクエリのデータ取り込み→整形→出力といった流れのうち、整形の操作の1つ1つを記録しているのがステップです。

POINT：

1 [適用したステップ]は、パワークエリ上でのデータ操作の履歴

2 ステップは自動で記録される

3 最新のステップ以外のステップも修正できる

過去に行った操作内容も修正できる

[適用したステップ]のステップを選択すると、パワークエリで整形しているデータが、選択したステップの操作を行った直後の状態になります。

たとえば以下の画面は、最新の操作で「預かり数量」の値が100未満のデータだけ抽出した例です。ここで過去のステップをクリックすると、そのステップを適用した直後（＝「預かり数量」を抽出する前）の状態に戻って、操作内容を修正したり、別の操作を追加したりできます。

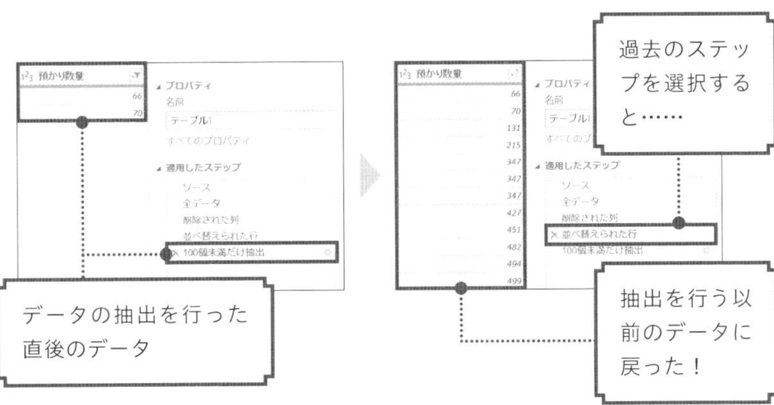

パワークエリには「操作の履歴（ステップ）を確認して把握できる」「過去の操作も修正できる」という特徴があります。クエリがどういうフローで構成されているか誰でもわかるので、引き継ぎやメンテナンスがしやすいのもパワークエリの強みです。

06

データセット

データ活用には事前の準備が大切

パワークエリが扱いやすいデータの形式がある

パワークエリで扱うデータは、一定のルールに則った形に整えておく必要があります。この、ある形式で整えられたデーター式を「データセット」といいます。まずは適切なデータセットとはどんなものかを理解しましょう。

パワークエリで扱うデータセットの条件

① テーブル形式(表形式)になっている

② 先頭の行が重複しない項目になっている

③ テーブルの中に空白セルが含まれていない

④ 各列のデータが特定のデータ形式である

⑤ 集計のための行列が含まれていない

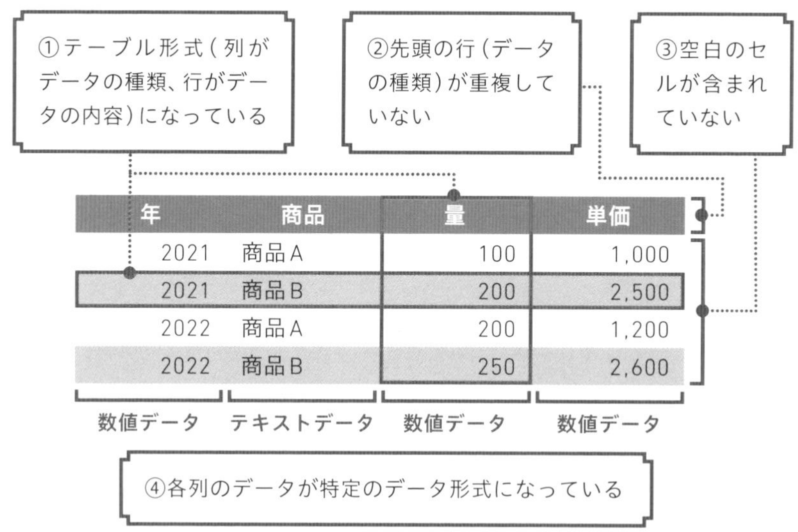

POINT：

1 パワークエリが扱いやすいデータセットを知る

2 データセットには5つの条件がある

3 人間が見やすい形式とパワークエリが扱いやすい形式は違う

人間が把握しやすい表とは違うことを知ろう

前ページで紹介したテーブル形式は、先頭の行（列名）は重複していないものの、列ごとに含まれているデータは重複しています。たとえば「年」列には「2021」と「2022」が2件ずつ、「商品」列には「商品A」「商品B」が2件ずつあります。これでは年ごと、商品ごとのデータの把握がしづらいですよね。多くの人にとっては、下の画面のような表のほうが理解しやすいと思います。しかし、下の表は1つの列内に複数のデータ形式が含まれていたり、空白セルがあったり、集計行が含まれていたりと、データセットの条件を満たしていないためパワークエリでは扱いづらくなります。つまり人間とパワークエリでは、扱いやすい表（データ）の形式が異なるのです。

		量	単価
2021	商品A	100	1,000
	商品B		2,500
合計		**300**	
2022	商品A	200	1,200
	商品B	250	
合計		**450**	

③空白セル

⑤集計のための行が含まれている

ふだんからパワークエリで扱いやすいデータセットでデータを入力するクセをつけておくとよいでしょう。人間が見やすい形式に出力するのもパワークエリを使えば簡単です。

COLUMN

脱ExcelにはExcelスキルが必要

「脱Excel」という言葉があります。これは、企業内のさまざまな業務で使用されているExcelを別のツールに置き換えることを指しています。その背景には、Excelが持つデメリットがあります。たとえば、Excelでは手作業が多くなり、ヒューマンエラーが起きがちです。また、大量のデータ処理を行うとExcelのパフォーマンスが低下しますし、スマホでの業務が多い企業ではデータ入力も大変です。このような課題を解決するために、さまざまな企業がExcelに代わる別のツールへ移行しています。

そんなわけで、Excelには課題もあるのですが、裏を返せば、ビジネスの現場においてExcelが大きな影響力を持っているといえます。また、「脱Excel」といっても、Excelを完全に利用しないわけではなく、Excel中心の業務から脱却するのが目的なので、やはりExcelを使った業務はなくなりません。

さらにいえば、実は脱Excelを実現するためには、むしろExcelスキルが重要になることさえあります。というのも、ツールを活用するにはデータが必要ですよね。そして、そのデータは正しく整えられたデータセットでなければなりません。では、そのようなデータセットは何で作るのでしょうか。まちがいなく、Excelですよね。このとき、多くの場合、現場のExcelファイルについて誰が、いつ、どんな作業を、なぜやっているのかがわからなくなってしまう可能性があります。これを整理できてはじめて、脱Excelが実現できるわけです。そうでなければ、ツールの移行以前のところで立ち止まってしまいます。

このように、脱Excelを実現するためには、データを正しく整えるなどといったExcelスキルが必要になるのです。このとき、パワークエリはExcelデータを正しく整形できる強力なツールなので、パワークエリを使いこなせれば「脱Excel」に近づけるといえます。

CHAPTER 2

基本操作を理解しよう

01

データ取り込み／パワークエリを開く

FILE：Chap2-01.xlsx

パワークエリの画面を開こう

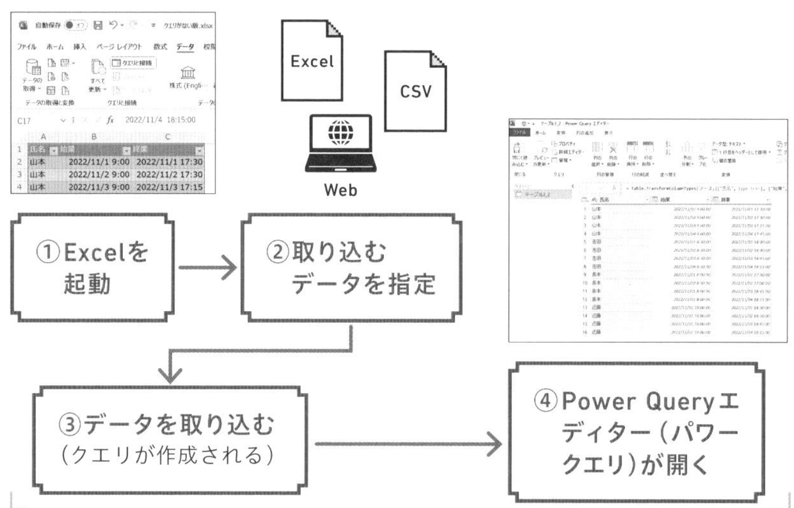

Excelからパワークエリを開く

パワークエリはExcelの機能なので、パワークエリを使うにはまずExcelを起動する必要があります。ここでは、データが入力されたExcelブックを開き、そのデータをパワークエリに取り込んでみましょう。

データを取り込むと、クエリが作成され、パワークエリが開きます。36ページで説明したように、クエリとはデータを取り込み、整形し、出力する一連の流れを指します。クエリが作成されることで、データ取り込みや整形の作業が記録されるようになります。このレッスンでは、まだクエリが作成されていない状態からクエリを作成します。

POINT：

1 パワークエリはExcelから開く

2 データ取り込みの設定を行って クエリを作成する

3 作成したクエリは［クエリと接続］に 表示される

MOVIE：

https://dekiru.net/ytpq201

Excelを起動して取り込むデータを指定する

まずExcelを起動し、取り込むデータを指定してデータの取り込みを行うと、パワークエリが開きます。まずは、取り込みたいExcelブック上のテーブルのデータをドラッグして選択します。

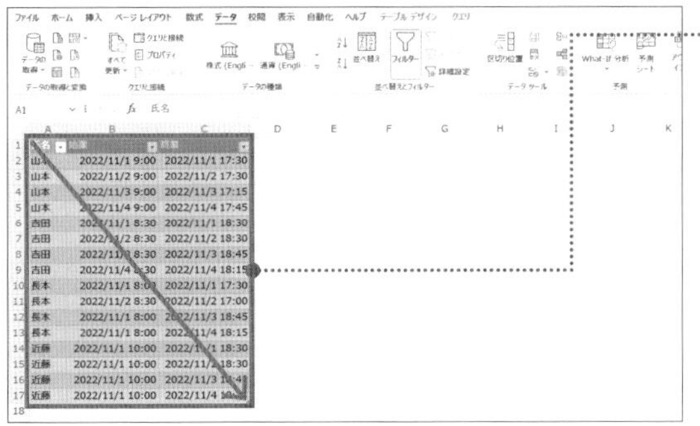

1 取り込む対象のテーブルをドラッグして選択する

データを取り込んでパワークエリを開く

1 ［データ］タブ→［テーブルまたは範囲から］をクリック

パワークエリが起動し、クエリが作成され、選択したテーブルのデータがパワークエリに取り込まれた

CHAPTER 2

基本操作を理解しよう

02

練習用ファイル

FILE：Chap2-02.xlsx

練習用ファイルでパワークエリを使おう

練習用ファイルからパワークエリを開く

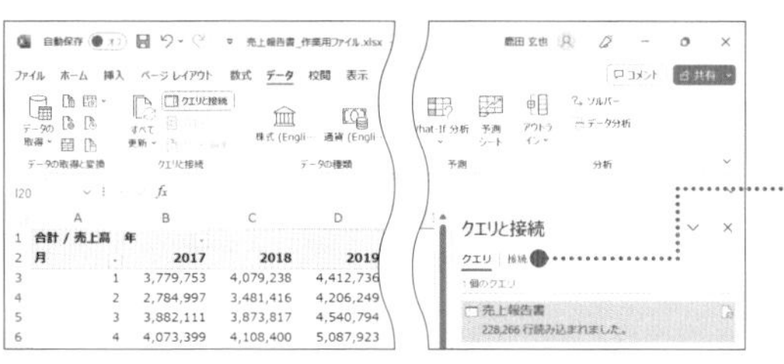

作成済みのクエリを選択してパワークエリを開きたい

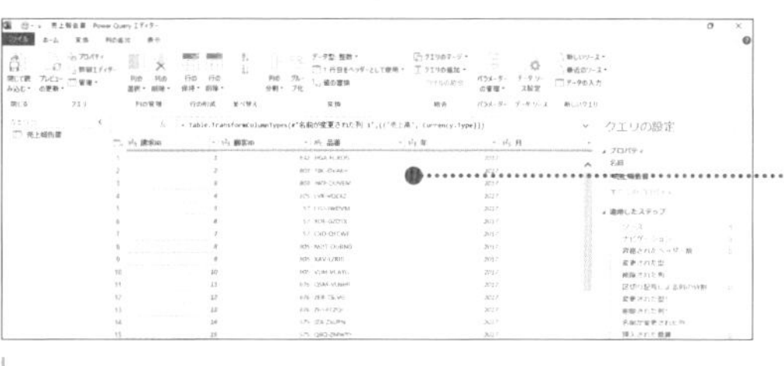

パワークエリを開き、データの整形を行える状態になった

クエリが作成済みのパワークエリ

前のレッスンでは、クエリが作成されていない状態から、データを取り込んでパワークエリを開きました。本書で利用する練習用ファイルでは、すでにクエリが作成されているものがあります。そうしたファイルでは、どのように操作してパワークエリを開くのか確認しておきましょう。

また、練習用ファイルを開くと、セキュリティ上の警告メッセージが表示される場合があります。よく表示されるメッセージの意味と、その対処法も解説します。

POINT：

1 「クエリと接続」欄に作成済みのクエリが表示される

2 クエリ名をダブルクリックしてパワークエリを開く

3 Excelに警告メッセージが表示される場合がある

MOVIE：

https://dekiru.net/ytpq202

パワークエリを開く方法

Excelの画面で［クエリと接続］を表示させると、作成済みのクエリが表示されます。

練習用ファイルを開いて［クエリと接続］を表示させ、クエリをダブルクリックしてパワークエリを開きましょう。

1 ファイルエクスプローラー上の練習用ファイルをダブルクリック

L19

	A	B	C	D	E	F
1	合計 / 売上高	年				
2	月	2017	2018	2019	2020	総計
3	1	3,779,753	4,079,238	4,412,736	4,470,581	16,742,308
4	2	2,784,997	3,481,416	4,206,249	4,025,448	14,498,110
5	3	3,882,111	3,873,817	4,540,794	4,669,580	16,966,302
6	4	4,073,399	4,108,400	5,087,923	4,588,420	17,858,142
7	5	4,432,631	4,603,795	4,493,822	4,994,322	18,524,570
8	6	4,081,830	4,277,144	4,526,866	256	12,886,096
9	7	4,396,846	4,799,748	5,170,122		14,366,716
10	8	3,506,251	4,094,631	3,948,728		11,549,610
11	9	3,789,228	3,892,636	4,672,855		12,354,719
12	10	3,763,866	4,451,452	4,506,062		12,721,380
13	11	3,708,942	4,027,848	4,100,510		11,837,300
14	12	3,647,037	4,376,678	4,471,595		12,495,310
15	総計	45,846,891	50,066,803	54,138,262	22,748,607	172,800,563
16						

Excelファイルが開いた

CHECK!

このとき、警告メッセージが表示される場合があります。対処については51ページでくわしく解説します。

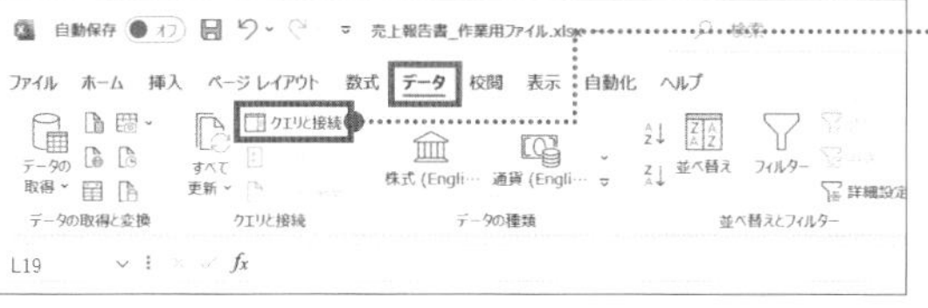

2 ［データ］タブ→［クエリと接続］をクリック

CHAPTER 2

基本操作を理解しよう

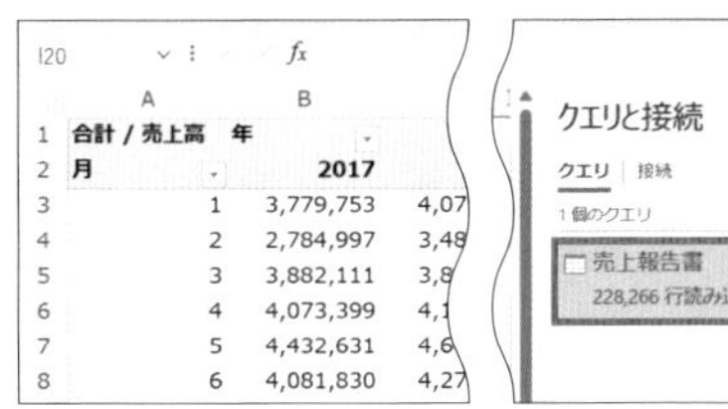

[クエリと接続]が表示された

3

クエリ名[売上報告書]をダブルクリック

パワークエリが表示された

CHECK!

パワークエリの画面の見方は38ページで解説しています。

理解を深めるHINT

パワークエリから出力したExcelファイルの注意点

パワークエリを用いてデータを整形し、Excelファイルとして出力した場合、そのファイルは一見するとパワークエリを使って作成されたものなのかどうかがわかりません。そうすると、パワークエリの機能を知らない人にファイルを共有すると、パワークエリから出力したデータを直接修正するということも起こり得ます。

その場合、修正したとしても、パワークエリを使ってデータを更新したら、パワークエリがデータの整形と出力を再び行うため、その修正内容は上書きされて消えてしまいます。ほかの人とファイルをシェアする場合は、対象となるシートに「このシートは手入力しないこと」というテキストボックスを挿入して注意喚起するなど、パワークエリを使っているファイルであることをひと目でわかるように伝える工夫が必要になります。

理解を深めるHINT

Excelファイルを開いたときの警告メッセージ

パワークエリで作業を行うためにExcelファイルを開くと、セキュリティ上の警告メッセージが表示されることがあります。よく表示される警告として、以下の2つを理解しておきましょう。

保護ビュー

Web上からダウンロードしたファイルには、悪意のあるプログラムやマクロが含まれる可能性があるため、ファイルを開くと保護ビューで表示されます。保護ビューが適用されたExcelファイルは読み取り専用となっており、編集が行えません。配布元を確認して安全と判断できた場合は、[編集を有効にする]ボタンをクリックして保護ビューを解除しましょう。

保護ビュー 注意―インターネットから入手したファイルは、ウイルスに感染している可能性があります。編集する必要がなければ、保護ビューのままにしておくことをお勧めします。 編集を有効にする(E)

H12

	A		B	C	D	E	F
1	合計 / 売上高	年					
2	月		2017	2018	2019	2020	総計
3		1	3,779,753	4,079,238	4,412,736	4,470,581	16,742,308
4		2	2,784,997	3,481,416	4,206,249	4,025,448	14,498,110

セキュリティの警告

外部からデータ取得を行っているExcelファイルは、セキュリティ上問題のあるデータを取り込む可能性があるため「セキュリティの警告」のメッセージが表示されることがあります。ファイルの配布元を確認して安全であると判断できた場合、[コンテンツの有効化]ボタンをクリックして警告を解除します。

クリップボード フォント 配置 数値 スタイル セル

セキュリティの警告 外部データ接続が無効になっています コンテンツの有効化

H12

	A		B	C	D	E	F
1	合計 / 売上高	年					
2	月		2017	2018	2019	2020	総計
3		1	3,779,753	4,079,238	4,412,736	4,470,581	16,742,308
4		2	2,784,997	3,481,416	4,206,249	4,025,448	14,498,110

本書の練習用ファイルは安全なので、ここで説明した2つの警告メッセージが表示された場合は解除して大丈夫です。

03

FILE：Chap2-03.xlsx

閉じて読み込む

整形が完了したデータを出力しよう

パワークエリを閉じる

整形が完了したので、パワークエリを閉じてデータを出力したい

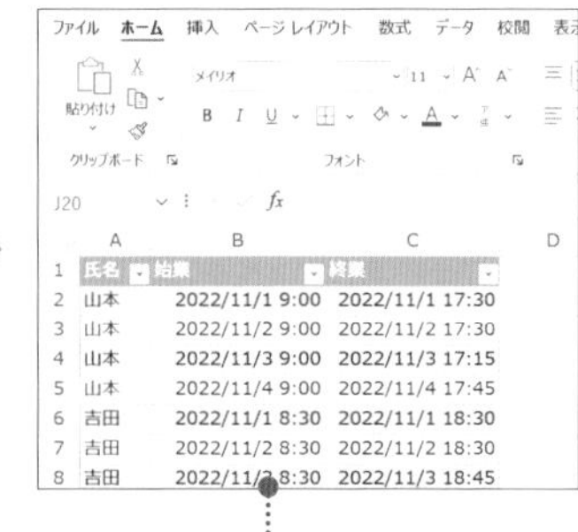

Excel上にデータを出力できた

データを出力する

パワークエリの整形作業が完了したら、最後にデータを出力します。パワークエリの［閉じて読み込む］をクリックすると、パワークエリが閉じられ、開いていたExcelファイル上にデータを出力できます。出力結果を見て、自分が想定した整形が行えたか確認しましょう。

整形がまだ完了していない場合は、データを出力せずにパワークエリを閉じることも可能です。この方法は62ページでくわしく解説します。

POINT：

1 整形が完了したら、パワークエリを閉じる

2 「閉じて読み込む」でデータを出力する

3 想定通りの整形がされているか、出力したデータを確認する

MOVIE：

https://dekiru.net/ytpq203

パワークエリを閉じてデータを出力する

データの整形が完了したら、「閉じて読み込む」を実行することでパワークエリが閉じられ、Excelファイル上にデータが出力されます。

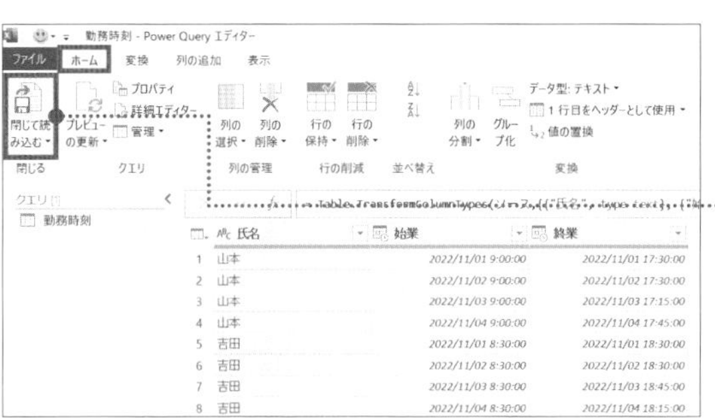

パワークエリで、データの整形が完了した状態

1

［ホーム］タブ→［閉じて読み込む］をクリック

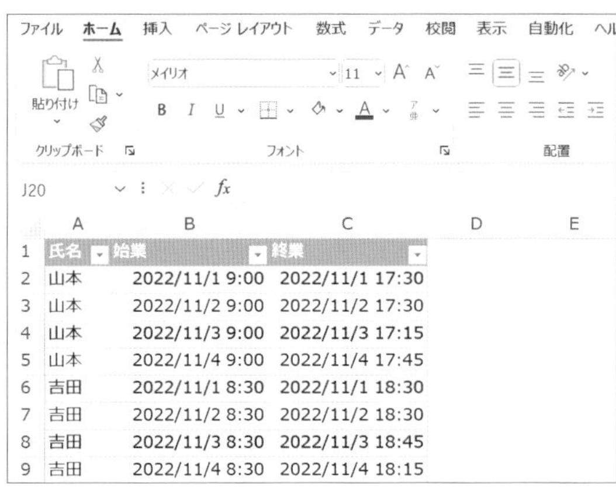

	A	B	C
1	氏名	始業	終業
2	山本	2022/11/1 9:00	2022/11/1 17:30
3	山本	2022/11/2 9:00	2022/11/2 17:30
4	山本	2022/11/3 9:00	2022/11/3 17:15
5	山本	2022/11/4 9:00	2022/11/4 17:45
6	吉田	2022/11/1 8:30	2022/11/1 18:30
7	吉田	2022/11/2 8:30	2022/11/2 18:30
8	吉田	2022/11/3 8:30	2022/11/3 18:45
9	吉田	2022/11/4 8:30	2022/11/4 18:15

パワークエリが閉じられ、整形したデータがExcelファイル上に出力された

CHECK!

出力した内容が想定通りのものになっていて問題なければ、Ctrl+Sキーで Excelファイルを上書き保存しましょう。

04

区切り記号による
列の分割

FILE：Chap2-04.xlsx

データを分割する

BEFORE

	A
1	1111,2222,3333
2	1111,2222,3333
3	1111 - 2222 - 3333

1つのセルに複数の値が入っており、データが扱いにくい

AFTER

	A	B	C
1	1111	2222	3333
2	1111	2222	3333
3	1111	2222	3333

複数の値を、それぞれ別の列に分割できた

データを分割して活用しよう

上の図のように、1つのセルに複数のデータが格納されている場合、データセットとして扱いづらくなります。パワークエリでは、こうしたデータを簡単に分割できます。データとデータの間にある区切り記号（スペースやハイフンなど）を指定すると、区切り記号の前後のデータがそれぞれ別々の列に分割されます。

Excelでは関数を使ってこのような分割を行えますが、パワークエリではメニューから分割できるので簡単です。

POINT：

1　区切り記号で区切ってデータを分割する

2　区切り記号は「カスタム」で独自の記号を指定できる

3　パワークエリはデータ型を自動で判別して変換する

MOVIE：

https://dekiru.net/ytpq204

複数のデータを分割する

1つの列に複数のデータが含まれている場合、パワークエリ上でデータを分割できます。ここでは、1つの列に入力された3つのデータ「請求ID - 顧客ID - 取引ID」を区切り記号「 - 」の位置で分割する手順を解説します。

分割の前後でデータ型がどう変わるかにも注目しておきましょう。

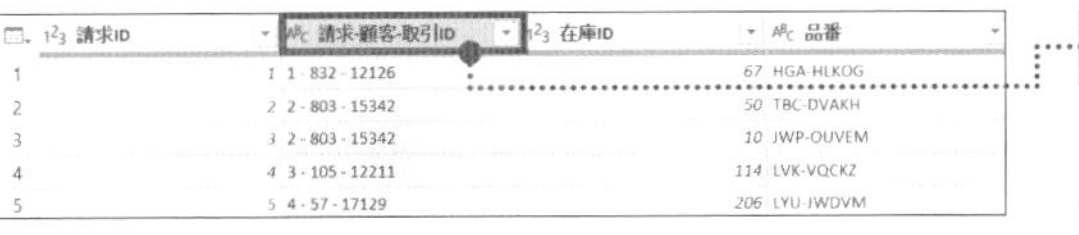

1 「請求ID - 顧客ID - 取引ID」のヘッダーをクリック

データ型は「ABC」(テキスト)と表示されている

CHECK!

パワークエリは、データ型を自動で判別しています。データ型はヘッダーの左側に「ABC」（テキスト型）、「123」（数値型）などのアイコンで表示されるのでひと目でわかります。

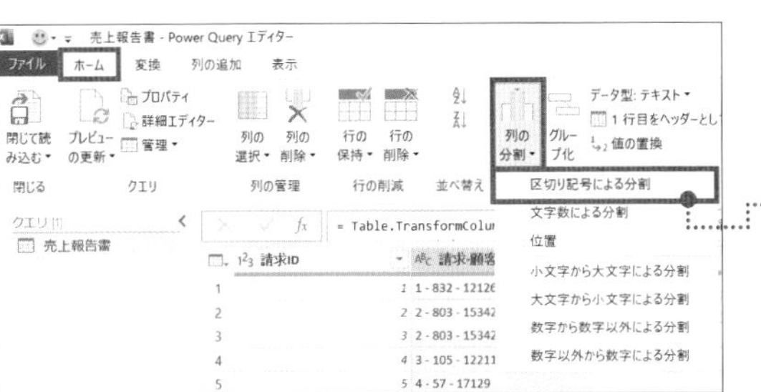

2 ［ホーム］タブ→［列の分割］→［区切り記号による分割］をクリック

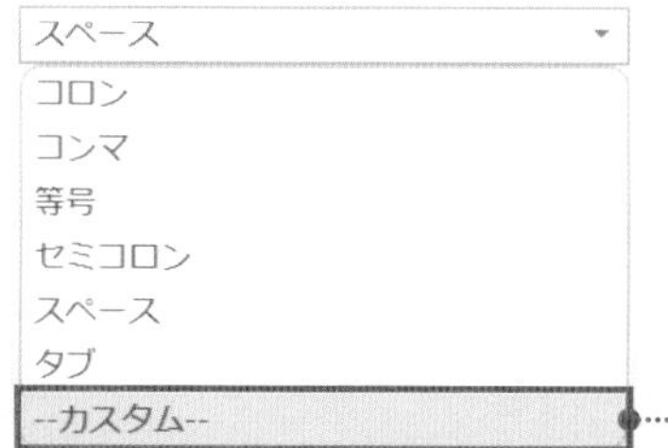

[区切り記号による列の分割]ダイアログボックスが表示された

3

[区切り記号を選択するか入力してください]の▼をクリックし、[--カスタム--]を選択

区切り記号による列の分割
テキスト列の分割に使用される区切り記号を指定します。
区切り記号を選択するか入力してください
--カスタム--
-

4

[--カスタム--]の下の欄に区切り記号(ここでは「 - 」(半角スペース+ハイフン+半角スペース))を入力

区切り記号による列の分割
テキスト列の分割に使用される区切り記号を指定します。
区切り記号を選択するか入力してください
--カスタム--
分割
一番左の区切り記号
一番右の区切り記号
区切り記号の出現ごと
詳細設定オプション
引用符文字
特殊文字を使用して分割
OK
キャンセル

5

[区切り記号の出現ごと]を選択して[OK]ボタンをクリック

CHECK!

[一番左(右)の区切り記号]を選択すると、区切り記号が複数回出てくるデータについて、一番左(または右)の区切り記号の位置でのみ分割することも可能です。[区切り記号の出現ごと]を選択すると、すべての区切り記号の位置で分割されます。

	請求-顧客-取引ID.1	請求-顧客-取引ID.2	請求-顧客-取引ID.3
1	1	832	12126
2	2	803	15342
3	2	803	15342
4	3	105	12211
5	4	57	17129
6	4	57	17129
7	4	57	17129

3種類のIDがそれぞれ別の列に分割された

データ型は「数値」に自動で変換された

今回、データの分割前は「テキスト」だったデータ型が、分割後は「数値」に変わりましたね。データ型はこのように自動で変換されますが、手動で設定することも可能です。

理解を深めるHINT

さまざまな区切り記号を活用する

このレッスンでは区切り記号が特殊だったため「--カスタム--」を使用しましたが、パワークエリでは「--カスタム--」以外にも多くの区切り記号で分割できます。たとえばコロン(:)やコンマ(,)などといった、実際によく使われる区切り記号はあらかじめ選択肢に用意されています。データの分割を行う場合には、まず「すでに用意された区切り記号で分割できないか」をチェックし、選択肢にない場合には「--カスタム--」を利用するという順番で考えるとよいでしょう。

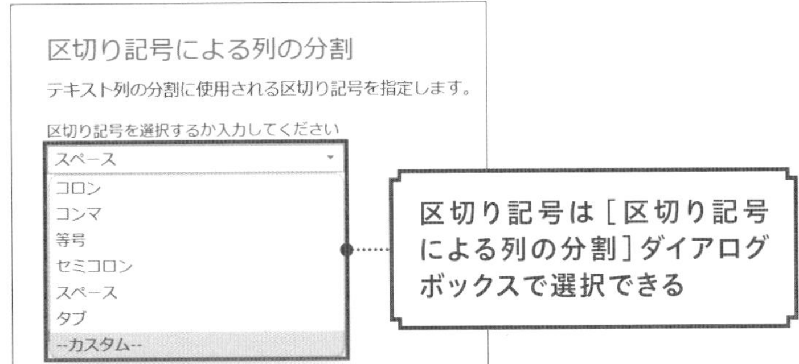

05

列の削除／追加

FILE：Chap2-05.xlsx

不要な列は削除し、計算結果を用いた列を追加しよう

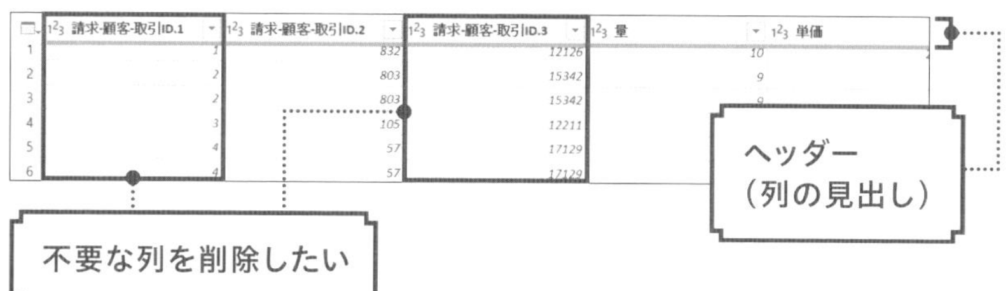

	請求-顧客-取引ID.1	請求-顧客-取引ID.2	請求-顧客-取引ID.3	量	単価
1	1	832	12126	10	
2	2	803	15342	9	
3	2	803	15342	9	
4	3	105	12211		
5	4	57	17129		
6	4	57	17129		

	顧客ID	量	単価	売上高	在庫ID
1	832	10	230	2300	
2	803	9	13	117	
3	803	9	32	288	
4	105	3	30	90	
5	57	96	3	288	
6	57	5	32	160	

不要な列は削除し、売上高の列を追加できた

列の削除や追加を行う

データを活用するには、不要な列を削除したり、集計用の列を追加したりといった整形が欠かせません。ここでは、パワークエリの基本操作の1つである列の削除と追加を覚えましょう。パワークエリでは、四則演算の計算結果やパーセンテージを新規列として追加することも可能です。あわせて、列の名前（ヘッダーといいます）の変更の仕方についても学びます。

POINT：

1 不要な列を削除しても
ソースのデータは変更されない

2 ヘッダーにはわかりやすい
名前を付ける

3 選択した列の値を用いた計算結果
を新規列として追加できる

MOVIE：

https://dekiru.net/ytpq205

列を削除する

不要な列は削除できます。ここでは、前のレッスンで分割を行い、不要になった「請求ID」と「取引ID」の列を削除しましょう。

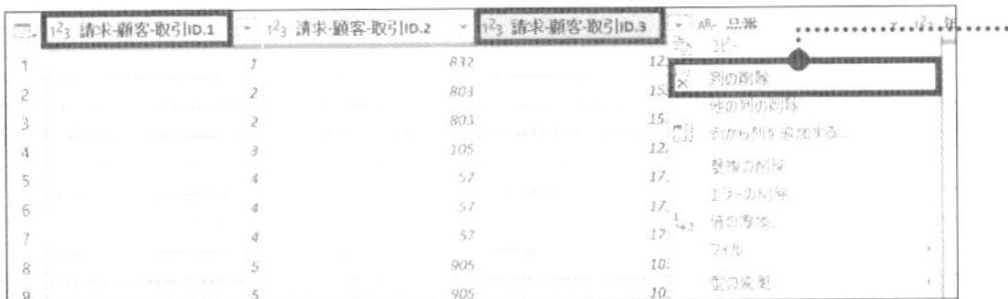

1

［請求-顧客-取引ID.1］と［請求-顧客-取引ID.3］列を選択して右クリックし［列の削除］をクリック

CHECK!

複数の列を選択するには Ctrl キーを押しながらヘッダーをクリックします。

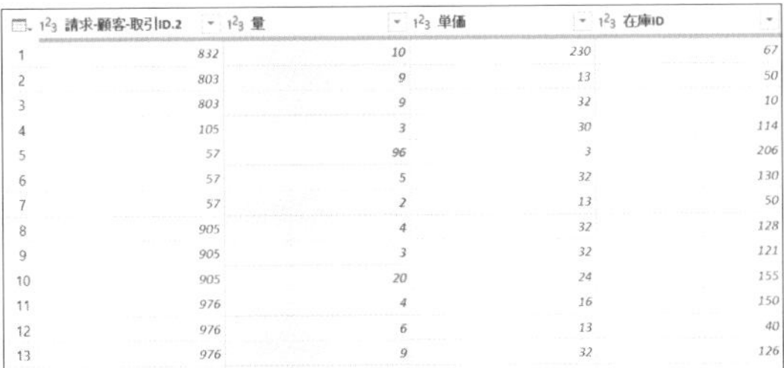

	請求-顧客-取引ID.2	量	単価	在庫ID
1	832	10	230	67
2	803	9	13	50
3	803	9	32	10
4	105	3	30	114
5	57	96	3	206
6	57	5	32	130
7	57	2	13	50
8	905	4	32	128
9	905	3	32	121
10	905	20	24	155
11	976	4	16	150
12	976	6	13	40
13	976	9	32	126
14	575	9	13	39

列が削除された

CHECK!

列を削除してヘッダーを変更しても、ソースのデータは変更されていません。

実務では、不要なデータが混ざったソースを整形しなければならないことがよくあります。列の削除は頻繁に使う機能の1つです。

ヘッダーの名前を変更する

残った列のヘッダーを変更します。ここでは「請求-顧客-取引ID.2」というヘッダーをわかりやすく「顧客ID」に変更しましょう。

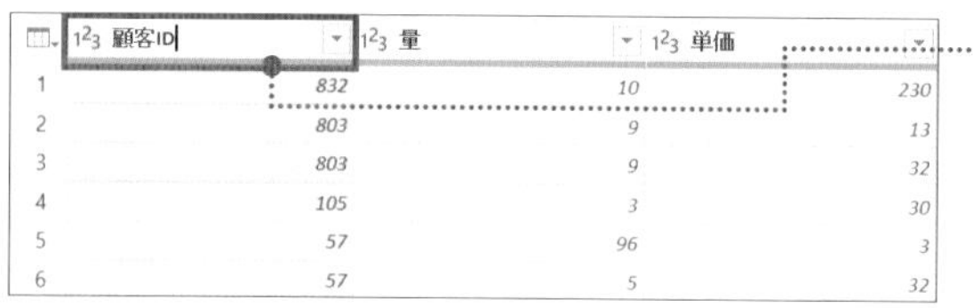

1

[請求-顧客-取引ID.2]のヘッダーをダブルクリックし「顧客ID」と入力

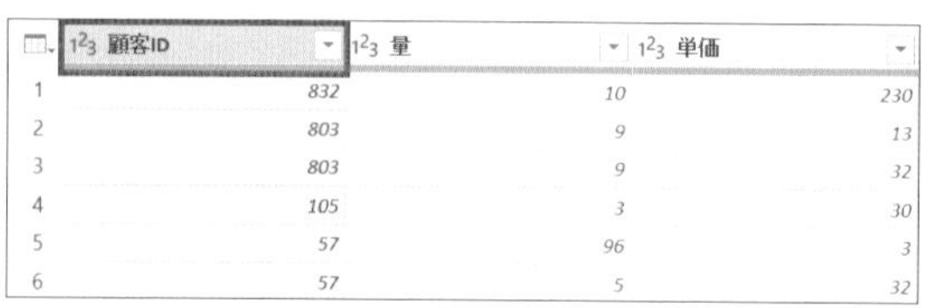

ヘッダーの名前を「顧客ID」に変更できた

売上高の列を追加する

パワークエリでは、計算の機能を持った列を追加できます。ここでは「量」に「単価」を乗じた値の列を追加して売上高を表示させましょう。そのうえで、ヘッダーはわかりやすいものに変更します。

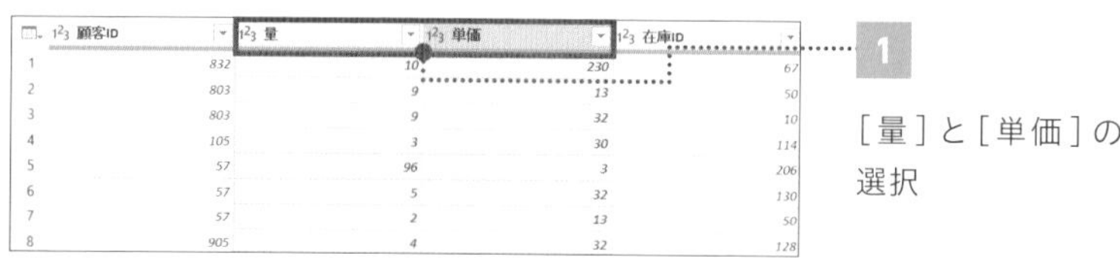

1

[量]と[単価]の列を選択

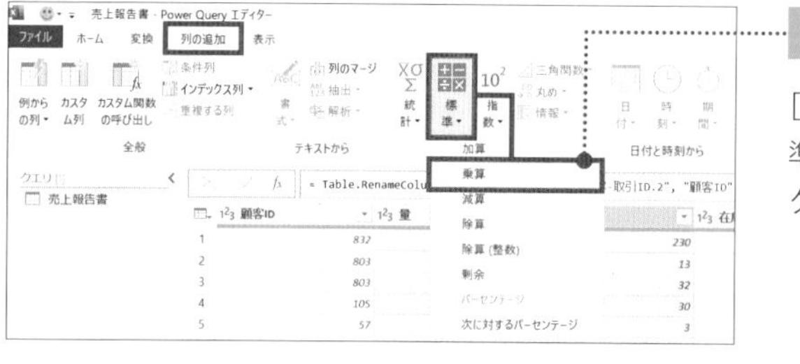

2

[列の追加]タブ→[標準]→[乗算]をクリック

	税率	在庫色ID	乗算
1	10	3	2300
2	10	35	117
3	10	null	288
4	10	4	90
5	10	null	288
6	10	3	160
7	10	35	26

［量］に［単価］を乗じた［乗算］の列が作成された

	税率	在庫色ID	売上高
1	10	3	2300
2	10	35	117
3	10	null	288
4	10	4	90
5	10	null	288
6	10	3	160
7	10	35	26

3

［乗算］列のヘッダーをダブルクリックし、［売上高］と入力

	税率	在庫色ID	売上高
1	10	3	2300
2	10	35	117
3	10	null	288
4	10	4	90
5	10	null	288
6	10	3	160
7	10	35	26
8	10	12	128
9	10	null	96
10	10	null	480
11	10	null	64
12	10	35	78
13	10	12	288
14	10	3	117
15	10	null	300
16	10	null	192

ヘッダーの名前を「売上高」に変更できた

CHECK!

列左側の「123」などのデータ型のマークをクリックすると、手動でデータ型を変更できます。金額を扱う場合はデータ型を「通貨」に変更すると、小数点以下が表示された正の値になります。

パワークエリで四則演算などの計算を行う場合、Excelのように空のセルに自分で数式を入力することはせず、このレッスンのように列を追加する操作で計算を行います。なお、計算結果を挿入する以外にも列を追加する方法があります。くわしくはCHAPTER5以降で説明します。

06

接続の作成のみ

FILE：Chap2-06.xlsx

整形の途中では、データを出力しない設定にしよう

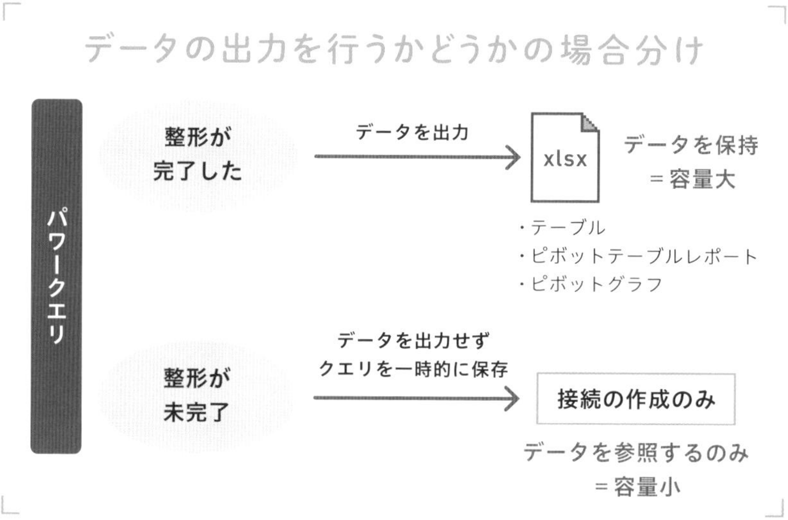

データの出力を行うかどうかの場合分け

パワークエリ

整形が完了した → データを出力 → xlsx データを保持 ＝容量大

・テーブル
・ピボットテーブルレポート
・ピボットグラフ

整形が未完了 → データを出力せず クエリを一時的に保存 → 接続の作成のみ

データを参照するのみ ＝容量小

データを出力しない「接続の作成のみ」の設定を知ろう

パワークエリを閉じると、整形したデータが出力される仕様になっています。

ここで大容量のデータを出力した場合、出力したExcelファイルの動作が重くなってしまいます。

整形がまた完了していない状態では、データを出力せずにクエリを一時的に保存する「接続の作成のみ」の設定を行いましょう。この設定をするとデータが出力されないため、出力したExcelファイルの動作が重くならずに済みます。

POINT：

1 整形したデータを出力すると
ファイルが重くなってしまう

2 整形の途中でクエリを保存する
場合は「接続の作成のみ」を使う

3 「接続の作成のみ」では
データが出力されない

MOVIE：

https://dekiru.net/ytpq206

「接続の作成のみ」の機能が行っていること

「接続の作成のみ」の機能を設定してパワークエリを終了すると、データは出力されず、クエリ（どんな整形を行ったか）の情報のみが保存されます。そのため、データを出力した場合と比較すると、クエリのみ作成したExcelファイルの容量は非常に小さくなります。

「接続の作成のみ」の設定を行おう

このレッスンでは、「接続の作成のみ」の設定方法を説明します。パワークエリに「支社データ.xlsx」のデータを取り込み、「接続の作成のみ」の設定でパワークエリを終了してみましょう。

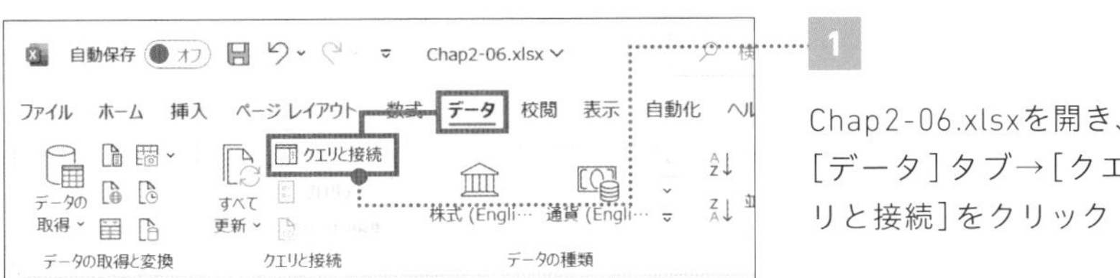

1
Chap2-06.xlsxを開き、[データ]タブ→[クエリと接続]をクリック

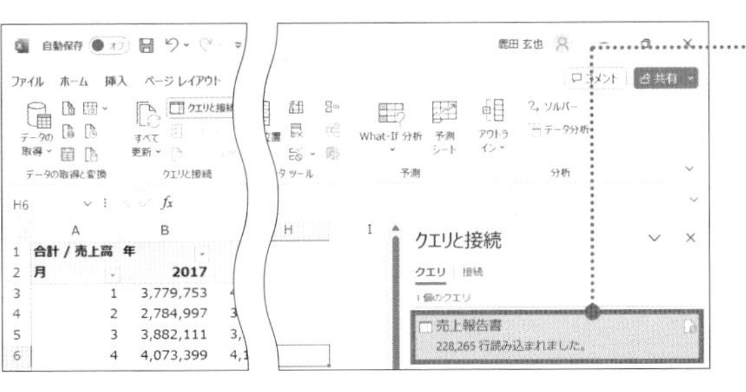

2
[クエリと接続]の[売上報告書]をダブルクリック

CHAPTER 2
基本操作を理解しよう

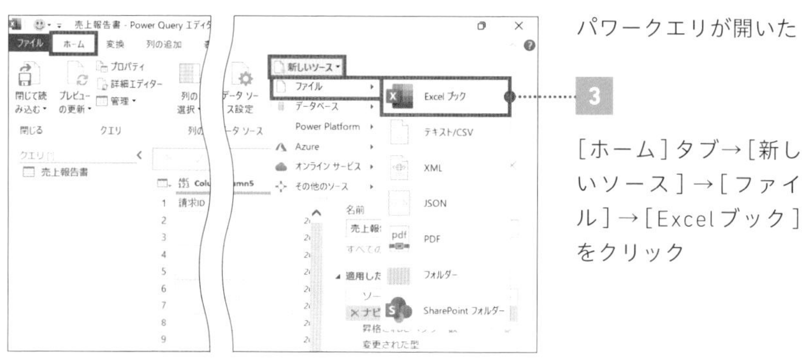

パワークエリが開いた

3

[ホーム]タブ→[新しいソース]→[ファイル]→[Excelブック]をクリック

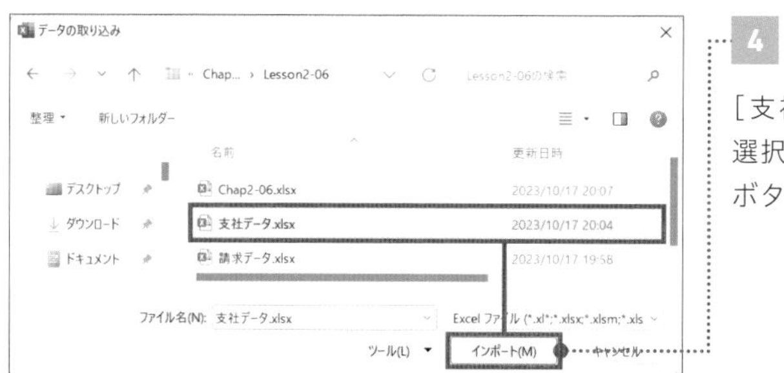

4

[支社データ.xlsx]を選択して[インポート]ボタンをクリック

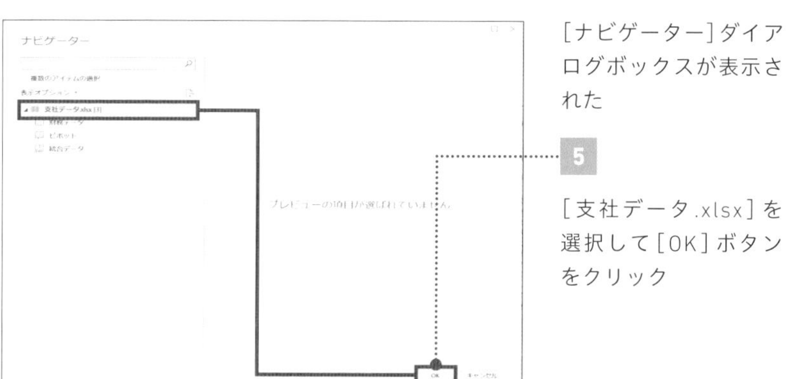

[ナビゲーター]ダイアログボックスが表示された

5

[支社データ.xlsx]を選択して[OK]ボタンをクリック

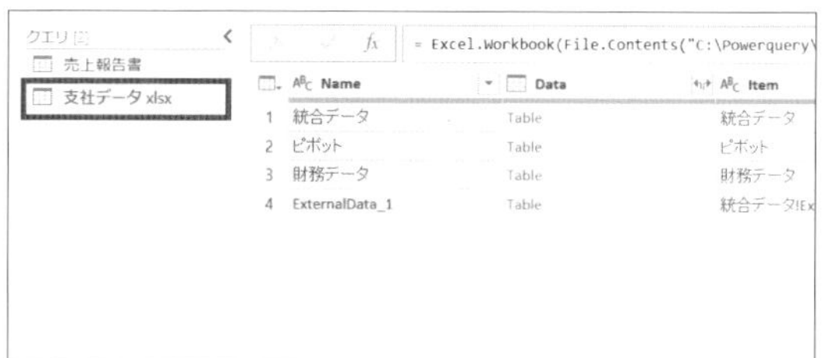

[支社データ.xlsx]のクエリが新しくパワークエリ上に追加された

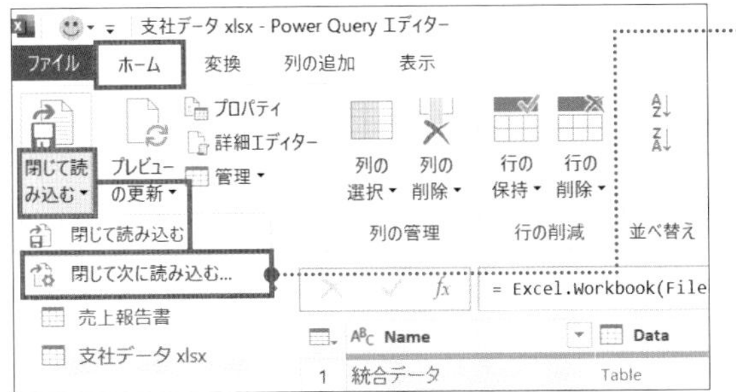

6

[ホーム]タブ→[閉じて読み込む]→[閉じて次に読み込む]をクリック

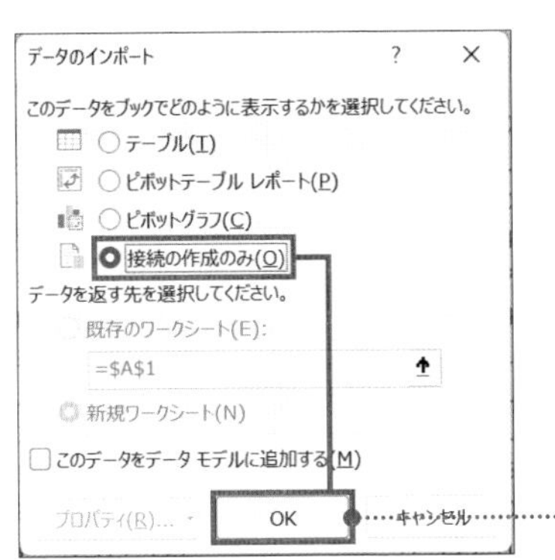

[データのインポート]ダイアログボックスが表示された

7

[接続の作成のみ]を選択して[OK]ボタンをクリック

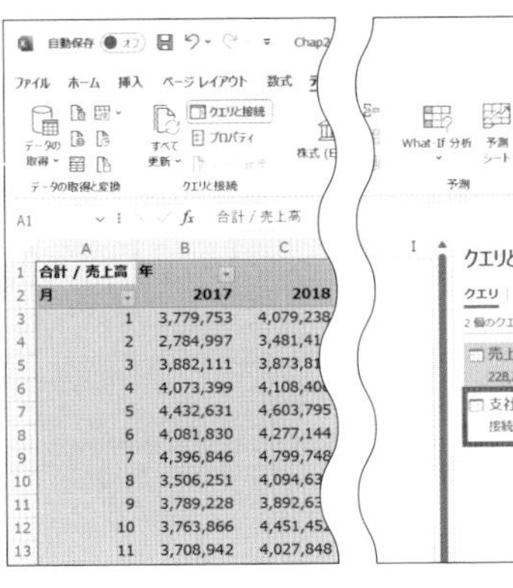

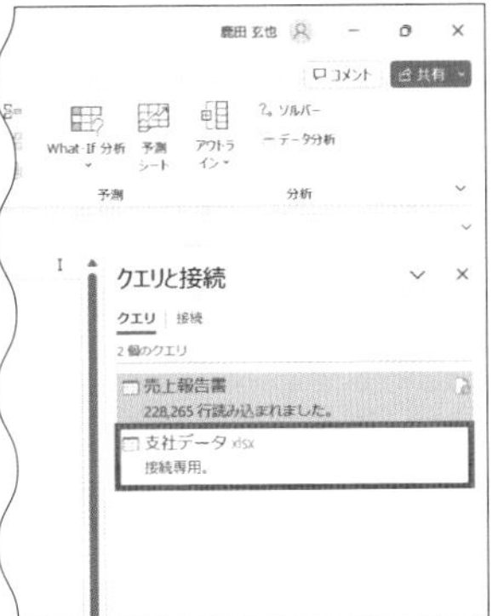

パワークエリが閉じ、[支社データ.xlsx]のクエリは接続しただけの状態にできた

CHECK!

「接続専用。」と表示されたクエリは「接続の作成のみ」の状態に変更できています。

整形の作業を再開する場合は、「接続専用。」に変更したクエリをダブルクリックすれば再びパワークエリの画面を開くことができます。

07

FILE：Chap2-07.xlsx

データの更新

さまざまなデータの更新の方法を知ろう

ソースの変更を手動／自動で反映させる

ソースのデータが変更されると、出力データの更新も必要になります。このレッスンでは、データ更新の手順を解説します。

実務でも、ソースのデータの追加や修正が発生して「すでにパワークエリで整形、出力していたデータも、ソースに合わせて修正しないといけない」といったことは起こり得ますね。この場合に、再度データを取り込んで整形し……といった作業は不要です。出力データ上で「更新」を実行するだけで、データの変更が出力データに反映されます。更新は手動で実行できるほか、タイミングを設定して自動で行うことも可能です。

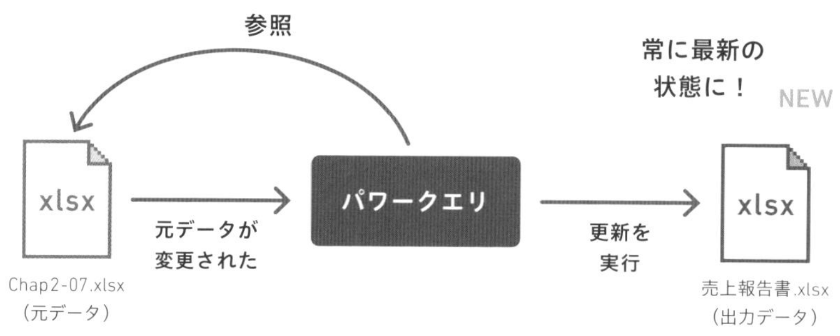

パワークエリはソースのデータを参照しており、ソースが変更された場合はその変更内容を認識して出力データに反映させるので、このような更新が可能になるのです。

POINT :

1 ソースのデータが変更されても簡単に出力データに反映できる

2 データを更新すると、整形や集計も自動で反映される

3 更新のタイミングは任意で設定できる

MOVIE :

https://dekiru.net/ytpq207

ソースのデータを変更する

Excelファイルからパワークエリにデータを取り込んだ後に、元のExcelファイルのデータが変更された場面を想定しましょう。ここでは、元のExcelファイル「Chap2-07.xlsx」を変更します。便宜上、Chap2-07.xlsxを「元データ」、売上報告書.xlsxを「出力データ」と呼びます。

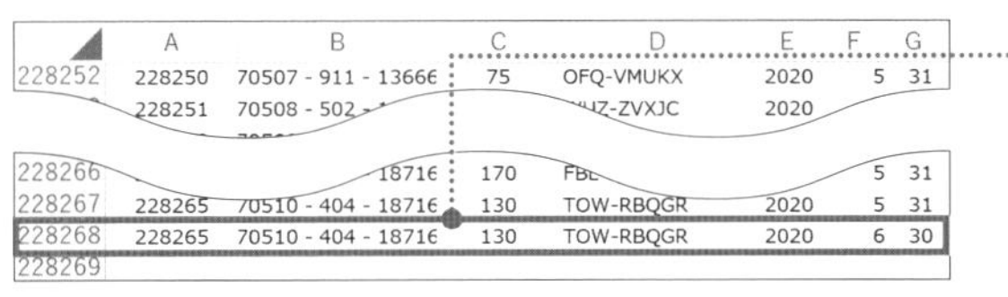

1 元データに新しい行を追加し、Excelファイルを上書き保存して閉じる

出力データの更新を実行する

更新を実行し、元データの変更内容を「売上報告書.xlsx」に反映させましょう。

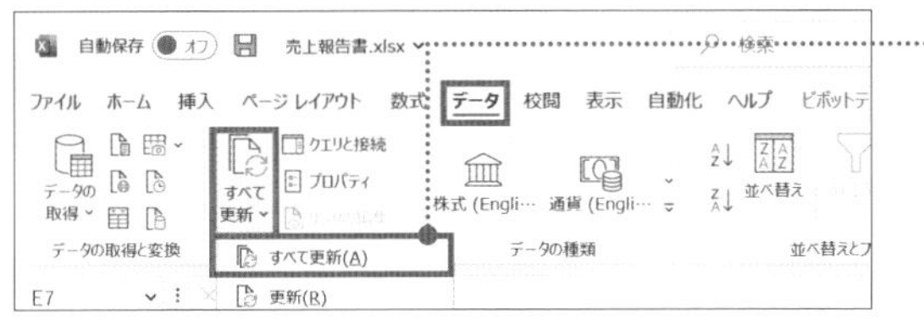

1 出力データの［データ］タブ→［すべて更新］→［すべて更新］をクリック

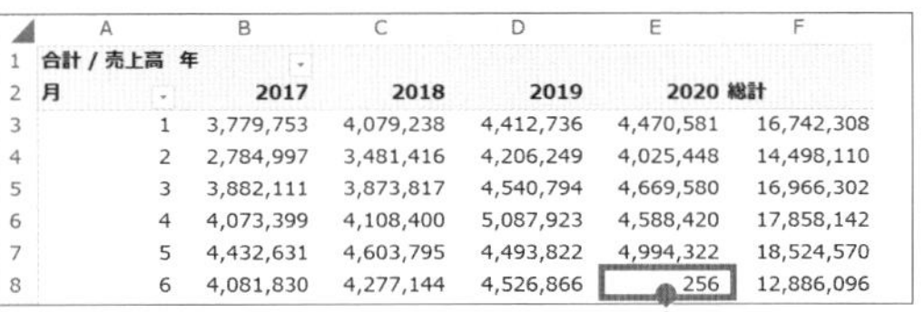

	A	B	C	D	E	F
1	合計 / 売上高	年				
2	月	2017	2018	2019	2020	総計
3	1	3,779,753	4,079,238	4,412,736	4,470,581	16,742,308
4	2	2,784,997	3,481,416	4,206,249	4,025,448	14,498,110
5	3	3,882,111	3,873,817	4,540,794	4,669,580	16,966,302
6	4	4,073,399	4,108,400	5,087,923	4,588,420	17,858,142
7	5	4,432,631	4,603,795	4,493,822	4,994,322	18,524,570
8	6	4,081,830	4,277,144	4,526,866	256	12,886,096

更新が完了し、先ほど元データに追加したデータが反映された

追加したデータ

データ更新の設定を変更する

ソースのデータが変更されたときの出力データの更新は、自動化も可能です。ここでは、自動で更新が実行されるタイミング設定の方法を3種類解説します。まずは、設定の操作をする［クエリプロパティ］ダイアログボックスを表示しましょう。

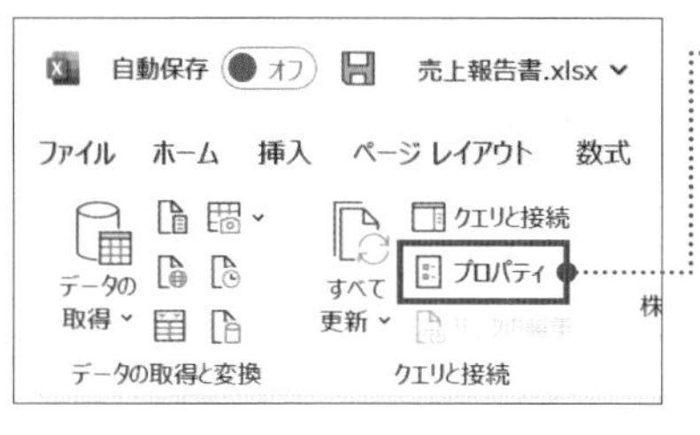

1

［データ］タブ→［プロパティ］をクリック

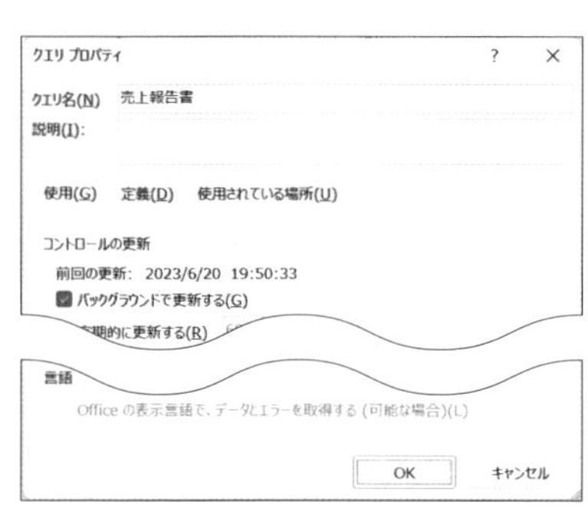

［クエリプロパティ］ダイアログボックスが表示された

バックグラウンドで更新する

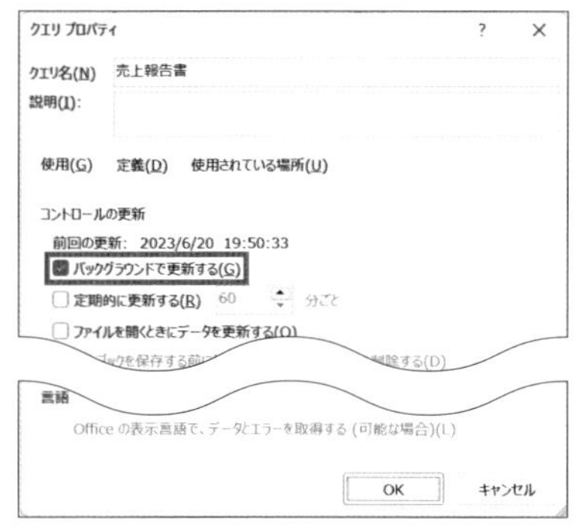

［バックグラウンドで更新する］にチェックを入れると、ソースのExcelファイルの作業をしながらパワークエリのデータをリアルタイムで更新できます。

CHECK!

大容量のデータを扱っている場合には、チェックを外すとデータ更新にかかる時間を短縮できる可能性があります。

定期的に更新する

[定期的に更新する]にチェックを入れると、ソースのExcelファイルを開いているときに、指定した時間ごとにデータを更新する設定になります。

CHECK!

更新をするときに一時的にExcelファイルが停止するため、基本的にはチェックを外すことをおすすめします。

ファイルを開くときにデータを更新する

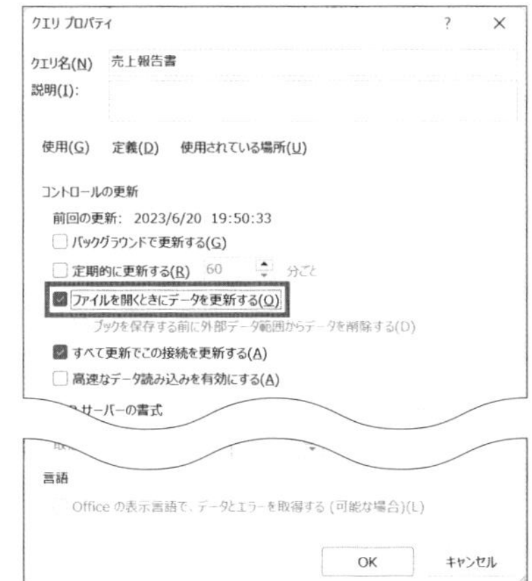

[ファイルを開くときにデータを更新する]にチェックを入れると、ソースのExcelファイルを開いたタイミングで毎回データが更新されるようになります。

CHECK!

常に最新のファイルを扱いたい場合はここにチェックを入れましょう。

ご自分のパワークエリ活用の状況に合わせて、使いやすい更新の方法を選んでみましょう。

08

クエリのマージ

FILE：Chap2-08.xlsx

データセットが違うデータも結合できる

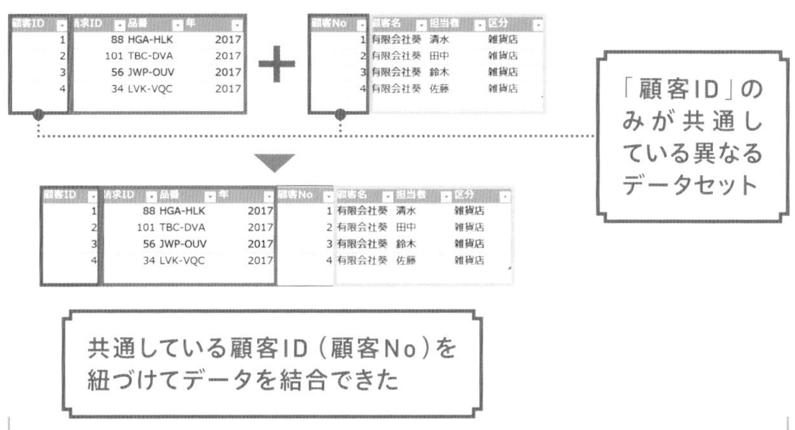

データセットの違うデータを結合する

必要なデータが複数のファイルに散らばっており、それぞれのデータセットが違う場合にも、データが特定の項目で紐づいていればパワークエリを使って簡単に結合できます。

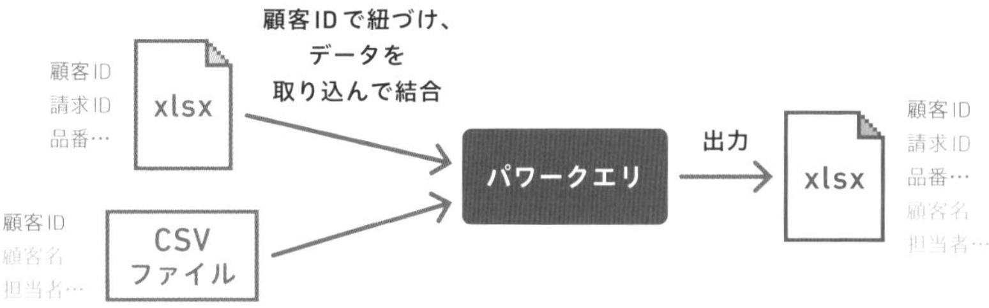

POINT：

1 ファイル形式が違う複数ファイルのデータを結合できる

2 共通している列を指定してデータを紐づけ、結合できる

3 [Table]セルを選択するとくわしい情報が参照できる

MOVIE：

https://dekiru.net/ytpq208

パワークエリに新しいファイルのデータを追加する

パワークエリではExcelファイルとCSVファイルなど、ファイル形式が異なる複数のファイルからデータを取り込み、結合できます。ここでは、すでに「売上報告書.xlsx」が取り込まれたパワークエリに「顧客マスタ.csv」を追加し、データを結合させてみましょう。

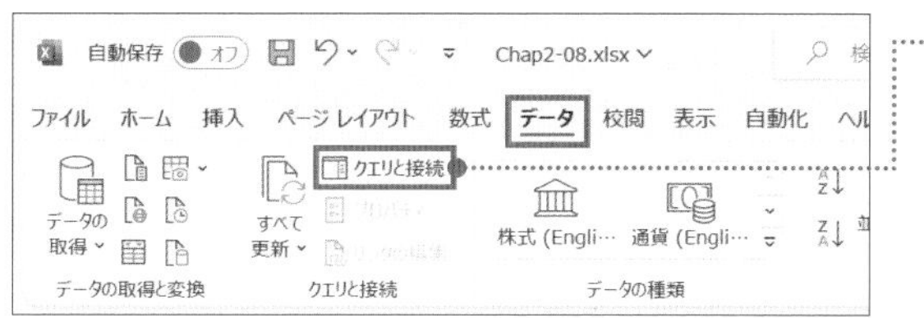

1 Chap2-08.xlsxを開き、[データ]タブ→[クエリと接続]をクリック

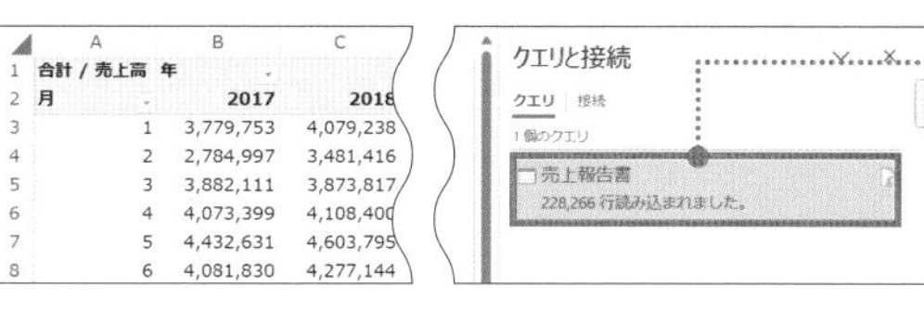

2 [クエリと接続]の[売上報告書]をダブルクリック

パワークエリが開いた

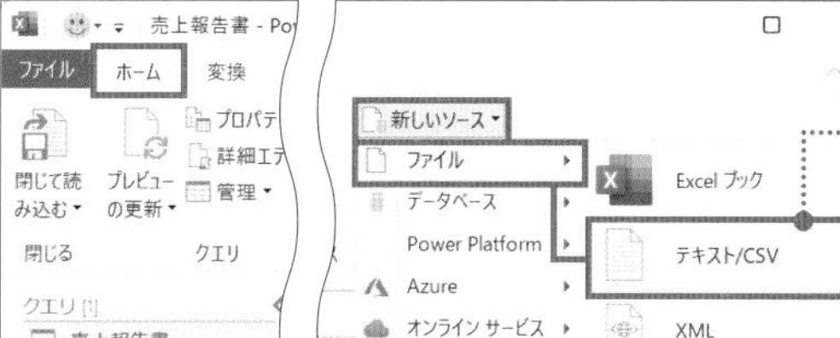

3 [ホーム]タブ→[新しいソース]→[ファイル]→[テキスト/CSV]をクリック

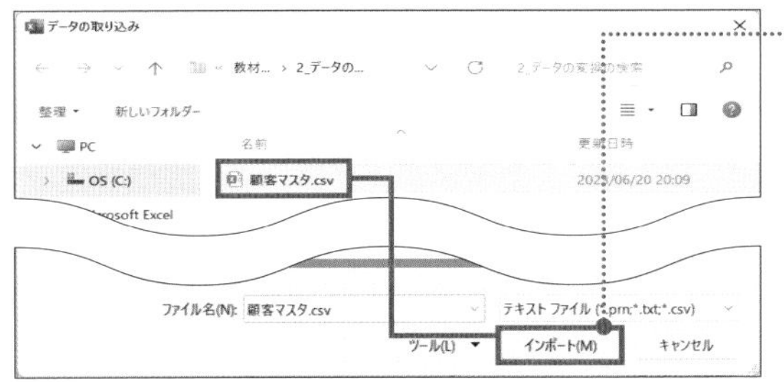

4

[顧客マスタ.csv]を選択し[インポート]ボタンをクリック

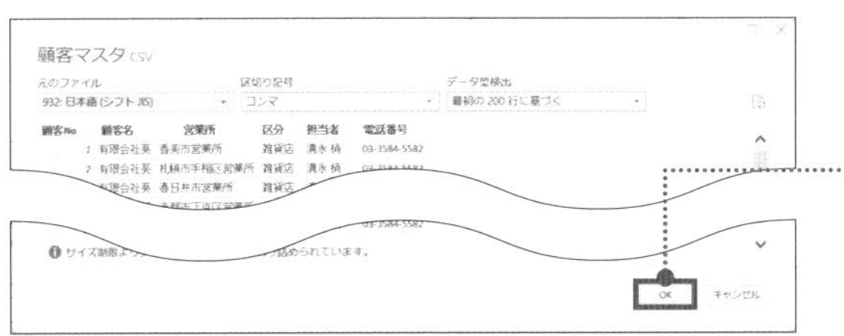

CSVファイルのプレビュー画面が表示された

5

[OK]ボタンをクリック

[顧客マスタ]のクエリが追加された

CHECK!

データを収集・整形する一連の処理を「クエリ」と呼びます。

クエリのマージ内容をプレビューで確認する

ここまでの作業で、すでにExcelファイルから取り込んだ「売上報告書」のクエリと、CSVファイルから取り込んだ「顧客マスタ」のクエリが追加された状態になっています。それぞれのデータを結合するために、クエリのマージ(結合)を実行します。まずはプレビュー画面を開き、各クエリのどの列とどの列を紐づけるか確認しましょう。

1

[売上報告書]クエリを選択し、[ホーム]タブ→[クエリのマージ]をクリック

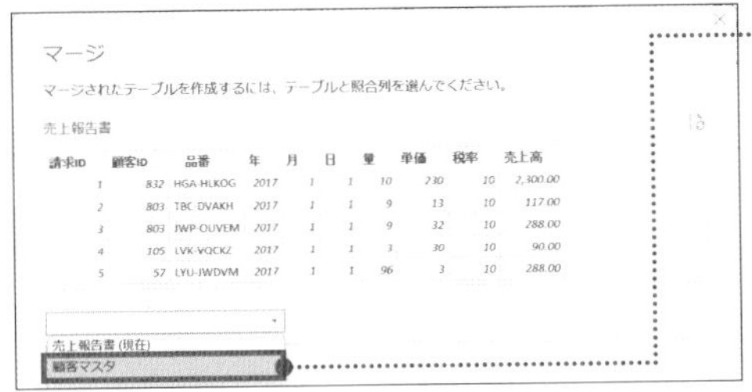

2

[売上報告書]のプレビュー画面で▼をクリックし、今回マージさせる[顧客マスタ]を選択

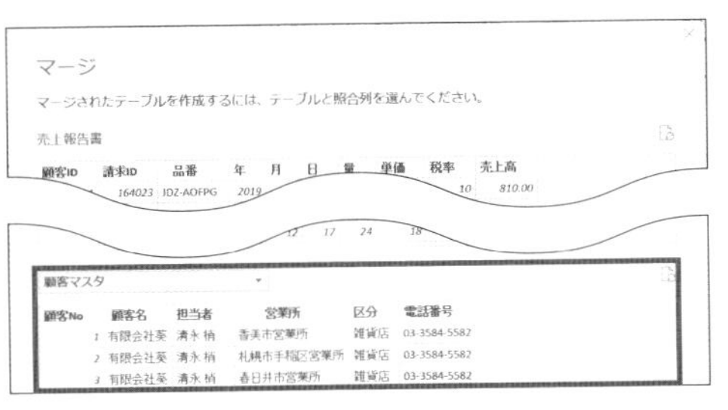

[顧客マスタ]のプレビューが表示され、[売上報告書]とマージする列が確認できる画面になった

クエリのマージの設定を行う

クエリをマージするために、それぞれのデータのどの列とどの列を紐づけるか設定する必要があります。今回の例では、売上報告書の「顧客ID」と顧客マスタの「顧客No」がすべて同じIDを表すデータであるため、紐づけたい「顧客ID」「顧客No」の列を選択します。

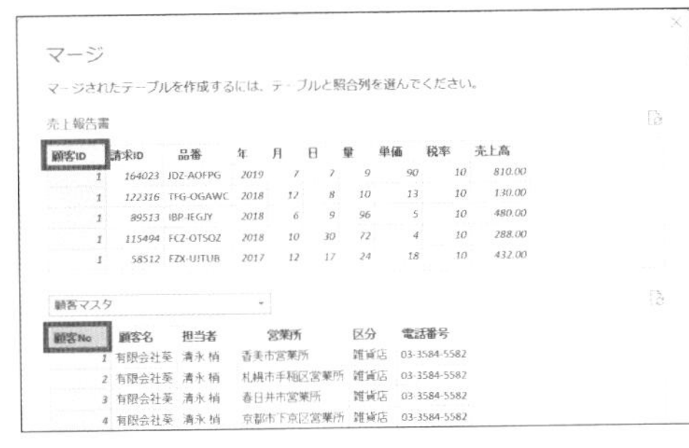

1

売上報告書の[顧客ID]と顧客マスタの[顧客No]を選択

CHECK!

「顧客ID」と「顧客No」は項目名が違っていますが、項目名は同じでなくても問題ありません。ただし、データの値とデータ型(今回は数値)は同じである必要があります。

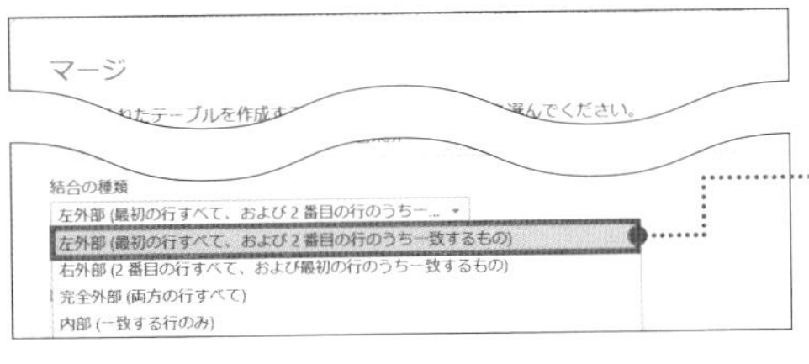

2

[結合の種類]リストの[左外部(最初の行すべて〜)]を選択

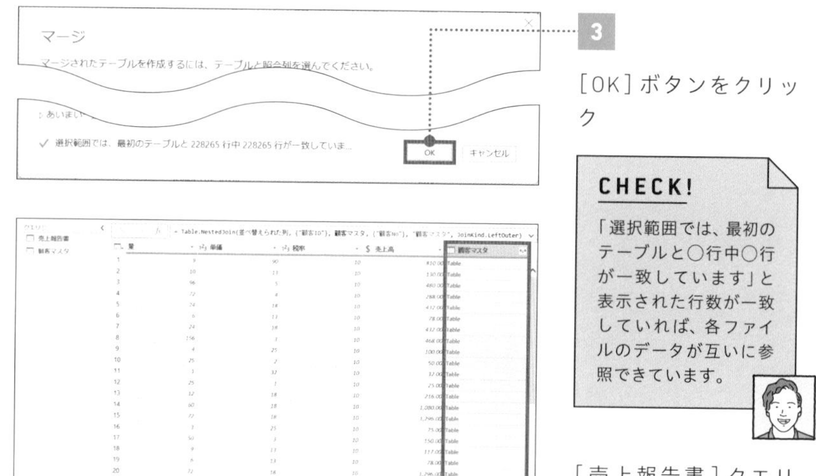

3

[OK]ボタンをクリック

CHECK!

「選択範囲では、最初のテーブルと〇行中〇行が一致しています」と表示された行数が一致していれば、各ファイルのデータが互いに参照できています。

[売上報告書]クエリに、顧客マスタの列が追加された

▶ 追加したデータの表示を確認しよう

ここまでで追加した顧客マスタの列の各セルは「Table」と表示されており、意味がわかりにくい表示になってしまっています。「Table」には顧客の情報が入っていることを確認しましょう。

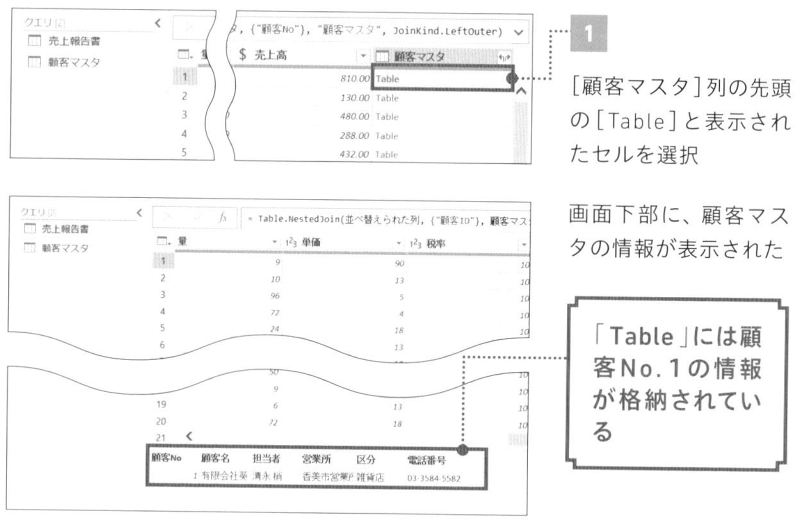

1

[顧客マスタ]列の先頭の[Table]と表示されたセルを選択

画面下部に、顧客マスタの情報が表示された

「Table」には顧客No.1の情報が格納されている

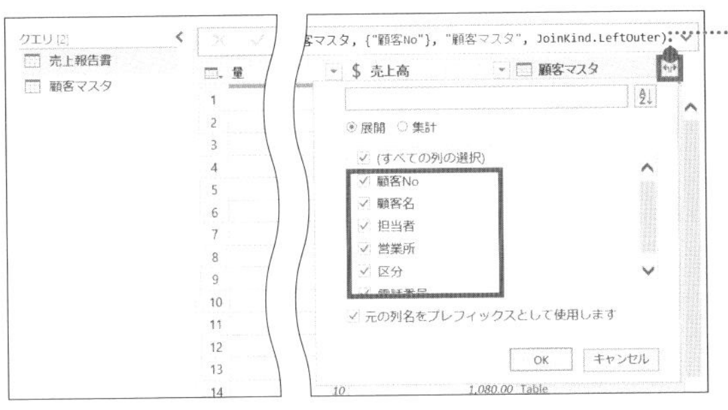

2

［顧客マスタ］のヘッダー右側の をクリック

データの詳細が表示された

データを結合させよう

結合したい項目にチェックを入れて結合を実行します。ここでは「顧客No」は売上報告書にも記載されているため、チェックを外しておきましょう。

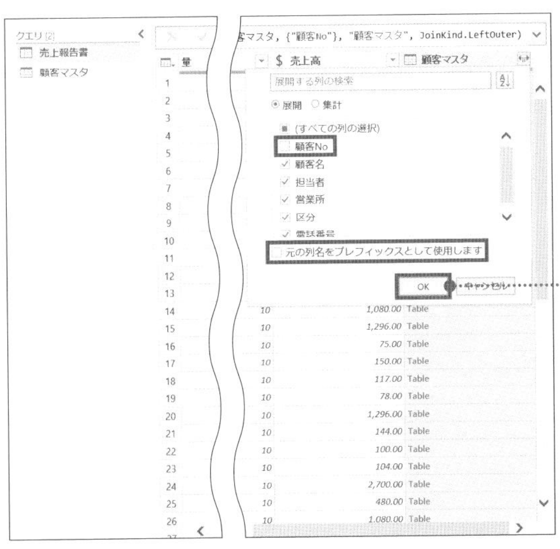

1

［顧客No］と［元の列名をプレフィックスとして使用します］のチェックを外し［OK］ボタンをクリック

CHECK!

［元の列名をプレフィックスとして使用します］にチェックを入れると、結合後に各列の名前が「クエリ名＋列名」に変更されます。列名が長くなるため今回はチェックを外します。

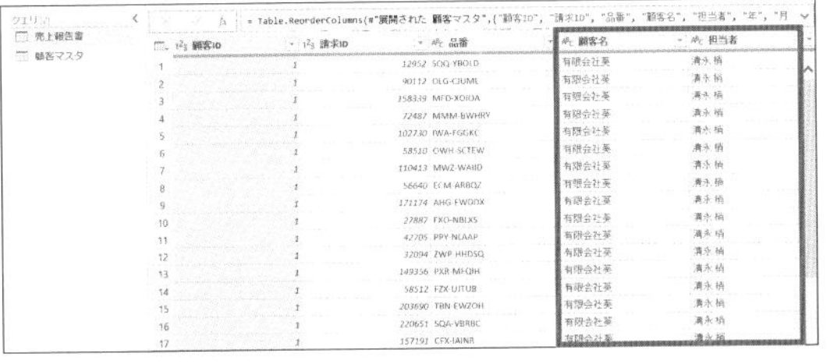

売上報告書に、顧客マスタの情報が追加された

CHAPTER 2 基本操作を理解しよう

09

ソース紐づけのエラー／パスの書き換え

プレビューが表示されない場合の対処法

ソースを参照できないエラー

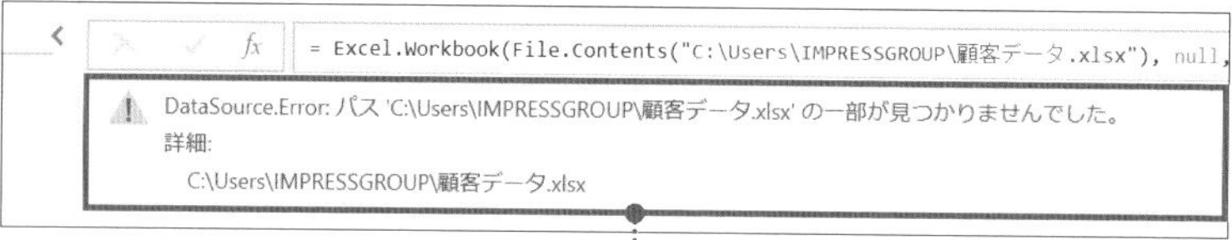

ソースとの紐づけが切れている場合、このようなエラーが発生しプレビューが表示されなくなってしまう

▶ 出力したファイルを共有する場合の注意点

パワークエリで出力したデータを共有する場合は、ソースとの紐づけが切れないようにする必要があります。そのため、共有時には、①ソースも一緒に共有する、②ソースをクラウド上に格納する（110ページで解説）といった方法で、共有した相手がソースとなるデータにアクセスできるようにしましょう。①の方法では、自分のPC上のパスがソースの保存先として設定されている場合、データを共有された相手のPCでは上の画面のようにエラーになってしまい、そのままではデータを使えません。このとき、データを共有された相手は、ソースを自分のPCに保存したうえで、ソースのパスを自分のPC上のソースのパスに書き換えることで、エラーを解消できます。

パスとは、ファイルがコンピュータ上のどの場所に保存されているか示す文字列のことです。

POINT：

1 パワークエリで出力したデータは、ソースに紐づいている

2 ソースが正しく紐づけできていない場合、エラーが発生する

3 ソースのパスを書き換えることで、エラーを解消する

MOVIE：

https://dekiru.net/ytpq209

ソースのパスを書き換える

パワークエリの画面で、前ページのエラーが発生した場合は、自分のPC上のソースのパスに書き換えることでエラーを解消できます（ソースは自分のPC上に保存されている必要があります）。

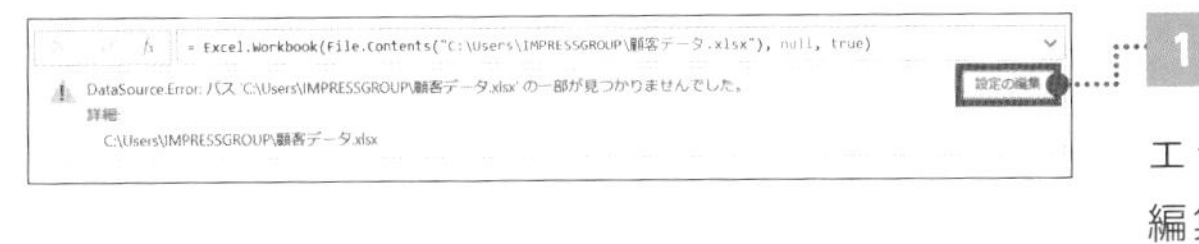

1 エラー表示の［設定の編集］ボタンをクリック

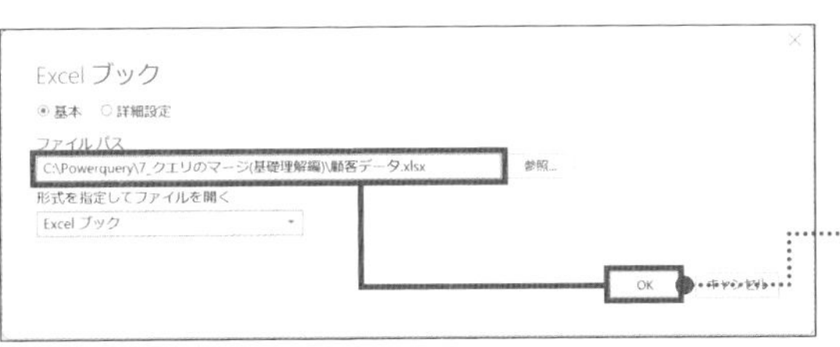

［Excelブック］ダイアログボックスが表示された

2 ［ファイルパス］の欄にソースのパスを入力し、［OK］ボタンをクリック

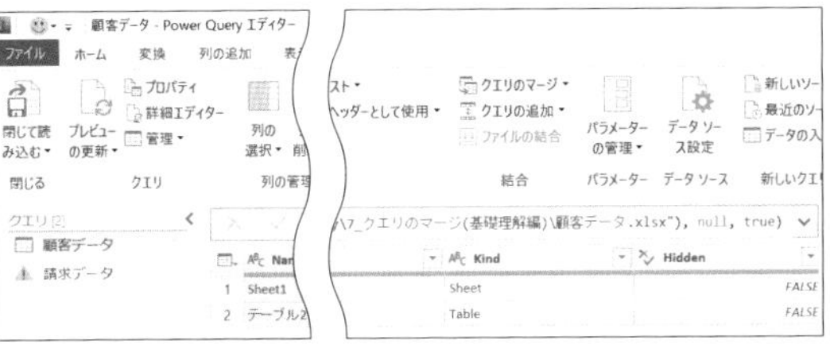

自分のPC上のソースと正しく紐づけでき、エラーが解消された

10

エラー原因の確認、対処

FILE：Chap2-10.xlsx

「Expression.Error」と表示されたら

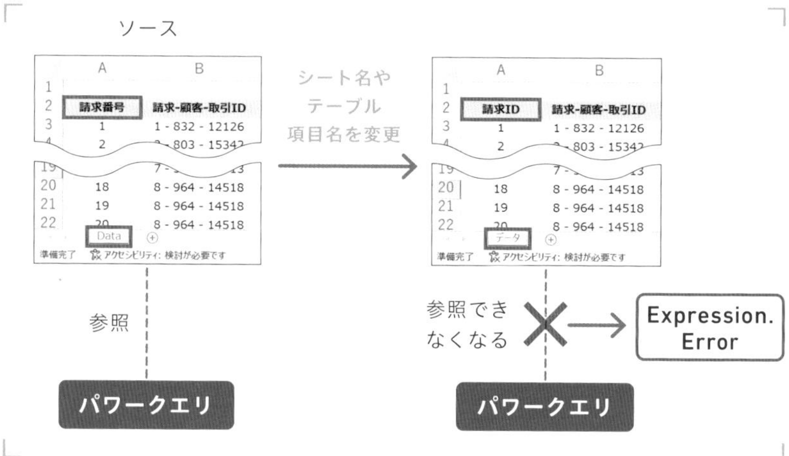

「Expression.Error」に対処しよう

パワークエリは、ソースのExcelファイルのシート名やテーブル項目名に基づいてデータを参照しています。こうした情報が変更されると、パワークエリはソースを正常に参照できず、「Expression.Error」というエラーが発生する場合があります。このレッスンでは、ソースのシート名が変更された場合のエラーを例に、エラーの原因を確認して対処する方法を説明します。エラー発生時の、基本的な対処は以下のような流れで行います。

① パワークエリを開く

② [プレビューの更新]をクリックしてエラーの内容を表示させる

③ エラー内容を確認し、数式バーを修正するなどして解消する

POINT：

1 ソースのシート名などが変更されるとエラーが発生する

2 パワークエリのプレビューにエラーが表示される

3 エラー内容を確認し、ソースを修正するなどして対応する

MOVIE：

https://dekiru.net/ytpq210

パワークエリを開き、エラーメッセージを確認する

エラー発生時には、まずエラーの内容を確認するために、パワークエリを開いて［プレビューの更新］を実行します。ここでは、ソースの「Data」というシート名が「データ」に変更されたため発生したエラーを例に解説します。

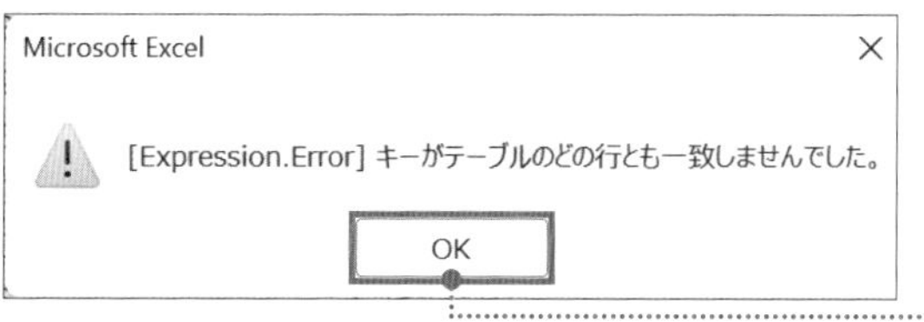

パワークエリから出力したデータを更新しようとすると［Expression.Error］が表示された

1 ［OK］ボタンをクリック

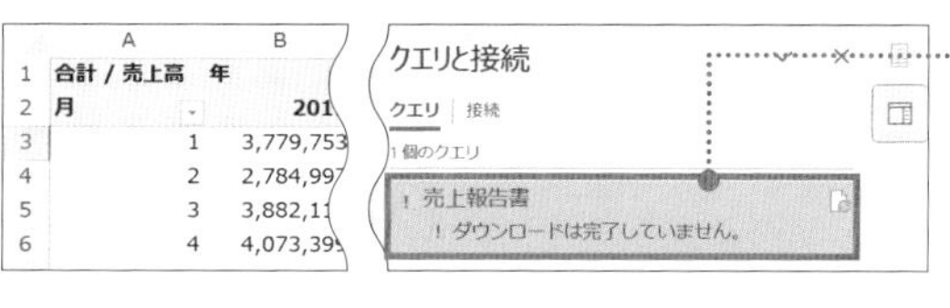

2 ［クエリと接続］の［売上報告書］をダブルクリックしパワークエリを開く

CHECK!

パワークエリ上でエラーが発生している場合、クエリに黄色い三角の警告マークが表示されます。

繰り返しになりますが、「パワークエリはソースと紐づいている」ことを覚えておけば、エラーにも対処しやすくなります。エラーが出た場合は、パワークエリの画面でエラー内容を確認しましょう。次ページから手順を説明していきます。

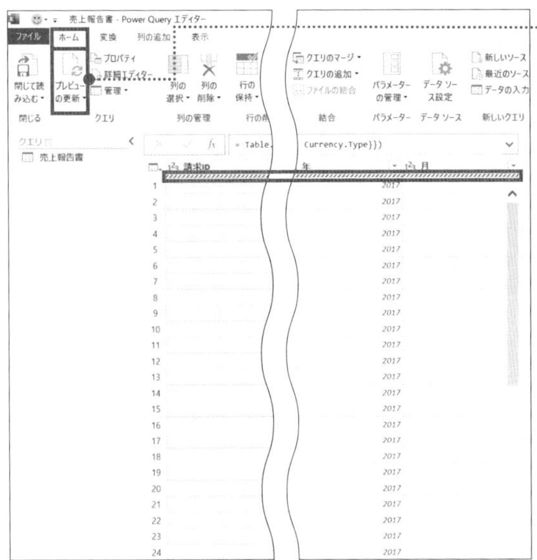

3

[ホーム]タブ→[プレビューの更新]をクリック

CHECK!

エラー発生時には、ヘッダーの下部に赤い斜線が表示されます。エラーが解消すると、赤い斜線は表示されなくなります。

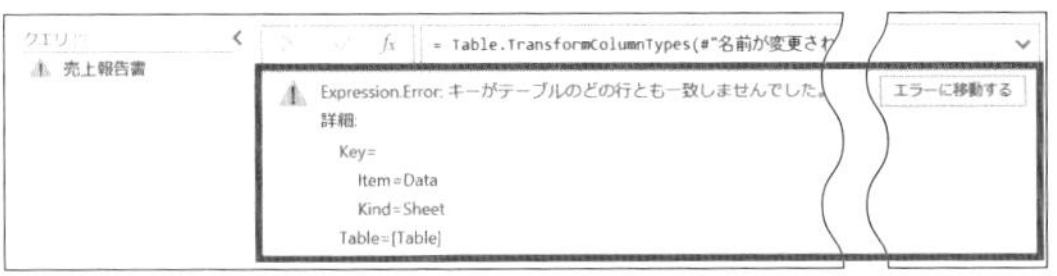

エラーメッセージが表示された

エラーの内容を確認し、原因を解消する

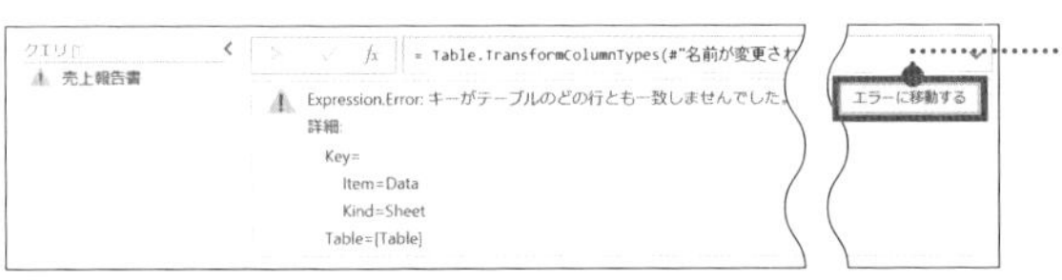

1

[エラーに移動する]ボタンをクリック

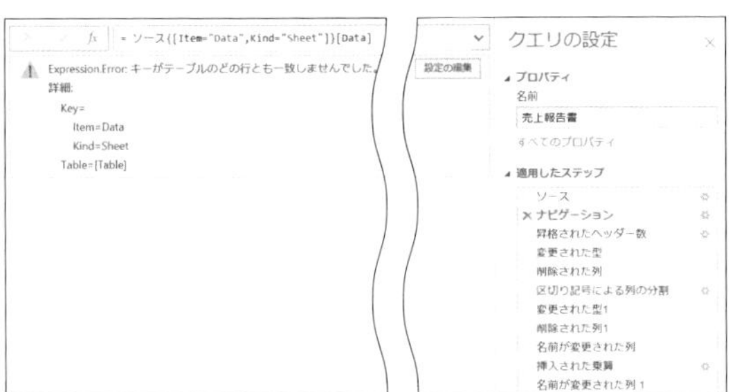

エラーの原因が確認できるステップに移動した

CHECK!

この例では数式が1行ですが、数式が2行以上ある場合は、数式バー右側のvマークをクリックすると、数式バーの全文を確認できます。

▶ エラーに対処する

ここまでで、エラーが発生しているステップを特定できました。[Item="Data",Kind="Sheet"]という数式バーの表示は、パワークエリが変更前のシート名[Data]を参照していることを示しています。数式を修正して、変更後のシート「データ」を参照させましょう。

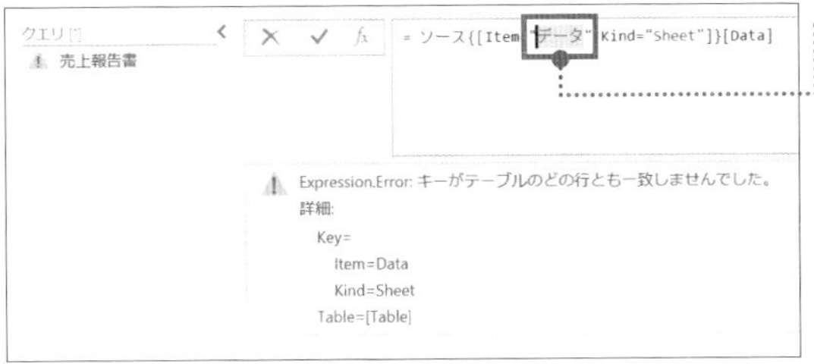

1 数式バーの[Data]を[データ]に書き換える

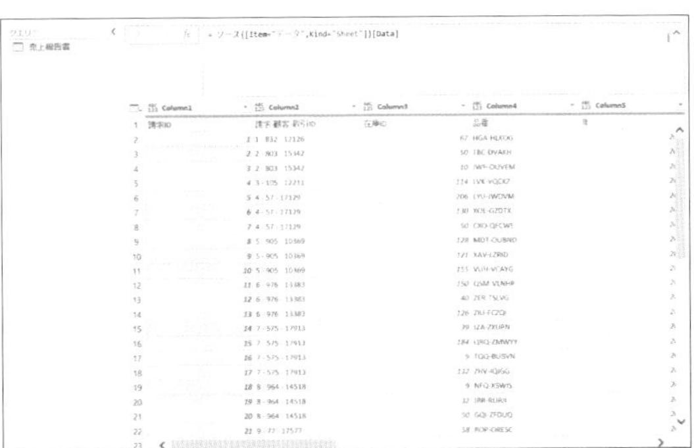

ソースの[データ]シートからデータを参照できるようになり、エラーが解消された

CHECK!
エラーが解消できたため、「売上報告書」クエリの黄色い三角の警告マークが消えました。

このレッスンで説明したエラーの解消法は、パワークエリが変更後のシート名「データ」を参照するように設定を変えるものですが、「シート名を元に戻しても問題ない」という場合は、ソースのシート名を元の「Data」に戻すことでも、エラーの解消が可能です。

11

FILE：Chap2-11.xlsx

ソースに誤ったデータが含まれる場合のエラー

特定のセルにエラーが表示されたら

プレビュー上の「Error」表示

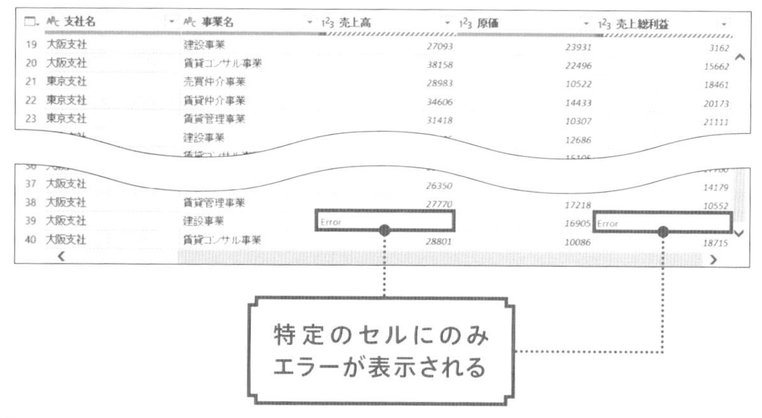

	支社名	事業名	売上高	原価	売上総利益
19	大阪支社	建設事業	27093	23931	3162
20	大阪支社	賃貸コンサル事業	38158	22496	15662
21	東京支社	売買仲介事業	28983	10522	18461
22	東京支社	賃貸仲介事業	34606	14433	20173
23	東京支社	賃貸管理事業	31418	10307	21111
37	大阪支社		26350		14179
38	大阪支社	賃貸管理事業	27770	17218	10552
39	大阪支社	建設事業	Error	16905	Error
40	大阪支社	賃貸コンサル事業	28801	10086	18715

ソースに誤ったデータ型のデータが含まれる場合のエラー

パワークエリで、上の画面のようなエラーが表示される場合は、ソースに誤ったデータ型のデータが入力されている可能性があります。たとえば、数値を入力するはずの「売上高」の列に、日本語のテキスト型のデータが入力されているような状態です。このエラーを解消する方法は大きく2通りです。

①ソースを確認し、正しいデータ型のデータを入力し直す

②パワークエリ上で、エラー部分の行の削除や値の置き換えを行う

①の手順は、Excel上でデータを修正するだけでOKです。このレッスンでは、ソースを操作できない場合などに使う②の手順を説明します。

POINT：

1 ソースに誤ったデータがあるとエラーが発生する

2 パワークエリ上でエラー部分の列を削除できる

3 パワークエリ上でエラー部分のセルの値の置き換えが可能

MOVIE：

https://dekiru.net/ytpq211

エラー部分の行を削除する方法

パワークエリ上では、エラーが発生しているセルを行ごと削除する操作が可能です。この方法は、その行を削除しても、データ管理上問題ない場合に使います。たとえば、大量の類似データを分析していて、1行のデータが消えても影響がないような場合です。ここでは「大阪支社」の「建設事業」の行が不要と仮定して削除します。

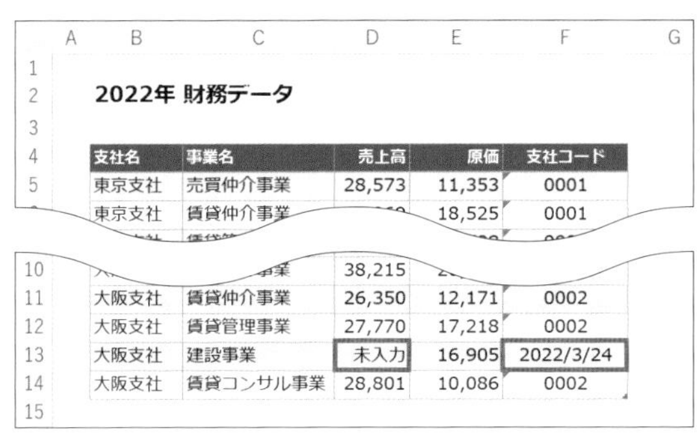

2022年 財務データ

支社名	事業名	売上高	原価	支社コード
東京支社	売買仲介事業	28,573	11,353	0001
東京支社	賃貸仲介事業		18,525	0001
		38,215		
大阪支社	賃貸仲介事業	26,350	12,171	0002
大阪支社	賃貸管理事業	27,770	17,218	0002
大阪支社	建設事業	未入力	16,905	2022/3/24
大阪支社	賃貸コンサル事業	28,801	10,086	0002

ソースのExcelファイル上で、誤ったデータ型のデータが入力されている状態

1 Chap2-11.xlsxのパワークエリを開く

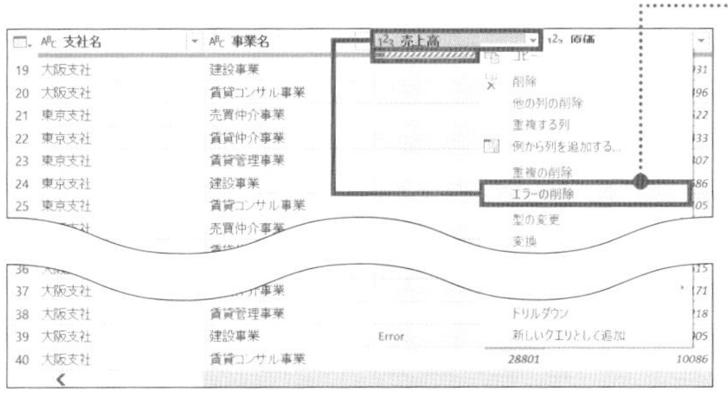

2 エラーが発生しているセルの列のヘッダーを右クリックして[エラーの削除]をクリック

CHECK!
エラーが発生している列は、赤色＋緑の斜線で表示されます。

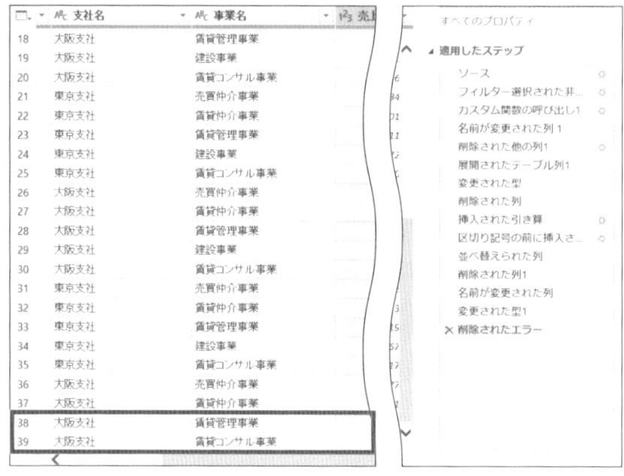

「削除されたエラー」ステップが追加され、エラーが発生していたセルを含む行が削除された

CHECK!

この操作では、あくまでもパワークエリ上で行を削除する整形を行っただけで、ソース上では行は削除されません。

パワークエリ上でエラー部分の値を置き換える方法

パワークエリでは、エラーが発生しているセルの値を、入力した値に置き換えることが可能です。ここでは、エラーが発生しているセルの値を、正しい売上高の数値（この例では25000）に置き換えてみましょう。

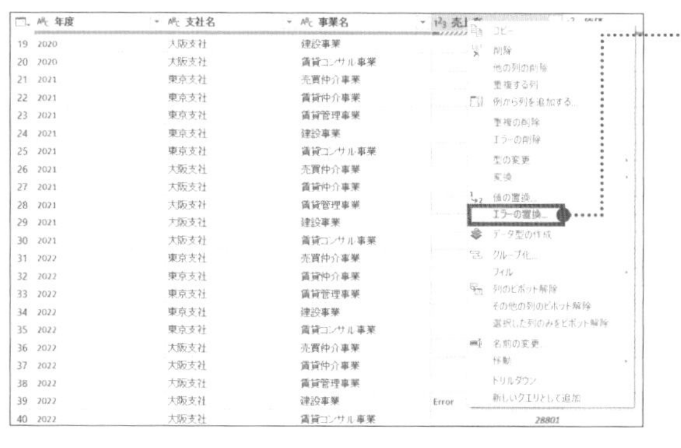

1

エラーが発生しているセルの列のヘッダーを右クリックして［エラーの置換］をクリック

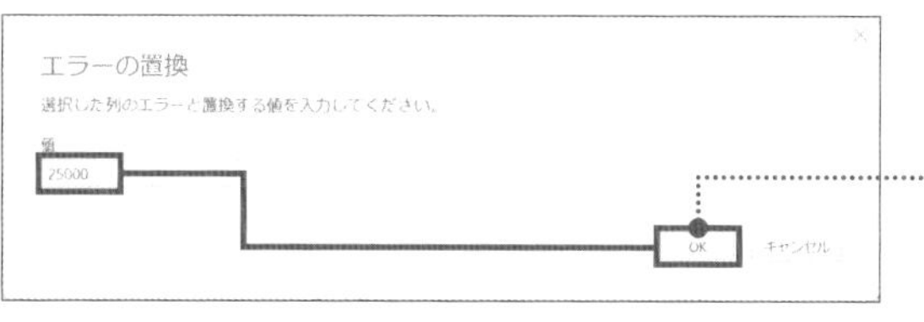

［エラーの置換］ダイアログボックスが表示された

2

エラーが発生している列と同じデータ型の値を入力し［OK］ボタンをクリック

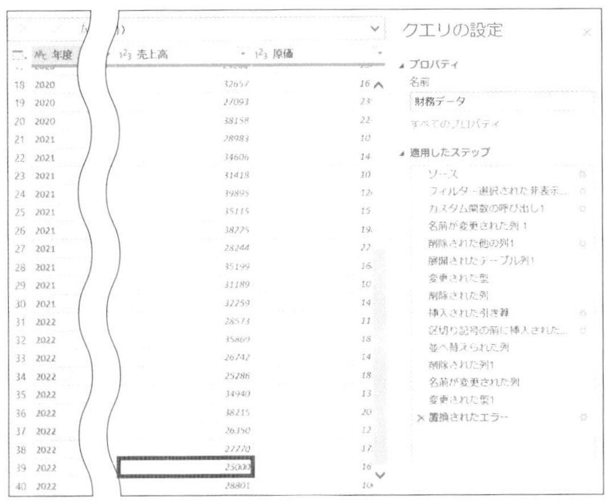

「置換されたエラー」ステップが追加され、エラーが発生していたセルの値が置き換えられた

CHECK!

この操作では、パワークエリ上でエラー部分の値を置き換えただけで、ソース上のデータは変更されません。

理解を深めるHINT

パワークエリで頻出するエラー

このレッスンで紹介したエラー以外で、パワークエリでよく起こるエラーは、列名変更のエラーとデータ型のエラーです。
まず、列名変更のエラーは、最後のステップ以外のステップで列名を変更すると、後続のステップで列が見つからずにエラーになるというものです。このエラーの原因は「途中のステップで列名が変更されること」なので、列名の変更は最後のステップで行うようにすればエラーを回避できます。
次に、データ型のエラーは、パワークエリがデータを取り込むときに自動でデータ型を判断するため、それ以降の行に異なるデータが入ってくるとエラーになるというものです。このエラーは、パワークエリがデータを取り込むときに、自動でデータ型を判断して変換することが原因で発生します。そのため「変更された型」という自動で生成されるステップを削除し、最後にデータ型を手動で設定するようにすれば解消できます。

Expression.Error: レコードのフィールド '列1' が見つかりませんでした。
詳細:
日時=2023/10/26 15:26:10
列2=2023/10/27 15:26:10
期間=1.03:12:57.4017472
日付=2023/10/26

列名変更によるエラー表示の例

12

プレフィックスの追加

FILE：Chap2-12.xlsx

データに文字列を追加しよう

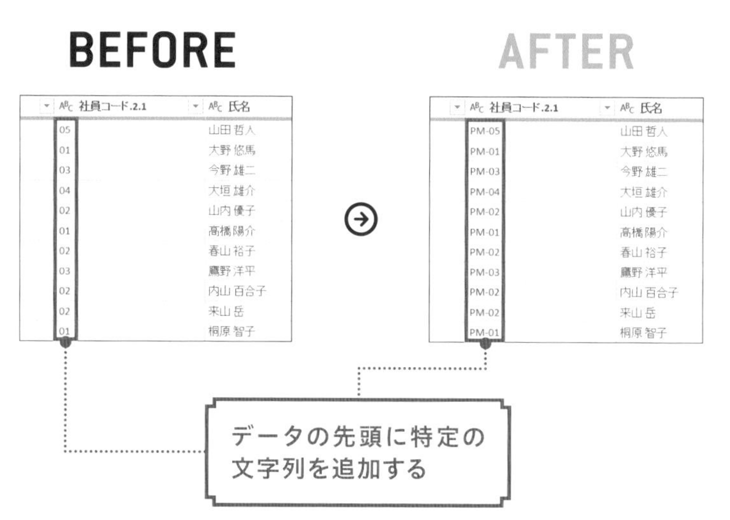

列内のすべてのデータに文字列を追加する

パワークエリには、文字列を追加する機能もあります。特定の列を指定して、追加する文字列を入力することで、列のすべてのデータの先頭や末尾に文字列を追加できます。この機能は、たとえば社員番号の先頭に、所属を示す英数字を追加したいような場合に利用します。

Excelで同様の操作を行う場合は、文字列を操作する各種の関数を使用することになります。パワークエリでは、関数にくわしくない場合でもメニューを操作して文字列を追加できます。

POINT：

1 指定したデータの先頭に、文字列を追加できる

2 文字列の追加は、選択した列のすべてのデータに適用される

3 データの末尾に文字列を追加することも可能

MOVIE：

https://dekiru.net/ytpq212

文字列を追加する

ここでは、[社員コード]列の先頭に「PM-」という文字列を追加します。

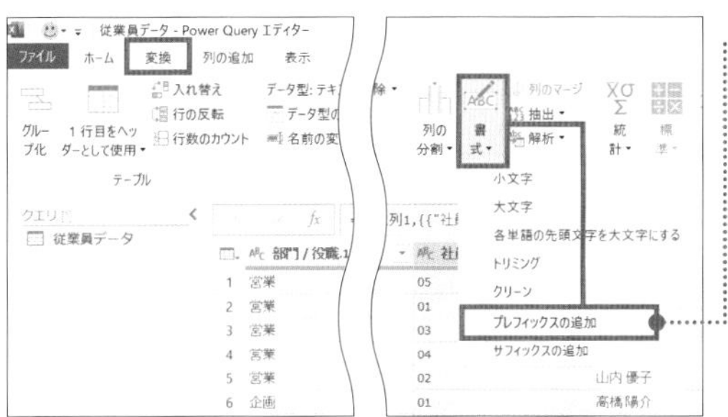

1

文字列を追加したい列を選択した状態で[変換]タブ→[書式]→[プレフィックスの追加]をクリック

CHECK!

[サフィックスの追加]を選択すると、データの末尾に文字列を追加できます。

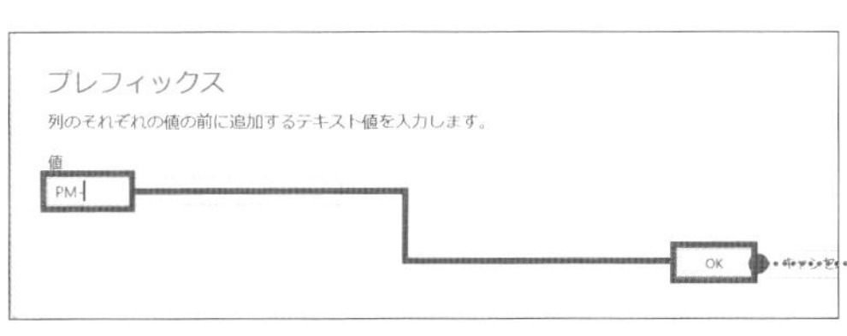

[プレフィックス]ダイアログボックスが表示された

2

[値]に「PM-」を入力し[OK]ボタンをクリック

	部門 / 役職.1	社員コード.1	社員コード	氏名
1	営業	S-	PM-05	山田 哲人
2	営業	S-	PM-01	大野 悠馬
3	営業	S-	PM-03	今野 雄二
4	営業	S-	PM-04	大垣 雄介
5	営業	S-	PM-02	山内 優子
6	企画	P-	PM-01	高橋 陽介
7	企画	P-	PM-02	香山 裕子

「社員コード」列のデータの先頭に「PM-」という文字列を追加できた

CHECK!

「プレフィックス」(接頭辞)とは、文字列の先頭に付く文字列のことです。

13

クエリの複製／参照

FILE：Chap2-13.xlsx

クエリをコピーして使いまわそう

クエリをステップごとコピーする

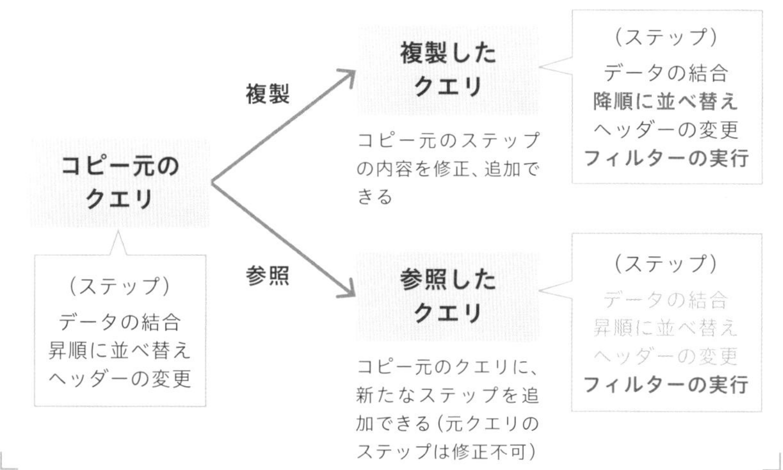

クエリの複製／参照について知ろう

たとえば、全支社のデータを結合し、並べ替え、ヘッダーを変更し……と多くの整形を行ったとします。ここで「このクエリは、今後も使うので変更できない」が、「並べ替えの順番を変えたり、一部の支社だけ抽出したクエリを別に作りたい」と考えた場合に、また全支社のデータを結合し……と一からクエリを作り直すのは大変です。このようなときは、クエリの複製／参照の機能を使ってクエリをコピーし、コピーしたクエリを修正すると簡単です。ソースが同じでも、複製または参照したクエリからはそれぞれ違うデータが出力できます。

POINT：

1 似たクエリを作りたい場合は クエリの複製／参照が便利

2 複製では、ステップが修正できる 状態でコピーされる

3 参照では、すべてのステップが 適用済みの状態でコピーされる

MOVIE：

https://dekiru.net/ytpq213

「クエリの参照」を実行する

すでにさまざまな整形を行ったクエリについて、「クエリの参照」を実行してクエリをコピーし、新たなステップを付け足してみましょう。ここでは、東京支社と大阪支社のデータが混在している「財務データ」クエリを参照し、新たなステップとして、東京支社のみ表示するフィルターを実行します。まずは「クエリの参照」を実行し、クエリ名をわかりやすく変更します。

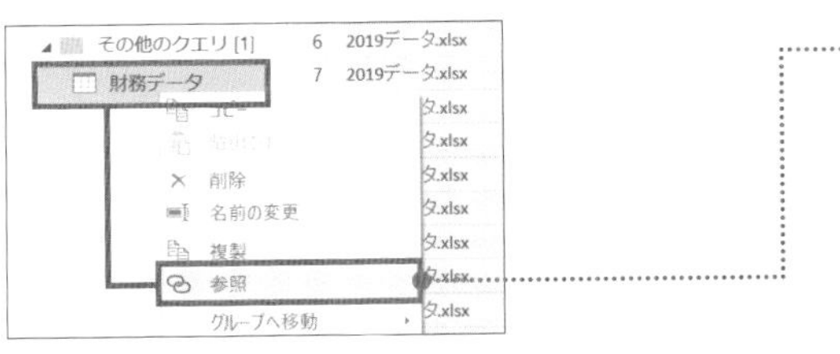

1 ［財務データ］クエリを右クリックして［参照］をクリック

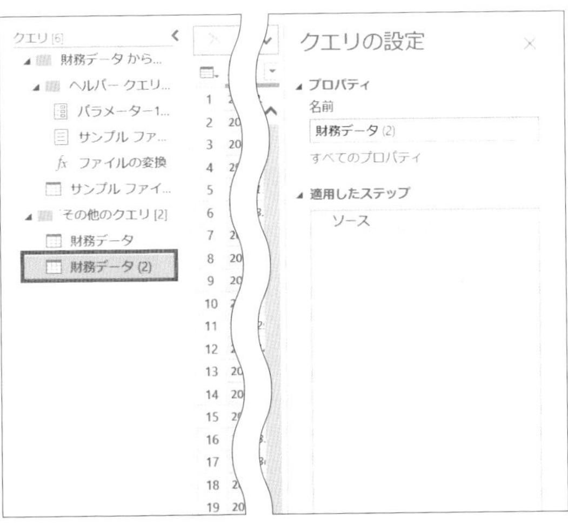

［財務データ］クエリを参照したクエリ［財務データ（2）］が作成された

CHECK!

「クエリの参照」でコピーしたクエリは、「適用したステップ」に「ソース」と表示されるだけで、元のクエリで適用したステップを修正できない状態になっています。

CHAPTER 2 基本操作を理解しよう

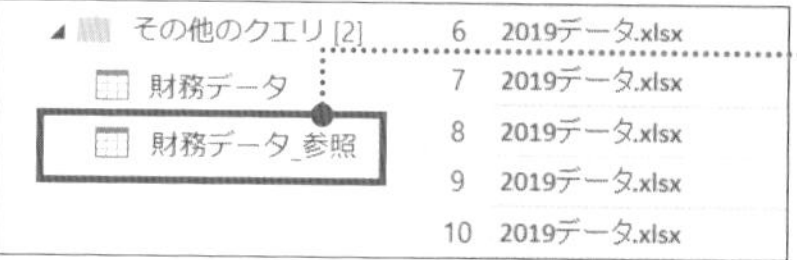

2

クエリ[財務データ(2)]をダブルクリックし[財務データ_参照]に名前を変更

参照したクエリにステップを追加しよう

「クエリの参照」でコピーしたクエリにステップを追加してみましょう。ここでは、東京支社のデータだけをフィルターで抽出して、年度を昇順に並べ替えます。その後、クエリ名をわかりやすく変更します。

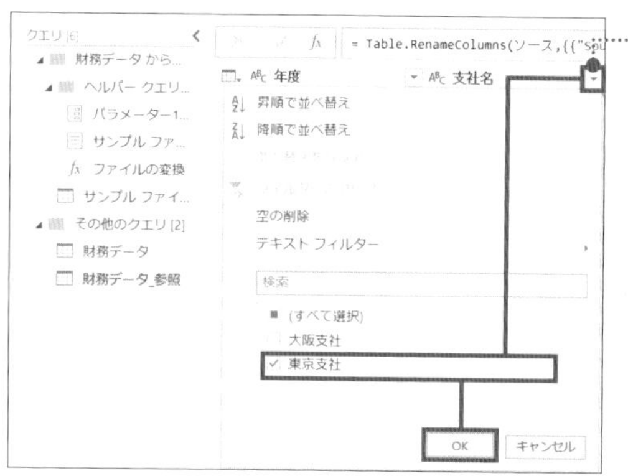

1

[支社名]ヘッダー右側の▼をクリックし[東京支社]のみにチェックを入れて[OK]ボタンをクリック

CHECK!

フィルター機能を利用すると、チェックを入れたデータだけを抽出して表示させることができます。フィルターについては154ページでくわしく説明します。

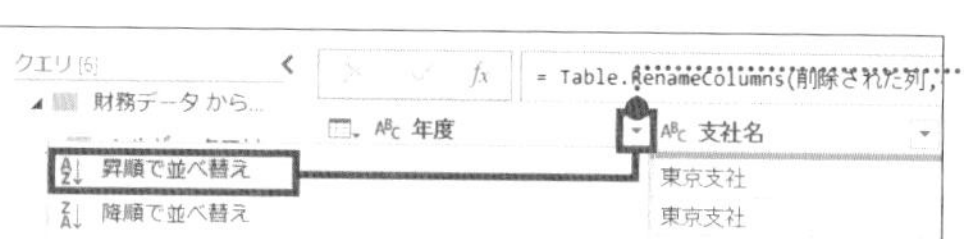

2

[年度]ヘッダー右側の▼をクリックし[昇順で並べ替え]をクリック

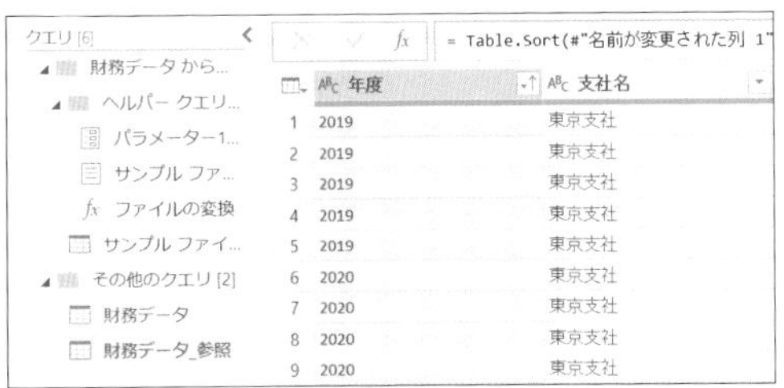

東京支社のみ抽出し、年度を昇順に並べ替えることができた

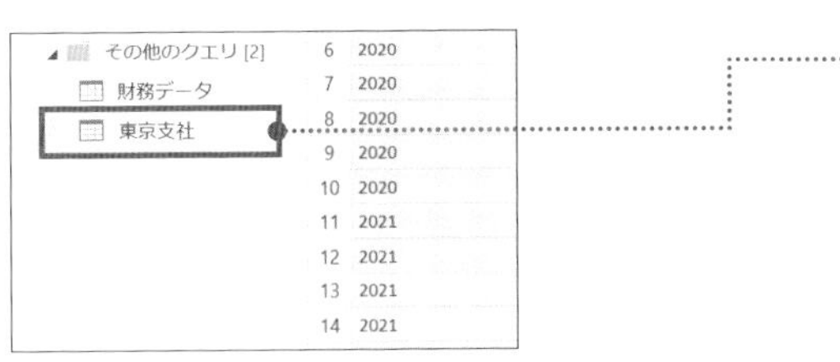

3

[財務データ_参照]クエリをダブルクリックして[東京支社]に名前を変更

こうした作業は、「財務データ」クエリから出力したExcelファイル上で、手動でフィルターをかけても同じ結果になります。ただし、フィルターを実行するステップを追加したクエリを作成しておくことで、同じ作業が発生したときに、フィルターが実行済みのExcelファイルをパワークエリから出力できるようになります。

「クエリの複製」を実行する

クエリの複製を行い、コピーしたクエリのステップの一部を修正してみましょう。ここでは、先ほど「クエリの参照」で作成してステップを追加したクエリを複製し、フィルターを実行したステップを修正します。まずは「クエリの複製」を実行し、クエリ名をわかりやすく変更します。

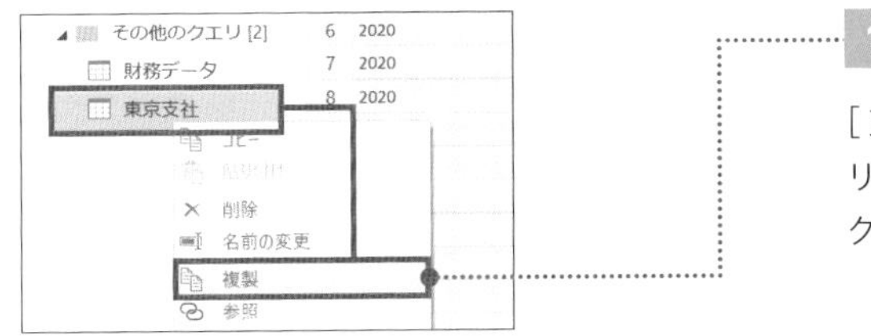

1

[東京支社]クエリを右クリックして[複製]をクリック

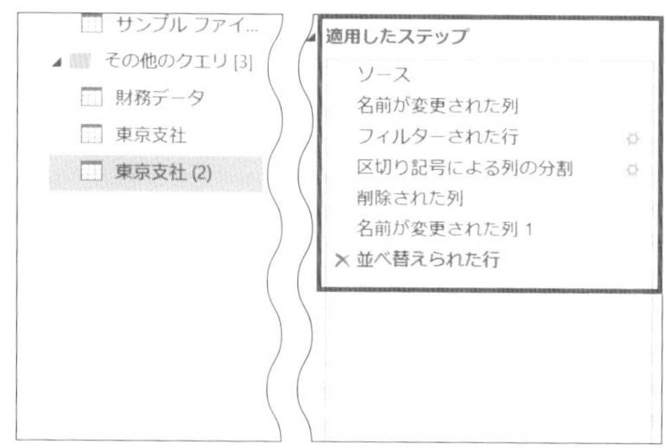

[東京支社]クエリを複製したクエリ[東京支社(2)]が作成された

CHECK!

クエリの複製でコピーしたクエリは、「適用したステップ」も元のクエリとすべて同じステップが表示され、修正できる状態になっています。

複製したクエリのステップを修正しよう

「クエリの複製」でコピーしたクエリのステップは、変更が可能です。ここでは、90ページで行った東京支社を抽出する操作のステップを修正して、大阪支社のみ抽出してみましょう。

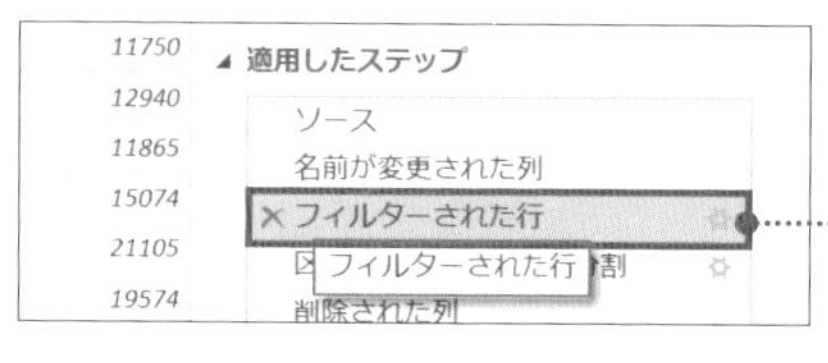

フィルターのステップを修正する

1

[フィルターされた行]ステップをクリック

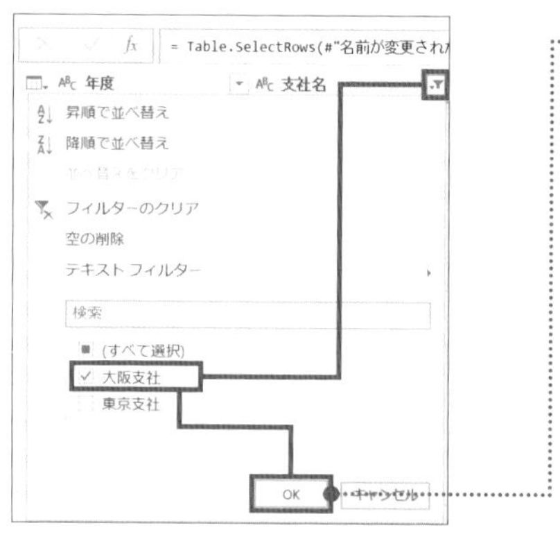

2

[支社名]ヘッダー右側の▼をクリックし[大阪支社]のみにチェックを入れて[OK]ボタンをクリック

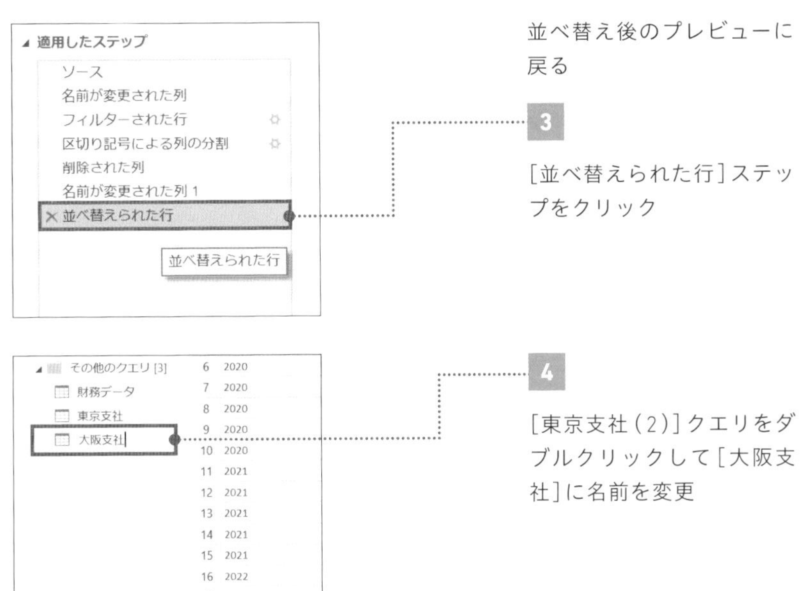

並べ替え後のプレビューに戻る

3

[並べ替えられた行]ステップをクリック

4

[東京支社(2)]クエリをダブルクリックして[大阪支社]に名前を変更

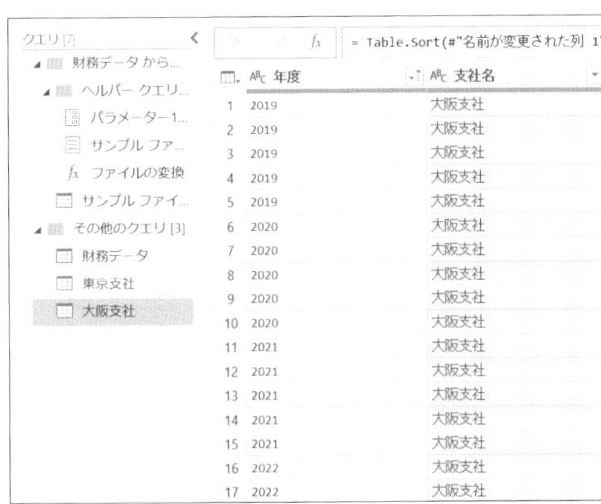

大阪支社のみ抽出し、年度を昇順に並べ替えるクエリが作成できた

今回、フィルターのステップのみ修正し、年度を昇順に並べ替えるステップは変更しませんでした。このように、「ステップの一部だけ修正したい」「ほかのステップ内容はそのままでいい」という場合にクエリの複製は便利です。特に、すでにステップがたくさんある場合は、一からクエリを作り直すよりも、クエリの複製を利用して直したいステップだけ直すほうが手間が少なくすみますね。

14

クエリのグループ化／削除

FILE：Chap2-14.xlsx

作成済みのクエリを整理しよう

クエリを整理する

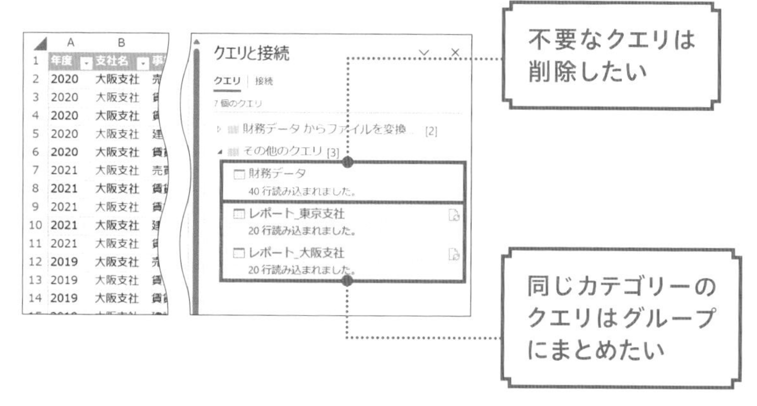

大量のクエリを整理するには

用途や部署ごとにクエリを作成していくと、数十〜数百もの大量のクエリがパワークエリの画面に並び、どのクエリがどこにあるのかわかりにくくなってしまうことがあります。こうしたときは、用途や部署の名前でグループを作成して、各クエリをグループにまとめると、すっきりと整理できます。

また、データ収集や整形の業務フローが変わったなどの理由で不要になったクエリは削除できます。クエリを削除しても、すでに出力したデータは消えませんが、33ページで行ったようなデータの更新はできなくなります。

POINT：

1 クエリはグループにまとめることができる

2 不要なクエリは削除できる

3 クエリを削除しても出力したデータは消えない

MOVIE：

https://dekiru.net/ytpq214

クエリをグループ化して整理する

複数のクエリを1つのグループにまとめて整理します。ここでは、Chap2-14.xlsxの「レポート_東京支社」クエリと「レポート_大阪支社」クエリの2つを、「レポート」というグループにまとめましょう。

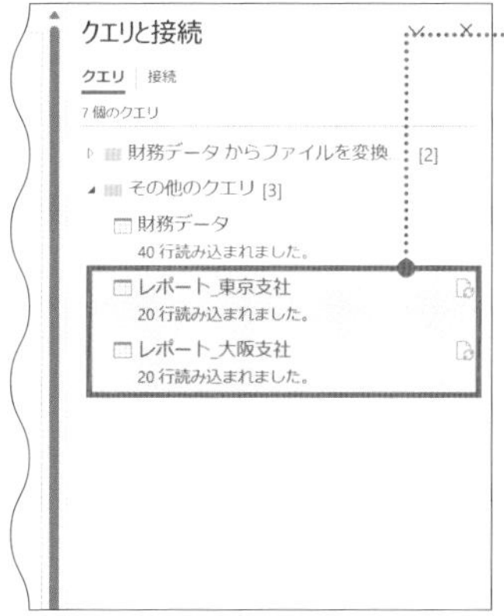

1

[レポート_東京支社]クエリと[レポート_大阪支社]クエリを選択して右クリック

CHECK!

Ctrl キーを押したまま項目をクリックすることで、複数の項目を選択できます。

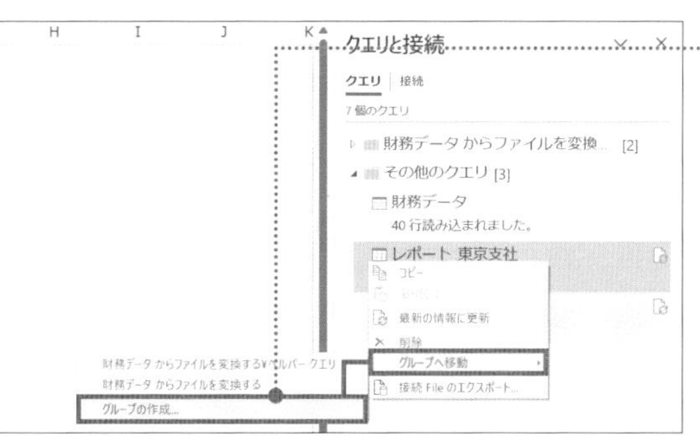

2

[グループへ移動]→[グループの作成]をクリック

CHAPTER 2 基本操作を理解しよう

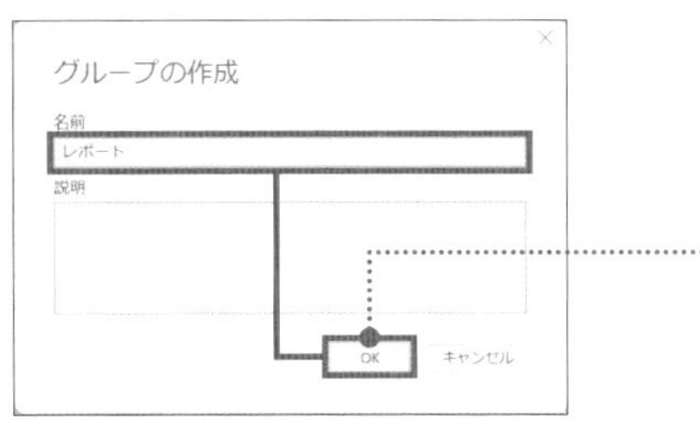

［グループの作成］ダイアログボックスが表示された

3

名前は「レポート」と入力して［OK］ボタンをクリック

	A	B	C
1	年度	支社名	事業名
2	2020	大阪支社	売買仲介事業
3	2020	大阪支社	賃貸仲介事業
4	2020	大阪支社	賃貸管理事業
5	2020	大阪支社	建設事業
6	2020	大阪支社	賃貸コンサル事
7	2021	大阪支社	売買仲介事業
8	2021	大阪支社	賃貸仲介事業
9	2021	大阪支社	賃貸管理事業
10	2021	大阪支社	建設事業
11	2021	大阪支社	賃貸コンサル事
12	2019	大阪支社	売買仲介事業
13	2019	大阪支社	賃貸仲介事業
14	2019	大阪支社	賃貸管理事業
15	2019	大阪支社	建設事業
16	2019	大阪支社	賃貸コンサル事
17	2022	大阪支社	売買仲介事業
18	2022	大阪支社	賃貸仲介事業
19	2022	大阪支社	賃貸管理事業
20	2022	大阪支社	建設事業

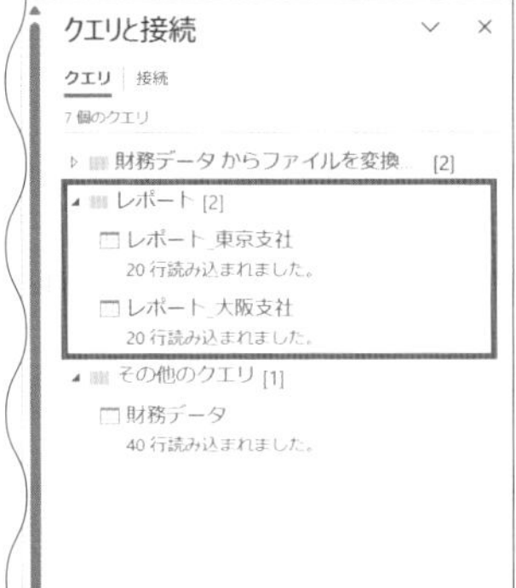

［レポート_東京支社］クエリと［レポート_大阪支社］クエリが「レポート」グループにまとめられた

CHECK!

グループ名の末尾の［1］や［2］といった表示は、そのグループに含まれるクエリの数を示しています。

クエリを削除する

不要になったクエリは削除できます。ここでは、「レポート_東京支社」クエリが不要になったと仮定して、削除してみましょう。

	A	B	C
1	年度	支社名	事業名
2	2019	大阪支社	売買仲介事業
3	2019	大阪支社	賃貸仲介事業
4	2019	大阪支社	賃貸管理事業
5	2019	大阪支社	建設事業
6	2019	大阪支社	賃貸コンサル事
7	2020	大阪支社	売買仲介事業
8	2020	大阪支社	賃貸仲介事業
9	2020	大阪支社	賃貸管理事業
10	2020	大阪支社	建設事業
11	2020	大阪支社	賃貸コンサル事
12	2021	大阪支社	売買仲介事業
13	2021	大阪支社	賃貸仲介事業
14	2021	大阪支社	賃貸管理事業
15	2021	大阪支社	建設事業
16	2021	大阪支社	賃貸コンサル事
17	2022	大阪支社	売買仲介事業
18	2022	大阪支社	賃貸仲介事業
19	2022	大阪支社	賃貸管理事業
20	2022	大阪支社	建設事業

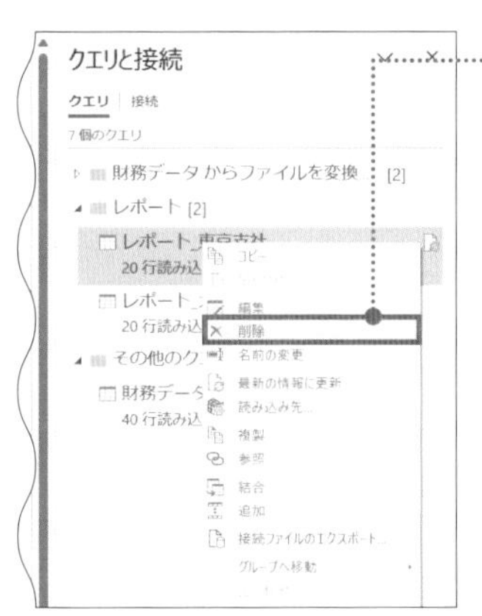

1

［レポート_東京支社］クエリを右クリックして［削除］をクリック

クエリの削除

'レポート_東京支社' を削除しますか? このクエリを削除すると、このクエリによって読み込まれたデータを更新できなくなります。

[クエリの削除]ダイアログボックスが表示された

2

[削除]ボタンをクリック

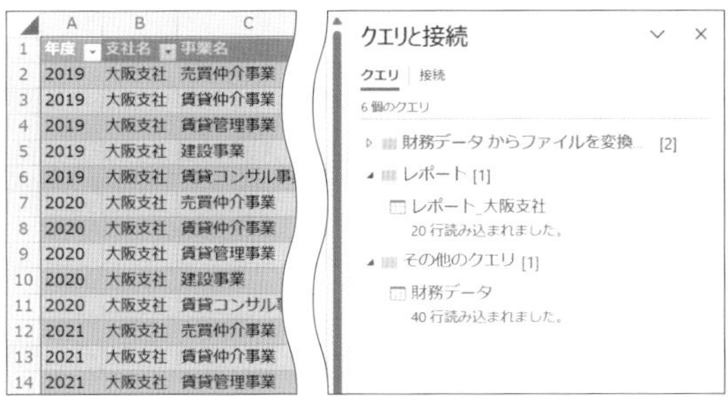

[レポート_東京支社]クエリが削除された

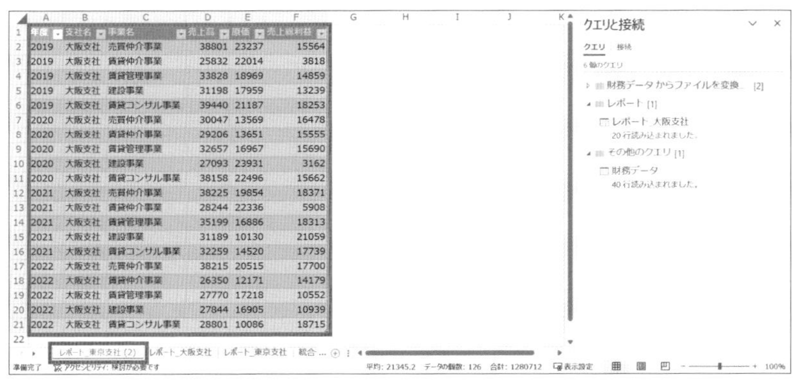

年度	支社名	事業名	売上高	原価	売上総利益
2019	大阪支社	売買仲介事業	38801	23237	15564
2019	大阪支社	賃貸仲介事業	25832	22014	3818
2019	大阪支社	賃貸管理事業	33828	18969	14859
2019	大阪支社	建設事業	31198	17959	13239
2019	大阪支社	賃貸コンサル事業	39440	21187	18253
2020	大阪支社	売買仲介事業	30047	13569	16478
2020	大阪支社	賃貸仲介事業	29206	13651	15555
2020	大阪支社	賃貸管理事業	32657	16967	15690
2020	大阪支社	建設事業	27093	23931	3162
2020	大阪支社	賃貸コンサル事業	38158	22496	15662
2021	大阪支社	売買仲介事業	38225	19854	18371
2021	大阪支社	賃貸仲介事業	28244	22336	5908
2021	大阪支社	賃貸管理事業	35199	16886	18313
2021	大阪支社	建設事業	31189	10130	21059
2021	大阪支社	賃貸コンサル事業	32259	14520	17739
2022	大阪支社	売買仲介事業	38215	20515	17700
2022	大阪支社	賃貸仲介事業	26350	12171	14179
2022	大阪支社	賃貸管理事業	27770	17218	10552
2022	大阪支社	建設事業	27844	16905	10939
2022	大阪支社	賃貸コンサル事業	28801	10086	18715

クエリが削除されても、すでに出力済みの[レポート_東京支社]のデータは残っている

クエリが削除されたため、今後ソースに変更があった場合でも、データの更新を行うことはできません。今後、更新などに使用しないクエリであることを確認したうえで削除しましょう。

15

ステップの
名前を変更

FILE：Chap2-15.xlsx

ステップの名前はわかりやすく変更しよう

BEFORE

AFTER

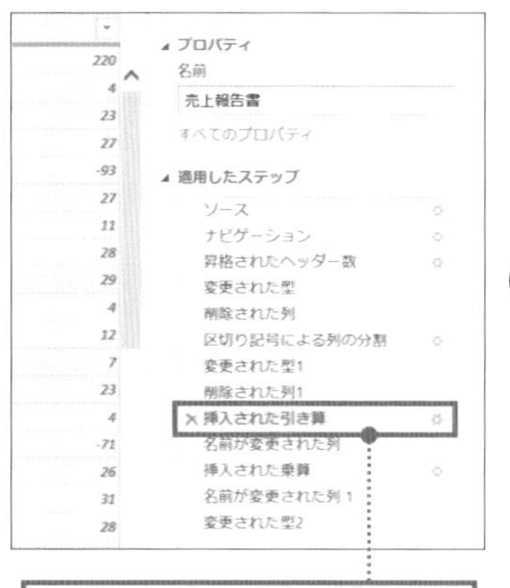

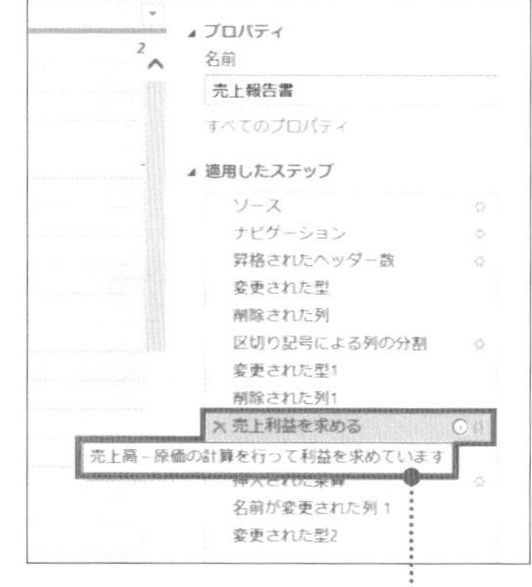

ステップの名前から、操作内容がわかりにくい

わかりやすい名前に変更し、説明を追加できた

各ステップの操作内容が一目瞭然

パワークエリで整形を行うと、「変更された型」「挿入された引き算」などといった決まった名前でステップが自動で記録されます。このステップの名前はパワークエリが命名したものですが、名前だけでは操作の狙いや内容がわかりにくいことが多いです。誰もが操作内容を理解できるように、ステップの名前をわかりやすいものに変更しましょう。さらに「プロパティ」機能で、ステップの説明を入力して表示させることも可能です。

POINT：

1 ステップの名前は変更できる

2 操作内容がすぐ理解できる名前に変更する

3 ステップの詳細な説明を記載することも可能

MOVIE：

https://dekiru.net/ytpq215

ステップの名前を変更する

ステップの名前を、操作内容がわかりやすく伝わる名前に変更しましょう。ここでは、「売上高－原価」の計算を行ったステップの名前を「売上利益を求める」という名前に変更します。

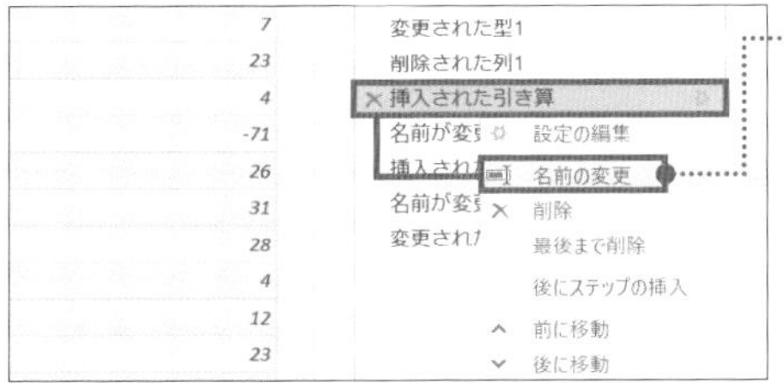

1 ［挿入された引き算］ステップを右クリックして［名前の変更］をクリック

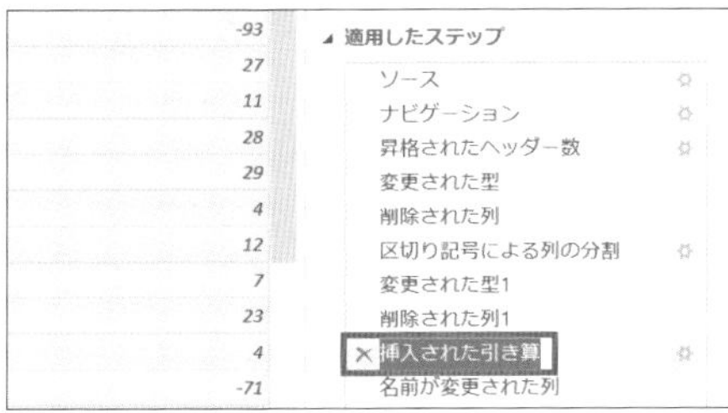

ステップの名前を入力できる状態になった

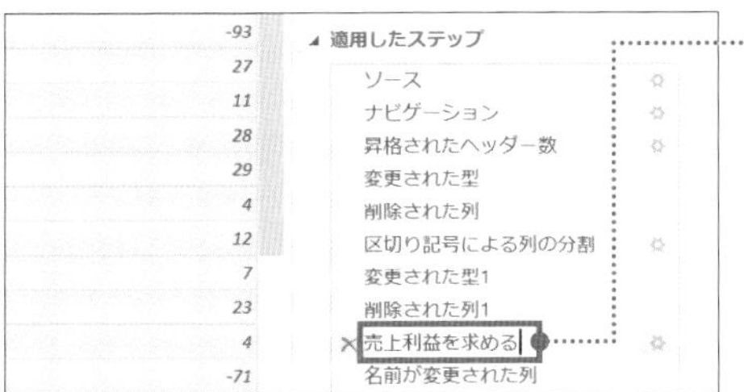

2 「売上利益を求める」と入力して Enter キーを押す

適用したステップ
ソース
ナビゲーション
昇格されたヘッダー数
変更された型
削除された列
区切り記号による列の分割
変更された型1
削除された列1
売上利益を求める
名前が変更された列

ステップの名前が変更された

ステップの名前をわかりやすく変更しておけば、誰が見ても操作内容をすぐに飲み込めるので、引き継ぎも容易になります。このレッスンでは1つのステップだけ名前を変更しましたが、必要に応じてほかのステップの名前も変更しましょう。

ステップの説明を入力して表示させる

ステップの「プロパティ」機能を活用すれば、ステップの狙いや操作内容などくわしい説明を記載できます。ここでは、先ほど名前を変更した「売上利益を求める」ステップの説明を入力してみましょう。

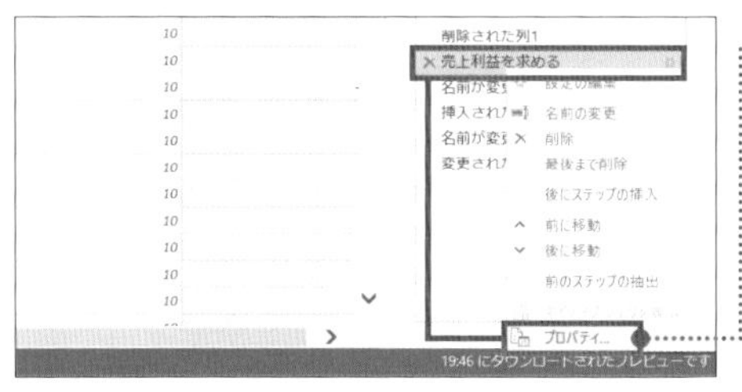

1

[売上利益を求める]ステップを右クリックして[プロパティ]をクリック

ステップのプロパティ
名前
売上利益を求める
説明
OK キャンセル

[ステップのプロパティ]ダイアログボックスが表示された

CHECK!

この画面では、ステップの名前の変更と、説明の追加が行えます。

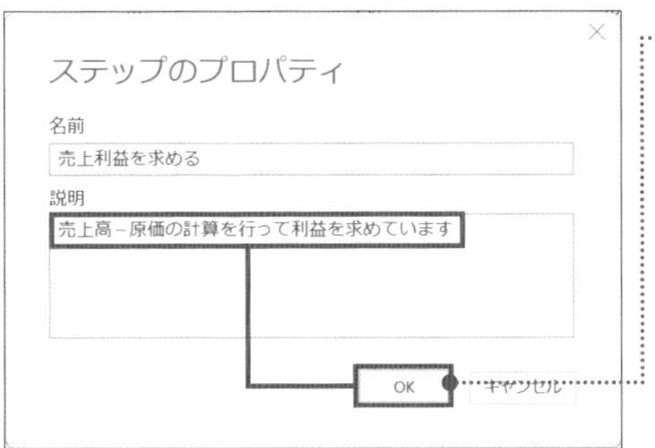

2

［説明］に「売上高－原価の計算を行って利益を求めています」と入力して［OK］ボタンをクリック

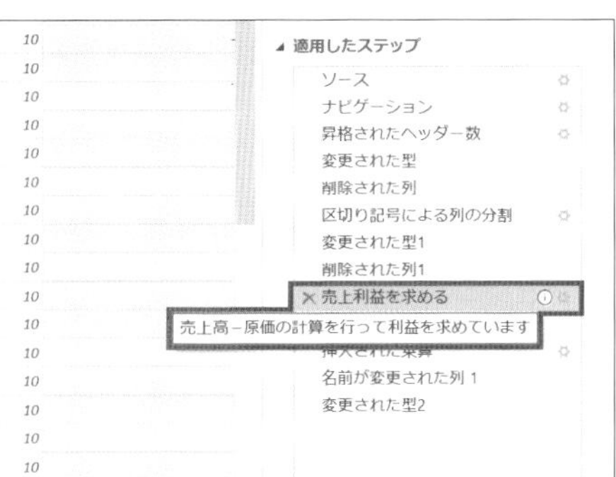

［売上利益を求める］ステップに説明が追加された

CHECK!

プロパティで説明を追加したステップには丸で囲まれた「i」マークが追加され、マウスポインターを合わせると説明が表示されるようになります。

理解を深めるHINT

自動で挿入されるステップ

パワークエリにデータを取り込むと、自動的に「変更された型」というステップが作成され、データ型が判別されますよね。これは、ユーザーの作業時間を短縮するための初期設定です。もし、ステップが自動で生成されなければ、私たちは毎回、目視でデータの型を判断する必要があります。しかし、データ型の判断はデータの整形作業の第一歩で、ここで時間をかけるのは望ましくありません。そこでパワークエリでは、初期設定でデータ型を自動的に判断する仕様になっている、というわけです。

COLUMN

業務効率化の数値目標は30%に据えてみよう

パワークエリを勉強しはじめると、Excelの業務改善の可能性が広がり、仕事が楽になるはずだという希望が湧いてきます。このとき、一体どこまでやれば業務改善は成功したといえるのでしょうか。

私は、業務改善の基準としては、30％の効率化を目指すのがよいと考えています。では、なぜ30%なのでしょうか。まず、10%の効率化を想像してみましょう。おそらく、10%の効率化は、Excelの関数やショートカットキーを駆使すれば達成できる範囲です。このレベルの効率化は間違いなく価値がありますが、パワークエリの真の力を十分に活かせるとはいえません。これに対して、50％の効率化を目指すと、それは業務の在り方そのものを抜本的に変更しなければ実現できない可能性があります。業務そのものを変更するとなると、関係者も増えるので、効率化のための工数が大きくなりすぎて、1人では挫折してしまう可能性があります。

では、30％の効率化を目指すのならどうでしょうか。これなら、パワークエリを使って実現できそうです。さらに、30%程度であれば、自分1人でも実現可能な業務内容の変更にとどまるはず。たとえば、60分かかっていた月次のデータ集計作業を40分に短縮するために、パワークエリを利用してみてください。20分かかっていた日次のデータの整形作業を約15分で終えられるように、パワークエリを使ってみてください。

そうして1つ1つの業務を30％ずつ効率化していくと、最終的には非常に大きな効率化を実現できるはずです。ただ、最初から大きな効率化を目指す必要はないのです。できることからはじめた結果として、あなたの仕事が楽になっているのが理想です。このように、パワークエリを学びはじめた皆さんには、ぜひ現場で30%の業務効率化を目指してみてほしいと思います。そうしてパワークエリを用いた業務改善を実践する中で、皆さんのスキルはどんどんアップしていきます。

CHAPTER 3

大量のデータをかんたんに取り込む

01

Webから
データ取得

Webページの情報を取り込もう

Web上のデータをソースにする

日付	始値	高値	安値	終値
2023年9月14日	32,925.54	33,244.45	32,851.24	33,168.10
2023年9月13日	32,742.29	32,872.44	32,616.65	32,706.52
2023年9月12日	32,629.16	32,799.69	32,486.48	32,776.37
2023年9月11日	32,690.54	32,746.14	32,391.69	32,467.76
2023年9月8日	32,916.25	32,920.43	32,512.80	32,606.84
2023年9月7日	33,118.55	33,322.45	32,986.35	32,991.08
2023年9月6日	33,115.06	33,282.15	33,088.22	33,241.02

Web上のデータを取り込みたい

Web上のデータも取り込みが可能

ここまでのレッスンでは、Excelファイル(CSVファイル含む)からデータの取り込みを行ってきましたが、パワークエリは、Excelファイルだけではなく、Webページからもデータを取り込めます。さらにWebページのデータが更新された場合、パワークエリに取り込んだデータも最新のものに更新することが可能です。なお、Web上のテーブルをコピーしてExcelの標準機能の「更新可能なWebクエリ」として貼り付けることでも同様に取り込めますが、パワークエリではその取り込みから整形も含め自動化できるのが便利な点です。

POINT：

1 Webページのデータを取り込める

2 テーブル形式のデータが自動で抽出される

3 Web上のデータが更新された場合、更新ボタンで差分を反映できる

MOVIE：

https://dekiru.net/ytpq301

URLを指定して、Webからデータを取り込む

Web上のデータを取り込んでみましょう。今回は、サンプルページ（https://youseful.jp/microsoft/excel/webscraping/）からダミーのデータを取り込みます。

サンプルページを開いておく

1 URLを全選択して右クリック

2 ［コピー］をクリック

3 空白のExcelブックを開き、［データ］タブ→［Webから］をクリック

［Webから］ダイアログボックスが表示された

4 コピーしたURLを［URL］に貼り付けて［OK］ボタンをクリック

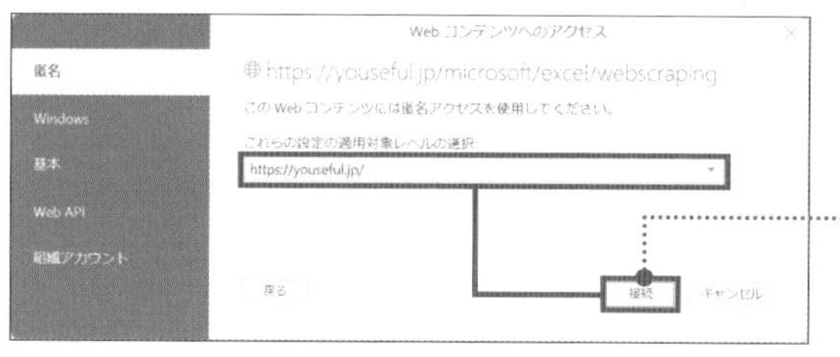

[Webコンテンツへのアクセス]ダイアログボックスが表示された

5

https://youseful.jp/を選択して[接続]ボタンをクリック

接続しています

https://youseful.jp/microsoft/excel/webscraping/ への接続を確立するまで、しばらくお待ちください。

キャンセル

「接続しています」と表示されるので、そのまましばらく待つ

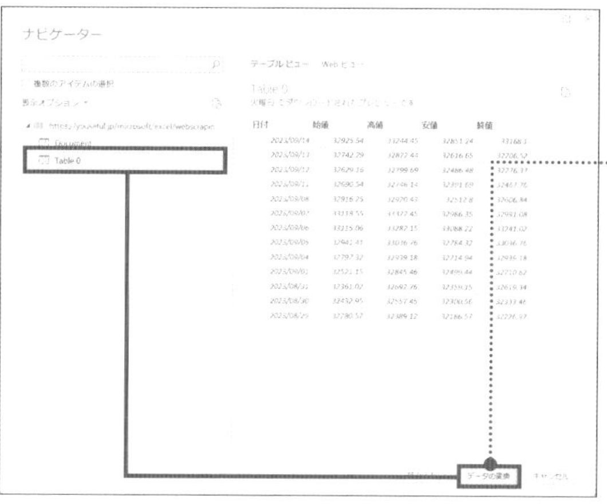

[ナビゲーター]ダイアログボックスが表示された

6

[Table 0]を選択して[データの変換]ボタンをクリック

CHECK!

パワークエリが、テーブル形式のデータであると判断したWeb上のデータを抽出して表示しています。データが複数ある場合は[Table 0]、[Table 1]、[Table 2]……と表示されます。その場合、右側のプレビューを確認し、自分が取り込みたいデータを選択すればOKです。

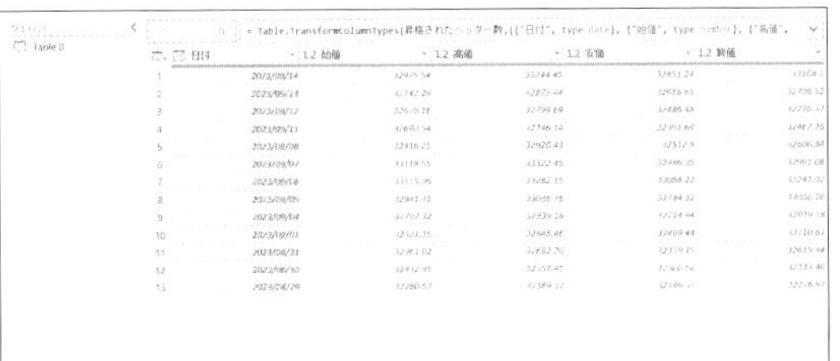

Web上のデータをパワークエリに取り込むことができた

Webから取得したデータを整形する

パワークエリに取り込んだデータを整形しましょう。今回は、最新の日付の株価のみを抽出します。

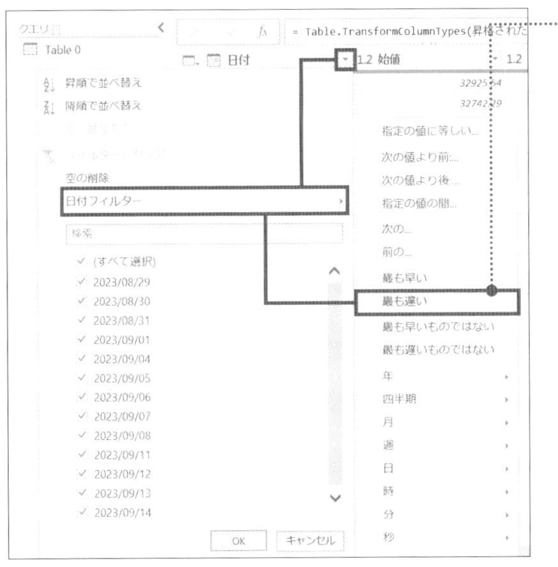

1

[日付]列の▼をクリックし、[日付フィルター]→[最も遅い]をクリック

CHECK!

「最も遅い」日付を指定すれば、最新の日付のデータのみを抽出できます。新しい日付のデータが追加されても、常に最新の日付のデータが抽出されます。

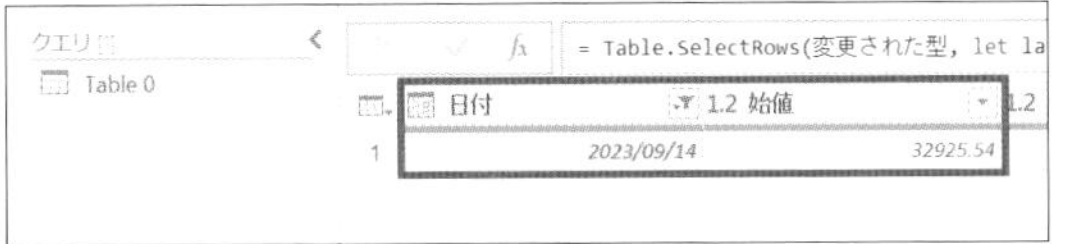

最新の日付のデータが抽出された

データを出力する

先ほど整形したデータをExcel上に出力しましょう。

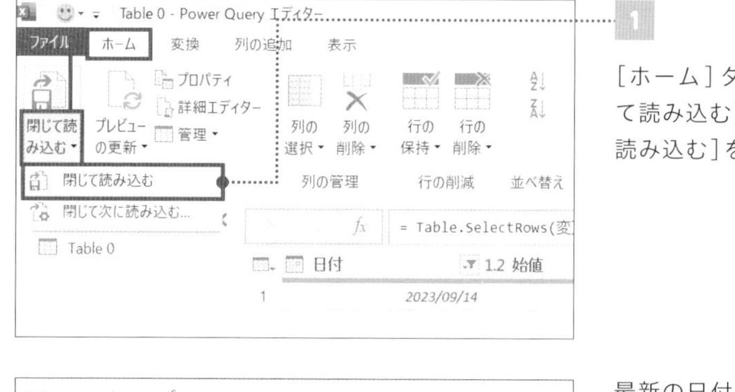

1 [ホーム]タブ→[閉じて読み込む]→[閉じて読み込む]をクリック

日付	始値	高値	安値	終値
2023/9/14	32925.54	33244.45	32851.24	33168.1

最新の日付のデータのみを出力できた

データを更新しよう

Web上のデータが更新された場合に、パワークエリ上のデータも更新させることが可能です。

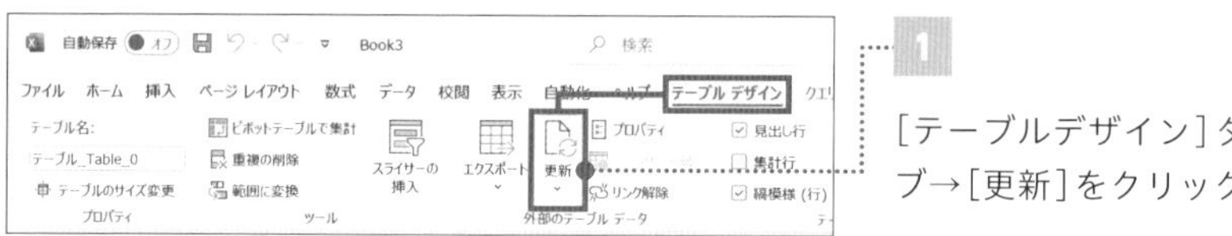

1 [テーブルデザイン]タブ→[更新]をクリック

今回取り込んだデータはダミーデータなので更新されませんが、株価や為替など、日々データが更新される数値をWebから取り込む場合には、最新の数値に更新を行えます。

理解を深めるHINT

Webからデータを取り込む「スクレイピング」の活用と注意点

Webサイトから情報を抽出する技術を「Webスクレイピング」と呼びます。このレッスンで行ったデータの取り込みもWebスクレイピングの一種です。

Webスクレイピングを使えば、金融や経済に関するWebサイトから、株価や為替レート、経済指標などのデータを取得してトレンドを分析したり、eコマースやオンラインショッピングに関するWebサイトから、商品やカテゴリー、価格やレビューなどのデータを取得する作業を自動化できます。ぜひ、ご自分の業務の中でWebデータを用いるものについては、積極的に活用を考えてみましょう。

一方で、数値データに見えても実際は画像データで取り込みができない場合や、利用規約の定めや著作権の観点からデータの取得ができない場合もあります。また、何度もデータを更新すると、データ提供元のサーバーに負荷をかけることもあります。実際にデータを取得できるか、仮に取得できるとしても利用してよいのか、Webサイトの利用規約を確認してからパワークエリでデータを取り込むようにしてください。

利用規約

HOME　利用規約

Youseful株式会社(以下「当社」といいます。)は、当社の運営するExcelPro、トップ就活チャンネル、Yousefulチャンネル（以下「本サービス」といいます。）の利用規約(以下「本規約」といいます。）を、以下のとおり定めます。

第1条（規約への同意）

利用者は、本規約の定めに従って本サービスを利用しなければなりません。利用者は、本規約の全文をお読みいただいたうえで、本規約に有効かつ取消不能な同意をしないかぎり本サービスを利用できません。利用者が未成年者である場合は、親権者など法定代理人の同意を得たうえで本サービスを利用してください。利用者は、本サービスを実際に利用することによって本規約に有効かつ取消不能な同意をしたものとみなされます。

プロフィール

長内孝平。ExcelPro開発者。ユースフル株式会社代表取締役。スキル教育×キャリア教育を通じて「創る人をつくる」

パワークエリでWebデータを取り込む場合は、対象のWebサイトの利用規約などを事前に確認しておきましょう（画像はユースフルの利用規約の一部）

02

クラウドストレージでの共有

FILE：Chap3-02.xlsx

OneDriveでソースを共有しよう

OneDriveを活用したデータ共有

ファイルを直接共有した場合

ソース

xlsx

パワークエリで整形し、出力したデータを共有

ソース

xlsx

xlsx

ソースが自分のPCに紐づくパスになっており、このままでは他の人が利用できない……

OneDriveで共有した場合

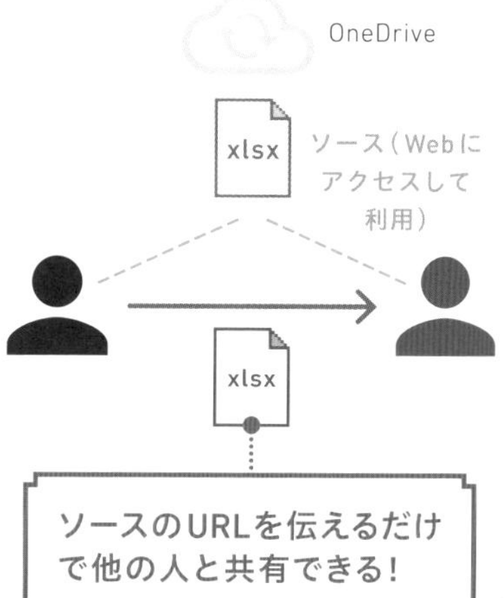

クラウドストレージからデータ取得する

76ページで解説したように、自分のPCに紐づいたパスがソースの保存先として設定されているデータを共有する場合、共有された人はそのままではデータを使えず、パスを書き換える必要が出てしまいます。

この場合、ソースのExcelファイルをOneDriveなどのクラウドストレージに格納し、クラウドストレージ上のファイルからデータを取り込むように設定すると、ソースのパスを書き換えずに共有できます。

なおOneDriveを利用するにはMicrosoftアカウント（無料）が必要です。

POINT：

1 ファイルを他のPCと共有すると、パスの書き換えが発生する

2 Web上にソースを格納すれば、複数人でスムーズに共有できる

3 Web上のファイルのURLを指定してデータを取得する

MOVIE：

https://dekiru.net/ytpq302

クラウドストレージ上のファイルパスを確認してコピーする

クラウドストレージ上のファイルからデータを取り込むために、まずはソースファイルのパスを確認しましょう。ここでは、OneDrive上に保存した「Chap3-02.xlsx」のパスを確認します。

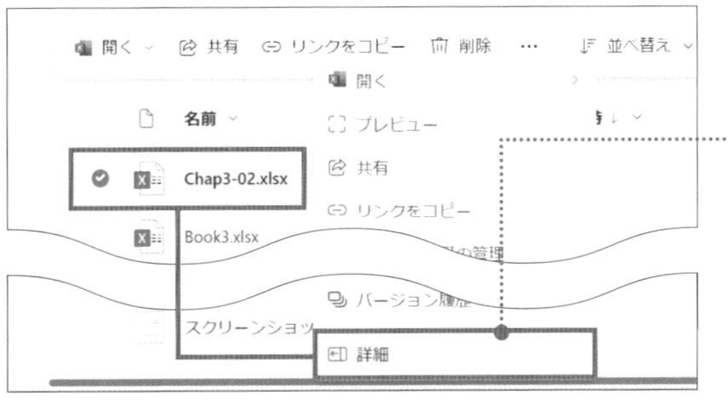

Chap3-02.xlsxをOneDriveに格納しておく

1 データを取り込みたいOneDrive上のファイルを右クリックし、[詳細]をクリック

画面右側に詳細が表示された

2 下までスクロールし[パス]の[直接リンクをコピーする]ボタンをクリック

ファイルのURLがコピーされた

OneDriveからデータを取り込む

前ページで取得したURLを使って、OneDrive上のファイルからデータを取り込みましょう。

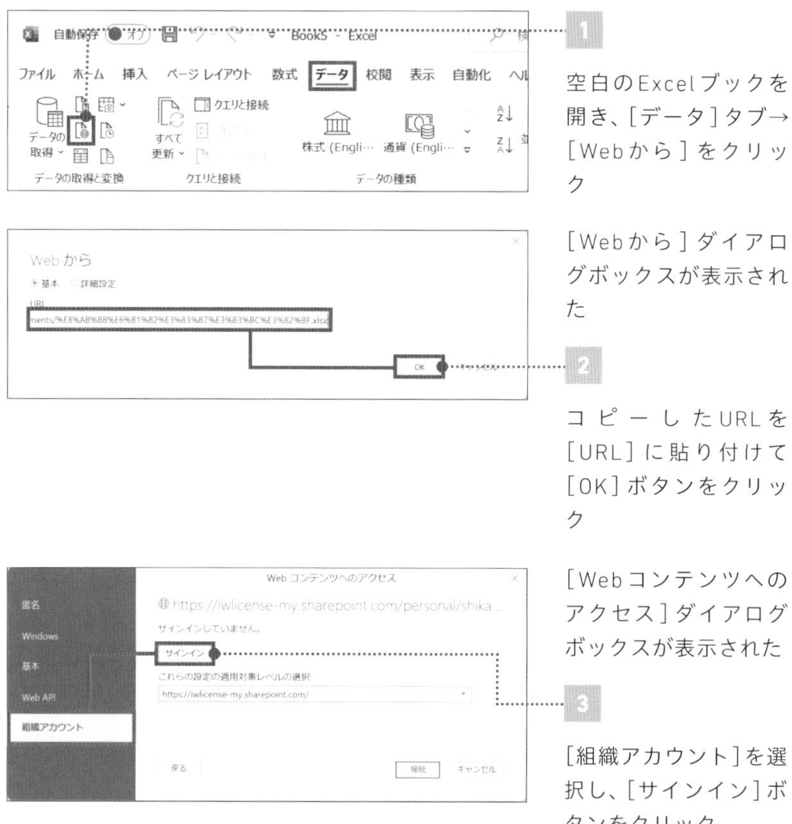

CHECK!

情報をOneDriveから取得するには、サインインの設定が必要です。企業でOneDriveを導入している場合は組織から配布されているアカウントを設定します。個人アカウントの場合は[基本]を選択してユーザー名とパスワードを入力しましょう。

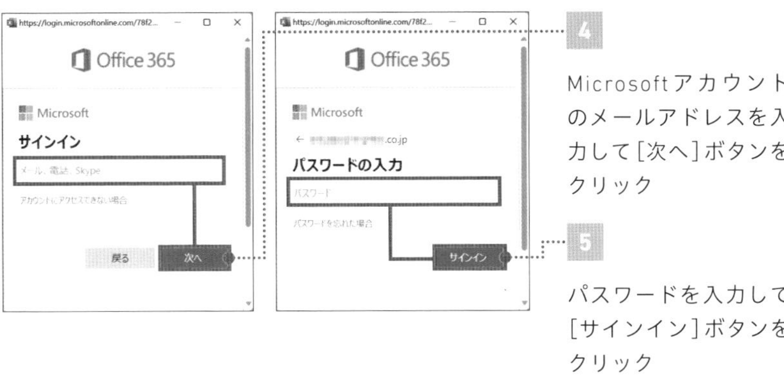

4

Microsoftアカウントのメールアドレスを入力して[次へ]ボタンをクリック

5

パスワードを入力して[サインイン]ボタンをクリック

サインインできた

6

[接続]ボタンをクリック

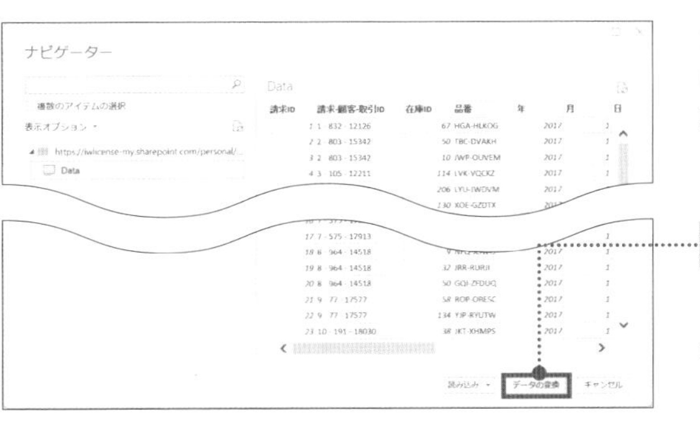

[ナビゲーター]ダイアログボックスが開き、取り込むデータがプレビュー表示された

7

[データの変換]ボタンをクリック

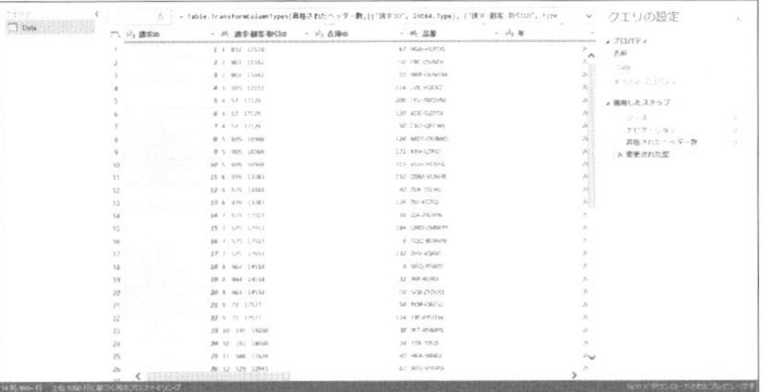

OneDrive上の[Chap3-02.xlsx]からデータを取り込めた

03

PDFから
データ取り込み

PDFからテーブル形式のデータを取り込む

PDFからデータ取り込み

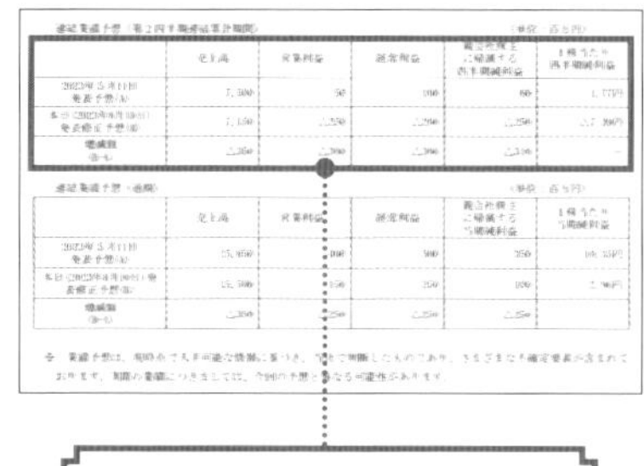

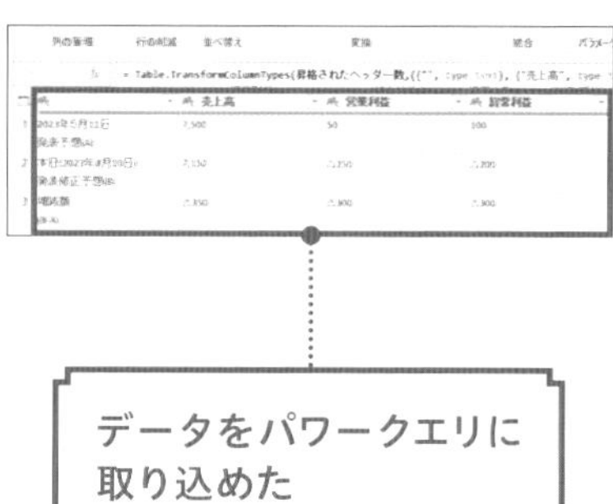

PDF内のテーブル形式のデータを取り込みたい

データをパワークエリに取り込めた

コピー&ペーストが難しいPDFからデータを取り込む

PDF上の表データを手作業でコピー&ペーストすると、テーブルの形式が崩れてしまうなど、思うように転記できないことも多いです。かといって、コピー&ペーストを使わずに手入力で転記するのも時間がかかるうえ、誤入力のおそれもあります。そんなときもパワークエリの出番です。パワークエリでは、上の画面のようなPDF内のテーブル形式のデータを、テーブル形式のまま取り込んで整形できます。

POINT：

1 パワークエリを活用して
PDFからデータを取り込める

2 取り込めるのはテーブル形式の
データのみ

3 取り込んだデータは整形して
Excelに出力できる

MOVIE：

https://dekiru.net/ytpq303

PDFのデータをパワークエリに取り込む

PDFからデータを取り込みます。データの取り込みを実行すると、パワークエリはPDFからテーブル形式のデータを自動で判別して表示するので、自分が取り込みたいデータを選択しましょう。

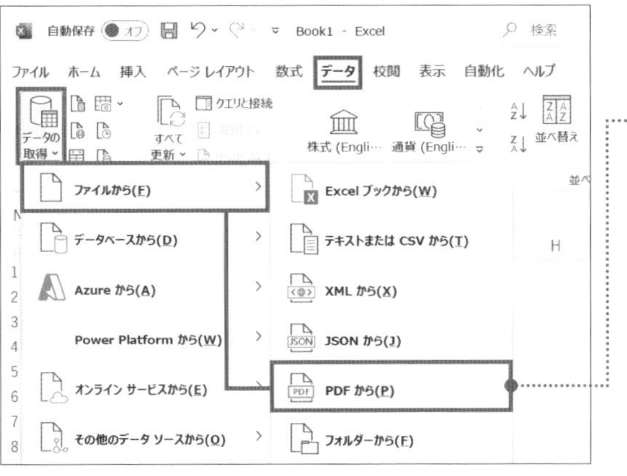

空白のExcelブックを開いておく

1

[データ]タブ→[データの取得]→[ファイルから]→[PDFから]をクリック

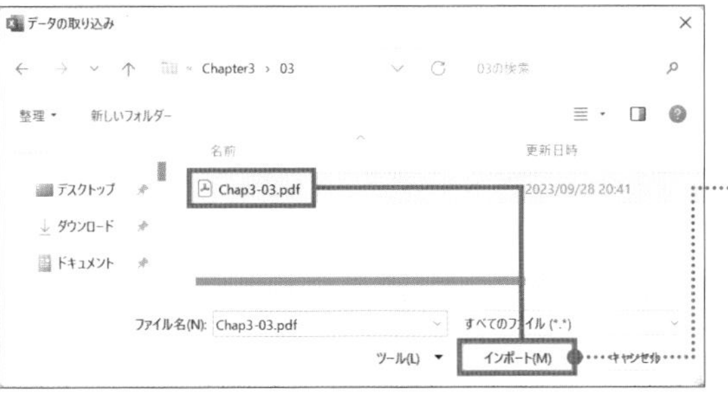

[データの取り込み]ウィンドウが表示された

2

データを取り込むPDFファイルを選択して[インポート]ボタンをクリック

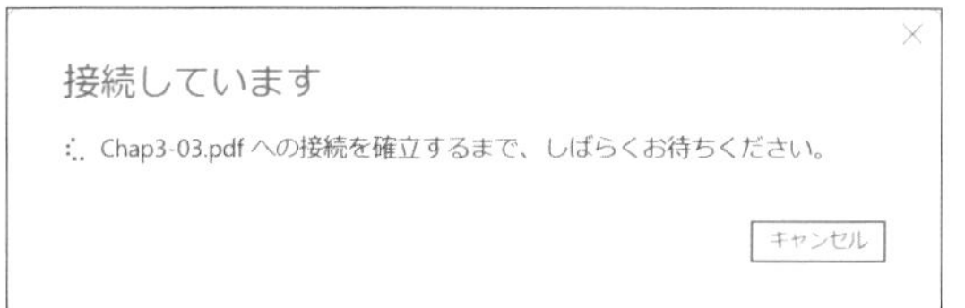

[接続しています]と表示されるので、そのまましばらく待つ

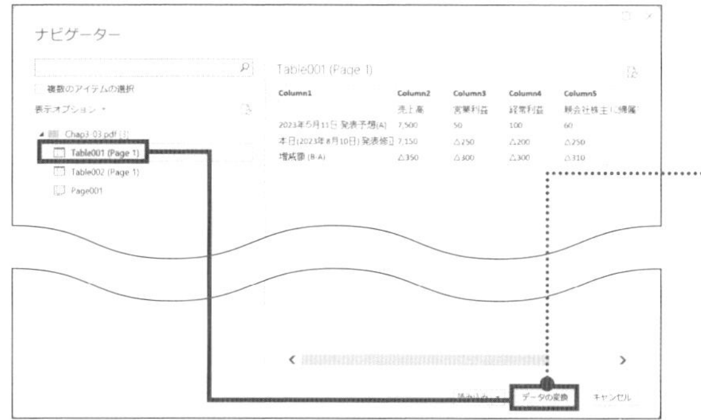

[ナビゲーター]ダイアログボックスが表示された

3

データを取り込むテーブル[Table001]を選択して[データの変換]ボタンをクリック

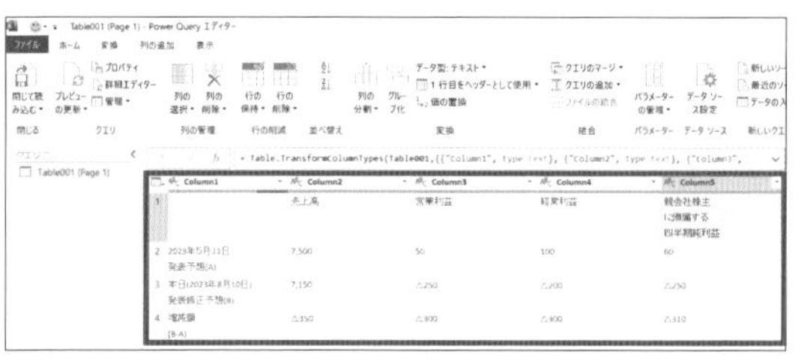

PDFのデータがパワークエリに取り込まれた

データを整形して、Excelに出力する

取り込んだデータについては、不要なデータの削除や、列名の変更が必要になる場合があります。ここでは、先頭の行をヘッダーに変換する整形を行ったうえで、Excelに出力しましょう。

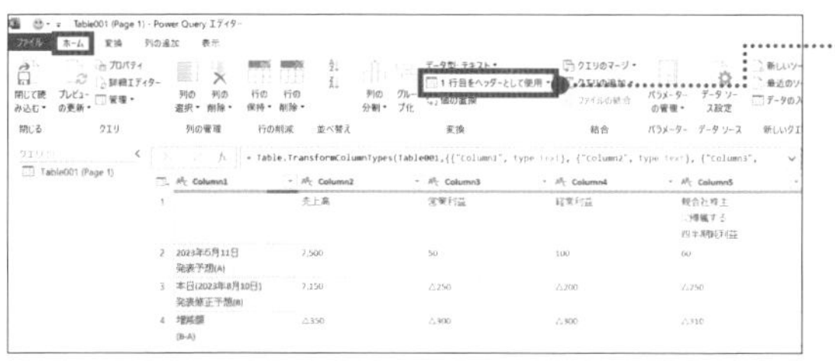

1

[ホーム]タブ→[1行目をヘッダーとして使用]をクリック

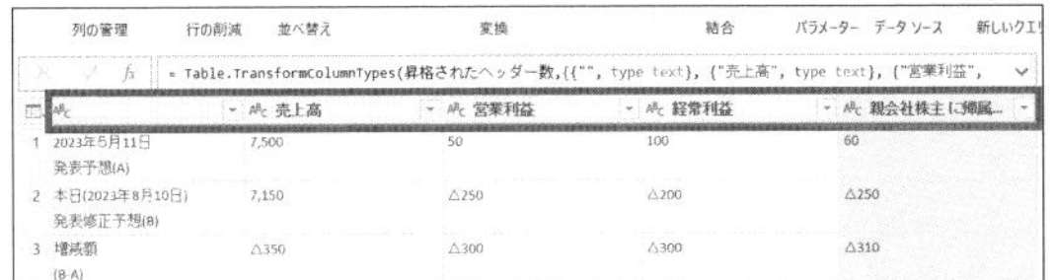

先頭の行がヘッダーに変換された

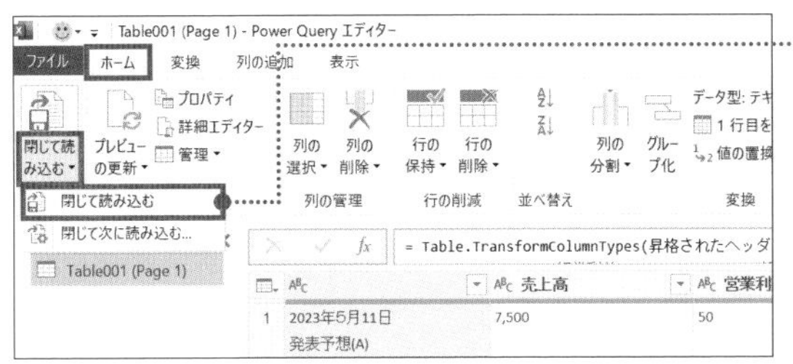

2

[ホーム]タブ→[閉じて読み込む]→[閉じて読み込む]をクリック

PDFから取り込んだデータをExcel上に出力できた

理解を深めるHINT

パワークエリでExcelを「ハブ」化する

ここまで、皆さんが普段よく利用するCSVファイルやPDFファイルからデータを取り込んできました。このように、さまざまなデータソースを対象にできるということは、Excelがデータの「ハブ」(中心)の役割を果たせることを意味します。
さまざまなデータを取り込んでクエリとして保有しておくことで、CSVやPDFを毎回開いてコピーする手間がなく、必要なときに好きなデータを出力して分析できるわけです。これをたった1つのExcelファイルで実現できるようになるのが、パワークエリの魅力の1つでもあります。

04

FILE：Chap3-04.xlsx

シートの結合

複数のシートのデータを取り込んで結合しよう

BEFORE

2022年2月 財務データ

支社名	事業名	売上高	原価	支社コード
東京支社	売買仲介事業	39,620	12,531	0001
東京支社	賃貸仲介事業	27,556	14,293	0001
東京支社	賃貸管理事業	35,598	19,448	0001
東京支社	建設事業	31,412	23,401	0001
東京支社	賃貸コンサル事業	34,838	11,750	0001
大阪支社	売買仲介事業	38,801	23,237	0002
大阪支社	賃貸仲介事業	25,832	22,014	0002
大阪支社	賃貸管理事業	33,828	18,969	0002

データが複数のシートに散らばっている……

AFTER

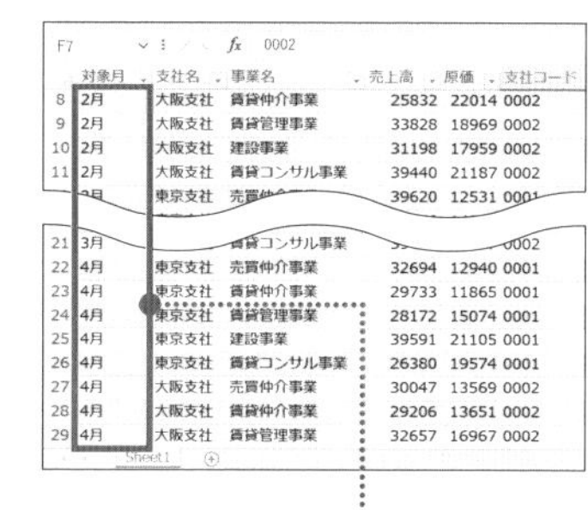

対象月	支社名	事業名	売上高	原価	支社コード
2月	大阪支社	賃貸仲介事業	25832	22014	0002
2月	大阪支社	賃貸管理事業	33828	18969	0002
2月	大阪支社	建設事業	31198	17959	0002
2月	大阪支社	賃貸コンサル事業	39440	21187	0002
4月	東京支社	売買仲介事業	32694	12940	0001
4月	東京支社	賃貸仲介事業	29733	11865	0001
4月	東京支社	賃貸管理事業	28172	15074	0001
4月	東京支社	建設事業	39591	21105	0001
4月	東京支社	賃貸コンサル事業	26380	19574	0001
4月	大阪支社	売買仲介事業	30047	13569	0002
4月	大阪支社	賃貸仲介事業	29206	13651	0002
4月	大阪支社	賃貸管理事業	32657	16967	0002

シートの情報を結合して集約できた

複数シートに散らばったデータをかんたんに結合する

実務では、月ごと、年ごとといった単位のデータを、それぞれ複数のシートに入力して管理していることがよくあります。この複数シートのデータをすべて結合したいとき、シートが大量にあると、手作業でコピー＆ペーストするのは大変です。パワークエリなら、こうした複数シートのデータを一括で取り込んで結合できます。このレッスンでは、1つのExcelブックにある複数シートのデータをパワークエリに取り込んで、結合する手順を紹介します。

POINT：

1 複数のシートのデータを結合できる

2 取り込んだデータに不要データが含まれる場合は整形が必要

3 新しいシートが追加された場合は更新できる

MOVIE：

https://dekiru.net/ytpq304

複数シートのデータをパワークエリに取り込む

複数シートにデータがあるソースからデータをパワークエリに取り込んでみましょう。今回は、「Chap3-04.xlsx」の2月～4月のデータを取り込みます。

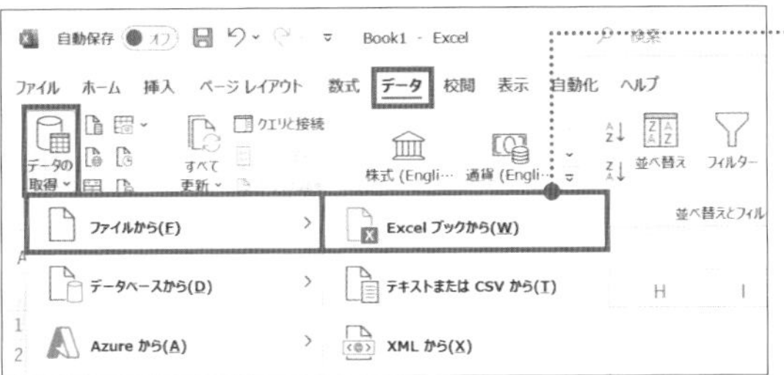

1 空白のExcelブックを開き、[データ]タブ→[データの取得]→[ファイルから]→[Excelブックから]をクリック

[データの取り込み]ウィンドウが開いた

2 [Chap3-04.xlsx]を選択して[インポート]ボタンをクリック

[ナビゲーター]ダイアログボックスが表示された

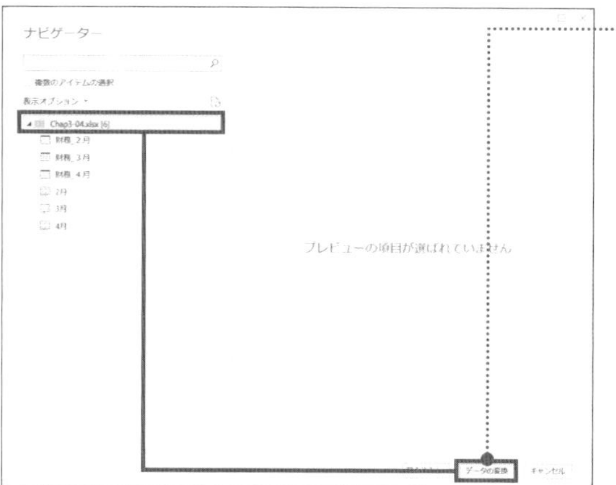

3

[Chap3-04.xlsx[6]]を選択して[データの変換]ボタンをクリック

CHECK!

「財務_○月」といった項目はソースの各テーブルを、「○月」といった項目はソースの各シートを指しています。今回はすべてのシートからデータを取得するため、[Chap3-04.xlsx[6]]を選択します。末尾の[6]は、テーブルとシートの総数を示しています。

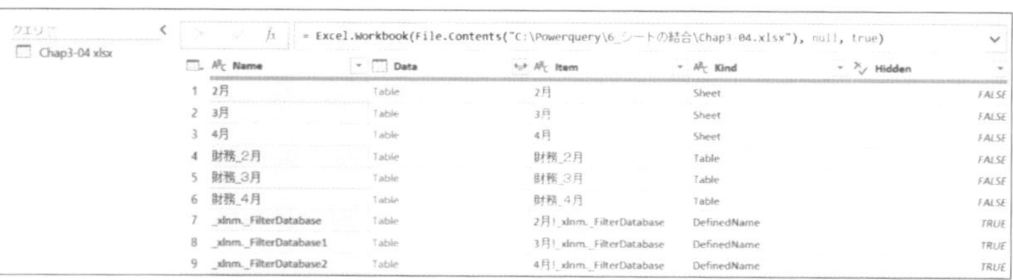

クエリ
Chap3-04.xlsx

```
= Excel.Workbook(File.Contents("C:\Powerquery\6_シートの結合\Chap3-04.xlsx"), null, true)
```

	Name	Data	Item	Kind	Hidden
1	2月	Table	2月	Sheet	FALSE
2	3月	Table	3月	Sheet	FALSE
3	4月	Table	4月	Sheet	FALSE
4	財務_2月	Table	財務_2月	Table	FALSE
5	財務_3月	Table	財務_3月	Table	FALSE
6	財務_4月	Table	財務_4月	Table	FALSE
7	_xlnm._FilterDatabase	Table	2月!_xlnm._FilterDatabase	DefinedName	TRUE
8	_xlnm._FilterDatabase1	Table	3月!_xlnm._FilterDatabase	DefinedName	TRUE
9	_xlnm._FilterDatabase2	Table	4月!_xlnm._FilterDatabase	DefinedName	TRUE

2月～4月のすべてのシートのデータを取り込めた

ここまでで、複数のシートを取り込んでデータを結合できました。実務では「結合して終わり」というケースはあまりなく、ここからデータの整形や集計を行って最終的な出力データを作っていきます。整形や集計についてはこの後のレッスンで解説していきますので、一緒に学んでいきましょう。なお、動画内では出力データを作成する手順まで行っているので、予習がてらチェックしてみてください。

理解を深めるHINT

新しいシートが追加された場合の更新も簡単

このレッスンでは、2月～4月のシートのデータを取り込んで結合しました。ここで、ソースに「5月」の新しいシートが追加された場合はどのような操作を行えばよいでしょうか。

26ページから行ったような、新しいファイルが追加されたときの操作とやることは同じです。ソースに新しいシートが追加された場合、パワークエリから出力したExcelファイル上で更新を実行すれば、新しいシートのデータを反映できます。更新の手順は66ページでくわしく解説しています。

2022年5月 財務データ

支社名	事業名	売上高	原価	支社コード
東京支社	売買仲介事業	32,694	12,940	0001
東京支社	賃貸仲介事業	29,733	11,865	0001
東京支社	賃貸管理事業	28,172	15,074	0001
東京支社	建設事業	39,591	21,105	0001
東京支社	賃貸コンサル事業	26,380	19,574	0001
大阪支社	売買仲介事業	30,047	13,569	0002
大阪支社	賃貸仲介事業	[illegible],206	13,651	0002

2月 3月 4月 5月

準備完了 アクセシビリティ: 問題ありません

ソースのExcelブックに5月のシートが追加された

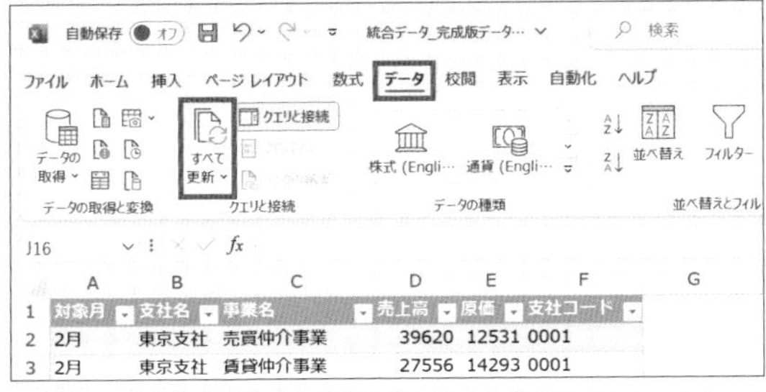

パワークエリから出力したファイルをExcelで開き［データ］タブ→［すべて更新］をクリックして、新しいシートのデータを反映できる

05

[マージ]ダイアログボックス

マージの画面の見方を理解しよう

[マージ]ダイアログボックスの見方を知ろう

70ページで行ったように、複数のクエリのデータを結合させることを「マージ」と呼びます。ここでは、マージの操作画面を確認しておきましょう。[マージ]ダイアログボックス内ではテーブルが上下に並んでいますが、画面下部の[結合の種類]は「最初の行」「2番目の行」といった名称なので慣れないうちは上下のテーブルとどう対応しているかわかりにくいと思います。[結合の種類]にある[最初の行]は上のテーブル、[2番目の行]は下のテーブル、と覚えておきましょう。また「左」は上のテーブル、「右」は下のテーブルを指します。

[マージ]ダイアログボックス

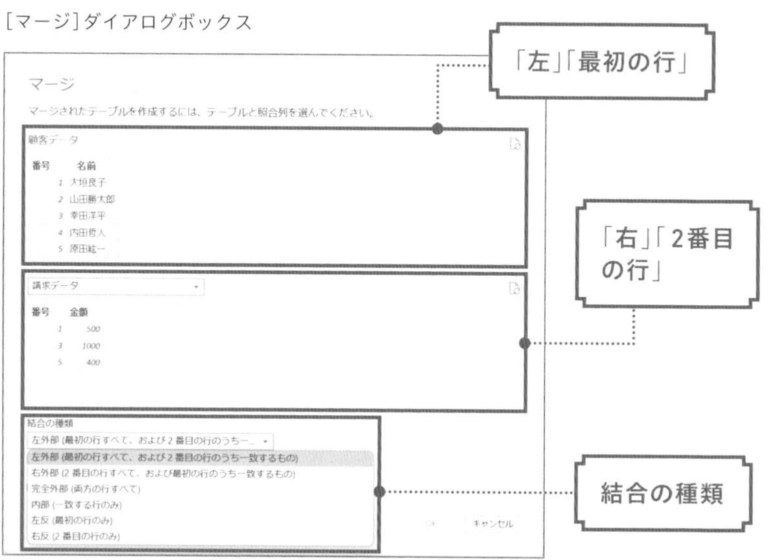

POINT：

1 [マージ]ダイアログボックスではクエリのプレビューを確認できる

2 「左」は上のクエリ、「右」は下のクエリを指している

3 まずは「左外部」のマージを使えればOK

MOVIE：

https://dekiru.net/ytpq305

「左外部」のマージのしくみを理解しよう

マージの種類は複数ありますが、最も使用頻度が高い「左外部」のしくみを理解しておきましょう。左外部では、左のクエリに含まれるデータをすべて残してマージを行います。右のクエリのデータは、左のクエリと一致しているものだけがマージされます。

下の画面は、[顧客データ]クエリを左、[請求データ]クエリを右として、[番号]列でマージさせた例です。右クエリにある番号1、3、5は左のクエリのデータと一致しているため、マージされます。番号が2と4の金額は右のクエリに存在しないため、「null」と表示されます。[請求データ]クエリの番号7の部分は、[顧客データ]に一致する番号がないため、マージされません。

(左)顧客データ

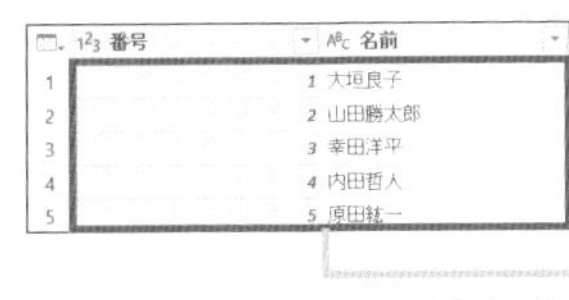

	番号	名前
1	1	大垣良子
2	2	山田勝太郎
3	3	幸田洋平
4	4	内田哲人
5	5	原田誠一

(右)請求データ

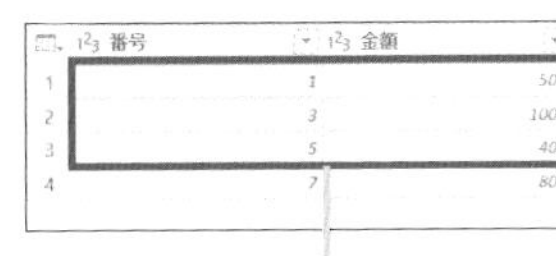

	番号	金額
1	1	500
2	3	1000
3	5	400
4	7	800

マージ(左外部)

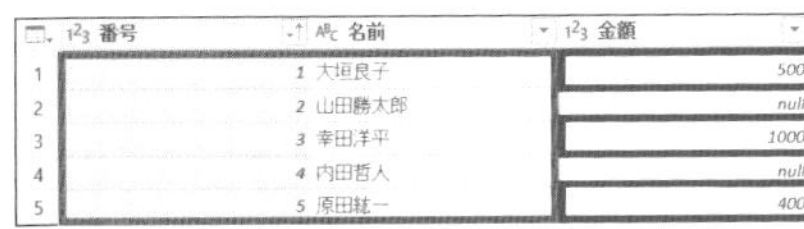

	番号	名前	金額
1	1	大垣良子	500
2	2	山田勝太郎	null
3	3	幸田洋平	1000
4	4	内田哲人	null
5	5	原田誠一	400

マージは全部で6種類ありますが、「左外部」以外のマージは使用頻度が少ないため、「こういうマージの種類もあるんだな」と思って眺めておく程度でOKです。

06

基準となるクエリの選択

FILE：Chap3-06.xlsx

クエリのマージを行う場合のポイント

2つのクエリをマージする

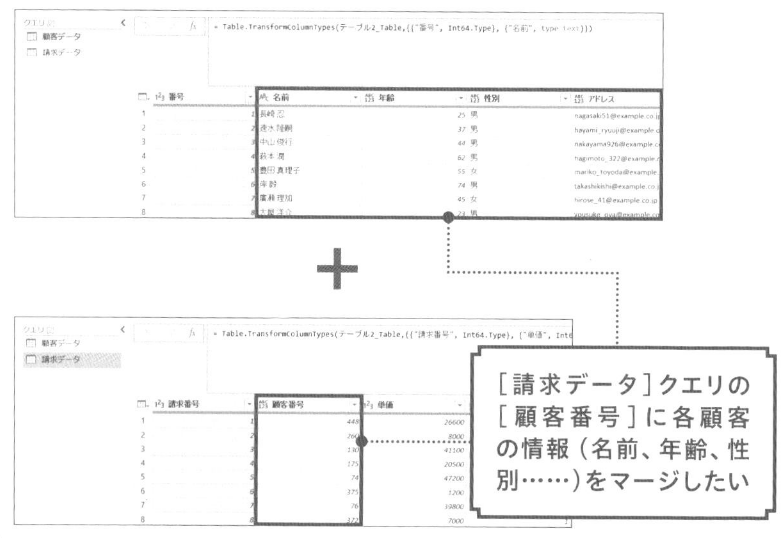

基準となるクエリを選択する

2つのクエリをマージする場合は、どちらかのクエリを基準にしてマージを行います。このとき、表の左側に配置したいデータがあるクエリを選択してマージを行うほうが、後で並べ替えなどの手間が少なくすみます。たとえば上の画面の例で、「顧客番号」の右側に顧客のデータ(名前、年齢、性別……)をマージしたい場合は、「顧客番号」がある「請求データ」クエリを選択してマージすると効率的です。

POINT：

1 クエリをマージする場合は、基準となるクエリを選択する

2 表の左側に配置したいデータがあるクエリを基準にする

3 元のクエリを変更したくない場合は、クエリの参照を利用する

MOVIE：

https://dekiru.net/ytpq306

クエリを結合する

基準となるクエリを選択してマージを行う手順を説明します。ここでは、[請求データ]クエリを基準にします。

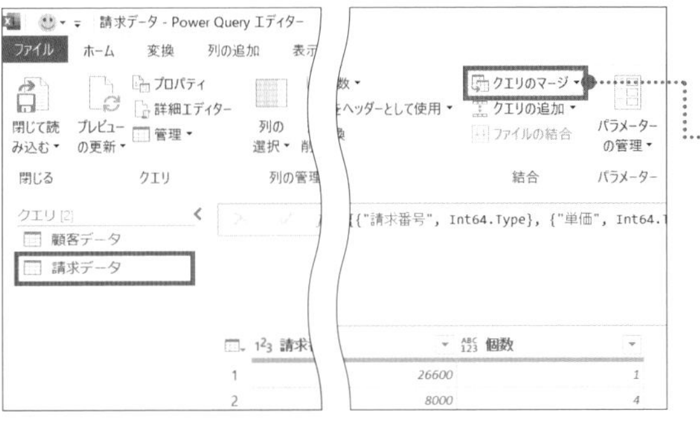

パワークエリを開いておく

1 [請求データ]クエリを選択した状態で[ホーム]タブ→[クエリのマージ]を選択

マージ

マージされたテーブルを作成するには、テーブルと照合列を選んでください。

請求データ

請求番号	顧客番号	単価	個数
1	448	26600	1
2	260	8000	4
3	130	41100	8
4	175	20500	1
5	74	47200	9

顧客データ

番号	名前	年齢	性別	アドレス	連絡先	〒	住所
1	長崎 忍	25	男	nagasaki51@example.co.jp	052-156-2787	496-2762	愛知県豊田市丸山町1-

[請求データ]クエリを基準としたマージ設定ができた

CHECK!

元のクエリを変更したくない場合は、クエリの参照（88ページ）を行ってマージ用のクエリを作成しましょう。

逆のクエリ（「顧客データ」クエリ）を選択しても同様のマージは実行可能ですが、その場合「顧客番号」の列を並べ替えるといった手間が発生してしまいます。逆のクエリを選択した場合のマージでどのような手間が発生するかは、動画も参照してみてください。

COLUMN

業務改善は「信頼」が大切

パワークエリを使う業務は、多くの場合、他の人にも関係します。というのも、データの集計作業は、社内のメンバーと情報を共有するために行うものだからです。

そうすると、パワークエリを使う場合には、業務の方法を変更するために、周囲の理解が必要になるケースもあるでしょう。このとき、成否を左右するのは、往々にして社内の人間関係です。たとえば、あなたが「この人とはウマが合う」と思っている人に対してパワークエリを用いた業務改善を相談したら、きっと相手は「やってみようよ！」といってくれるはずです。一方で、あまり関係がうまくいっていない場合には、そもそも話をしたくないので、提案すること自体を諦めてしまうかもしれません。

このように、業務改善の提案には、前提条件として信頼関係を築けていることが重要です。裏を返せば、どんなにパワークエリのスキルが高くても、実際にあなたが本領を発揮するには、社内メンバーとの人間関係にも配慮する必要があるということです。

といっても、難しく考える必要はありません。まずは、自分の業務に一生懸命に取り組み、目標をしっかり達成しようとすれば大丈夫です。真面目に仕事をしていれば、いざ相手に相談を持ち掛けたとしても、社内メンバーは話を聞いてくれるはずです。次に相手の価値を理解したうえで相談をしてみましょう。このとき、「価値」というのは、相手の物の見方、望む結果のことです。相手が大切だと考えている「価値」を尊重した提案なら、きっと誰もが耳を傾けてくれるでしょう。

たとえば、いつも定時に帰宅したいと考えている人に対しては、「ボタンを1回押せばデータ集計が完了するしくみを作れそうなのですが、やってみていいですか？」と提案すれば、きっと話を聞いてくれるはずです。パワークエリを使うためにも、ぜひ社内で「信頼」を培っていきましょう。

CHAPTER 4

業務で使いやすい形式にデータを整形する

01

FILE：Chap4-01.xlsx

インデックス列／並べ替えの優先順位

列を思い通りに並べ替えよう

優先順位をつけた並べ替えを行う

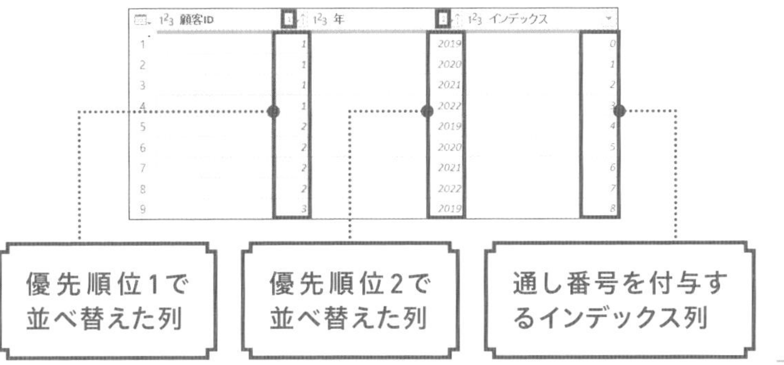

列の並べ替え

このレッスンでは、列の並べ替えを使いこなすための機能を紹介します。まず、現状の列の並びに対して通し番号を振る「インデックス列」の使い方について説明します。インデックス列を設定しておくと、並べ替えを元に戻したい場合に手間が少なくなります。

また、複数の列の並べ替えについても説明します。複数の列を何度か並べ替えたとき、並べ替えの操作を行った順に、優先順位が設定されます。優先順位を設定すると、上の画面のように、優先順位の高い列がまず並べ替えられ、次の順位の列は、優先順位が上の列の並びに影響しないように並べ替えられます。優先順位を設定することで、たとえば「まず商品価格で並べ替え、価格が同じ商品の売り上げが多い順に並べ替える」といった並べ替えが可能です。

POINT：

1 複数の列の並べ替え操作を行うと優先順位が設定される

2 優先順位はヘッダーに表示される

3 インデックス列は並べ替えを元に戻すのに便利

https://dekiru.net/ytpq401

インデックス列を追加しよう

並べ替えを行った後に、元の並び順に戻したいケースがあるでしょう。その場合は、現在の並び順で通し番号を振っておくと、後で簡単にその順番に戻せるので便利です。この並び順を表す番号を「インデックス」と呼びます。パワークエリではインデックス番号が入力されたインデックス列を簡単に作成できます。

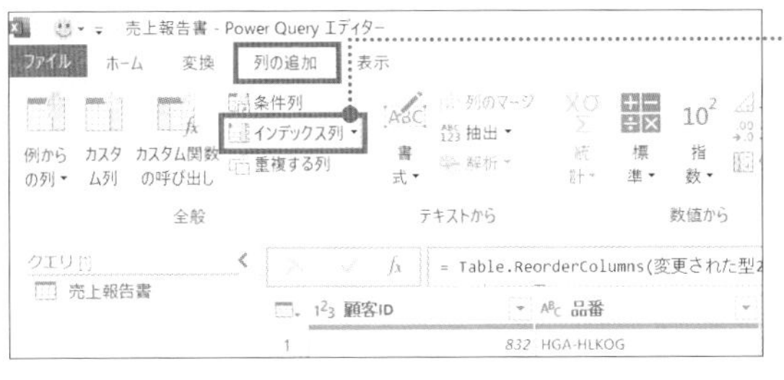

1

［列の追加］タブ→［インデックス列］をクリック

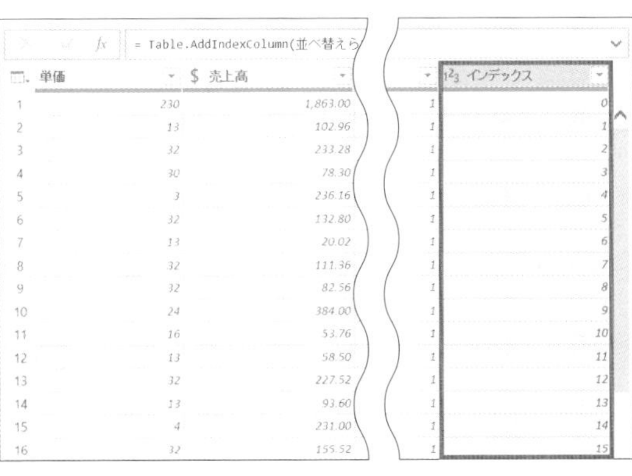

プレビューの最も右側に［インデックス］列が追加された

CHECK!

インデックス列の番号は、追加した時点の一意な通し番号になっています。

▶ 複数の列を優先順位をつけて並べ替える

最初に特定の列を並べ替え、次に別の列を並べ替えると優先順位が設定されます。ここでは、[顧客ID]列を最も優先的に並べ替えたい場合を想定して、まず[顧客ID]列、次に[年]列を並べ替えてみましょう。

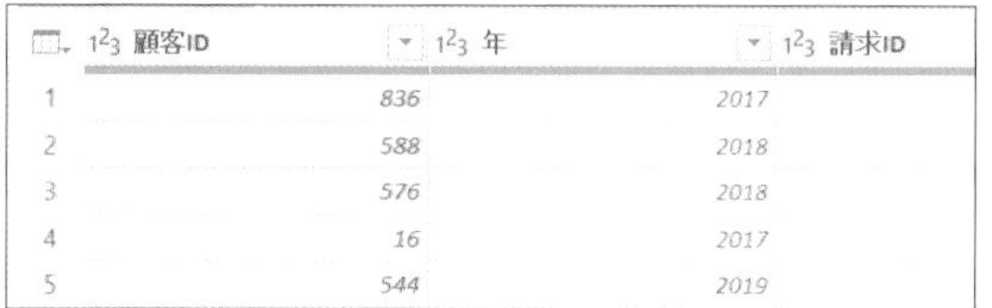

[顧客ID]および[年]列が並べ替えられていない状態

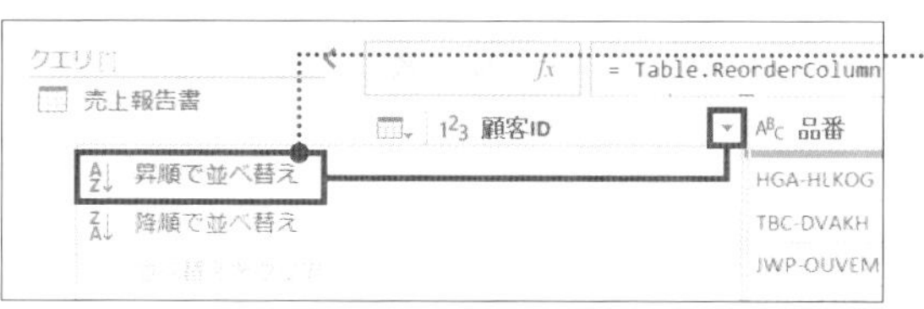

1

[顧客ID]列の右側の▼をクリックし[昇順で並べ替え]をクリック

CHECK!

昇順とは小さい順、降順とは大きい順です。テキストの場合は五十音やアルファベット順で並べるときは昇順、後ろから並べるときは降順です。

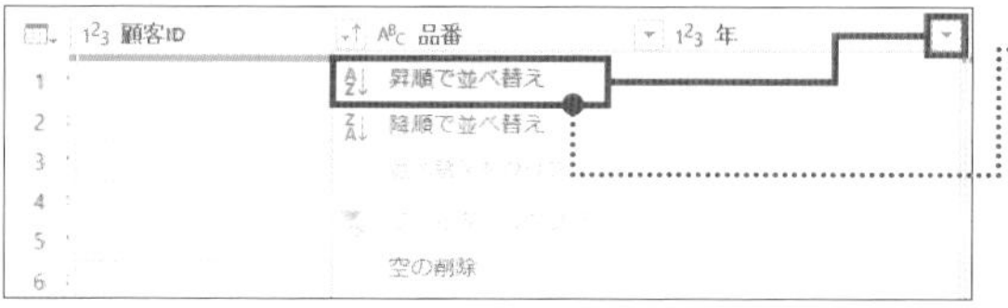

2

[年]列の右側の▼をクリックし[昇順で並べ替え]をクリック

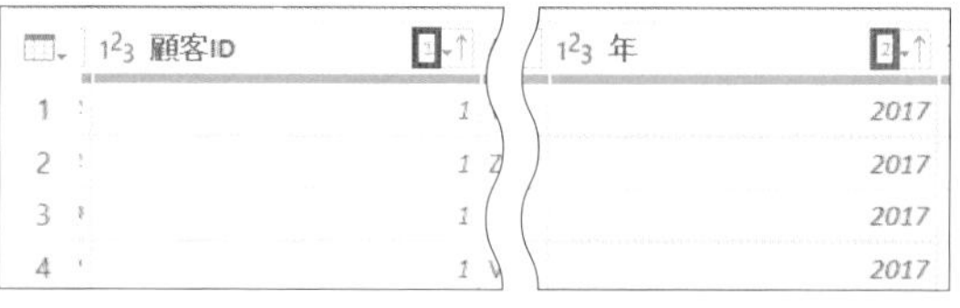

[顧客ID]列と[年]列が昇順に並べ替えられた

CHECK!

並べ替えた列のヘッダーをよく見ると、上の画面のように小さく「1」「2」と表示されています。この数字が並べ替えの優先順位を示しています。この場面でさらに別の列を並べ替えると、「3」、「4」と優先順位が設定され並べ替えが行われます。

CHECK!

優先順位を反対にして、最初に「年」、次に「顧客ID」を昇順に並べ替えた場合、まず「年」が2017、2018……と並べ替えられ、それぞれの年の中で「顧客ID」が1、2、3……と並べ替えられます。

	1²3 顧客ID	1²3 年	1²3 請求
109	1	2017	
110	1	2017	
111	1	2017	
112	2	2017	
113	2	2017	
114	2	2017	
115	2	2017	
116	2	2017	

並べ替えを元に戻す操作①並べ替えのクリア

ここまで行った並べ替えの操作を元に戻したい場合、いくつかの方法があります。ここでは、並べ替えをすでに行った列を選択して「並べ替えのクリア」を実行する方法を解説します。

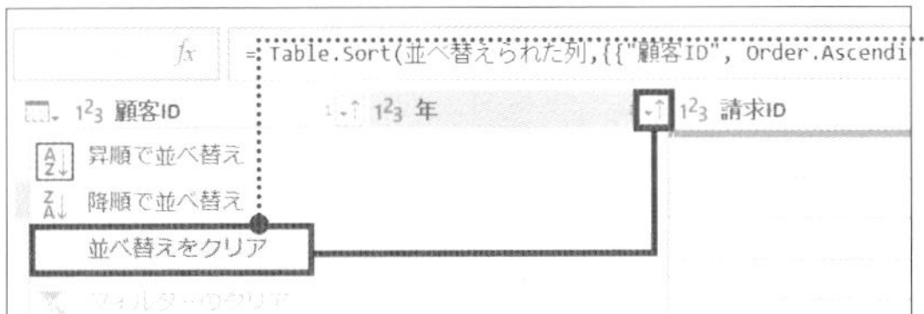

［年］列の右側の[↑]マークをクリックし［並べ替えをクリア］をクリック

	1²3 顧客ID	1²3 年	1²3 請
1	1	2019	
2	1	2018	
3	1	2018	
4	1	2018	
5	1	2017	
6	1	2020	
7	1	2019	
8	1	2019	
9	1	2018	

［年］列の並べ替えが解除された

CHECK!

すでに並べ替えを実行した列のヘッダー右側のマークは、昇順なら[↑]、降順なら[↓]のマークで表示されます。

並べ替えの操作を行ったときに追加された「並べ替えられた列」のステップを削除しても、同様に並べ替えの解除を行うことが可能です。

▶ 並べ替えを元に戻す操作②インデックス列で並べ替える

並べ替えのクリアや、並べ替えのステップを削除を行えば並べ替えを解除できますが、並べ替え後にほかの操作をするとこういった解除操作で元に戻らなくなる場合があります。こういう場合に並べ替えを元に戻すには、事前に作成しておいたインデックス列が役に立ちます。ここでは、インデックス列を昇順に並べ替えて、インデックス作成時の並び順に戻してみましょう。

	顧客ID	年	インデックス
1	1	2017	16563
2	1	2017	32093
3	1	2017	29109
4	1	2017	43421
5	1	2017	15872
6	1	2017	15876
7	1	2017	9333
8	1	2017	58510
9	1	2017	9332

インデックス列の追加後に、列の並べ替えを行った状態

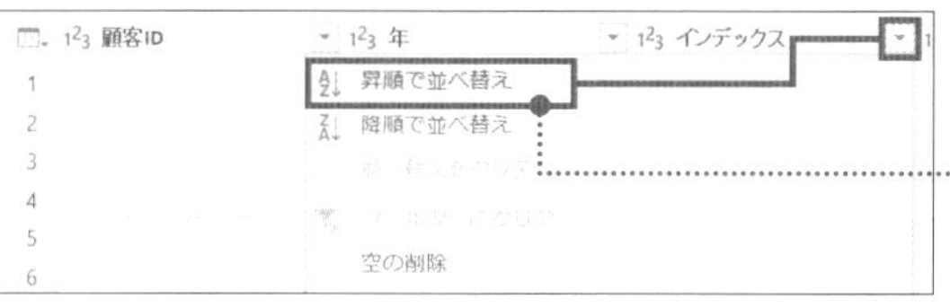

1

インデックス列の右側の▼をクリックし［昇順で並べ替え］をクリック

	顧客ID	年	インデックス
1	832	2017	0
2	803	2017	1
3	803	2017	2
4	105	2017	3
5	57	2017	4
6	57	2017	5
7	57	2017	6
8	905	2017	7
9	905	2017	8

インデックス列が昇順に並べ替えられ、すべての列をインデックス列作成時点の列の並びに戻すことができた

並べ替えを元に戻す操作が発生する可能性がある場合は、あらかじめインデックス列を作成しておくことをおすすめします。ここで紹介したように、かんたんな操作で列の並びをインデックス作成時点に戻せます。

理解を深めるHINT

インデックス列の連番は任意の値から開始できる

インデックス列を使うときは、自分がどのように連番を作成したいのかを確認しておく必要があります。というのも、[インデックス列]ボタンをただクリックすると、連番は「0」からはじまるからです。Excelで連番を振る感覚だと「1」からはじめることが多いはずなので、その場合は[インデックス列]ボタンではなく、すぐ横の▼をクリックしてください。そして[1から]を選択すると、1からはじまる連番を設定できます。

それでは、インデックス列は「0」もしくは「1」からしかはじめられないのでしょうか。そんなことはありません。▼をクリックした後に[カスタム]を選択すると、任意の値から連番を開始できます。さらに、単に1ずつ連番を増やしていくのではなく、指定した数ずつ連番を増やしていくこともできます。インデックス列はデフォルトでは「0」からはじまりますが、自分好みに連番の設定は変えられることも理解しておきましょう。

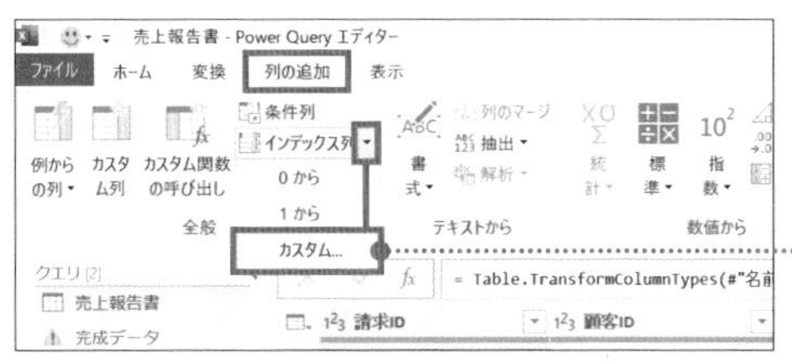

1

[列の追加]タブ→[インデックス列]の▼→[カスタム]をクリック

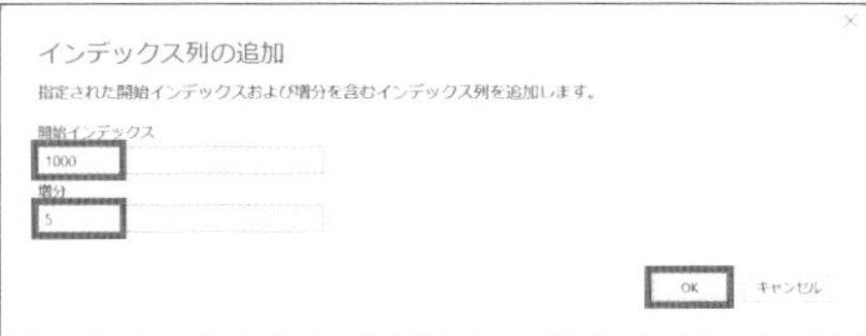

[インデックス列の追加]ダイアログボックスが表示された

2

[開始インデックス]に連番を開始する数値を、[増分]に連番を増やす数を入力して[OK]ボタンをクリック

02

nullの置換／小数点以下の値の処理

FILE：Chap4-02.xlsx

計算を行う場合のデータ処理を学ぼう

値の置換や小数点以下の処理もかんたん

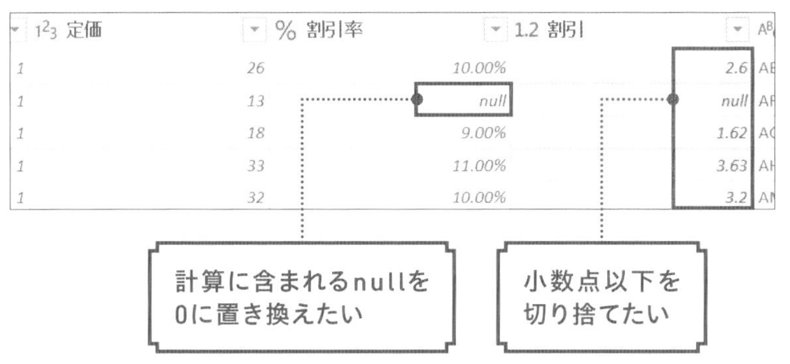

パワークエリで計算を行う場合の処理

このレッスンでは、四則演算などの計算を行う場合に、パワークエリで行うべき処理について説明します。

まず、データとして何も入っていない、空白を示す「null」の処理です。数値どうしを足したり掛けたりする場合に、計算式にnullが含まれていると、計算結果の値もnullになってしまいます。こうした場合は、nullをすべて「0」などの数値に置き換える必要があります。

また、パワークエリでは、小数点以下の値を持つ数値について、小数点以下を切り捨て（または切り上げ、四捨五入）するといった処理も可能です。

POINT：

1 計算の値にnullが含まれると、計算結果もnullになってしまう

2 nullは別の値に一括で変換できる

3 数値のデータは、小数点以下を切り捨てる処理ができる

MOVIE：

https://dekiru.net/ytpq402

nullを数値に一括で置き換える

特定の列に含まれるnullを数値に置き換えましょう。ここでは、[割引]列に含まれるnullをすべて「0」に置き換えます。

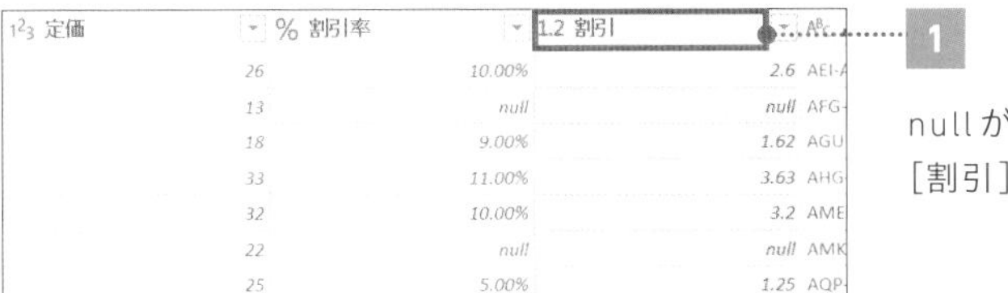

1 nullが含まれている[割引]列を選択

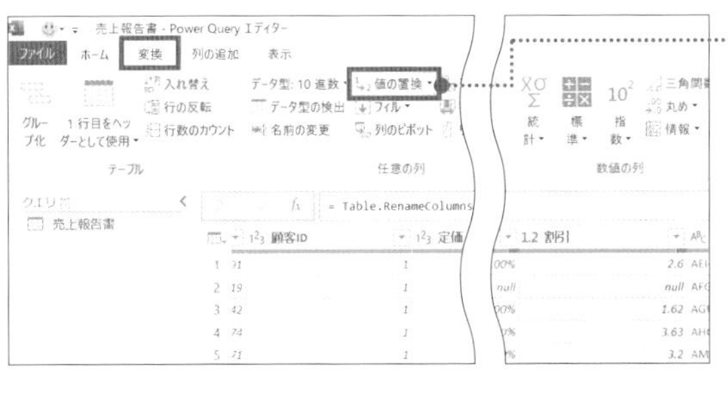

2 [変換]タブ→[値の置換]をクリック

値の置換

選択された列で値を別の値に置き換えます。

検索する値

null

置換後

0

OK

[値の置換]ダイアログボックスが表示された

3 [検索する値]に「null」、[置換後]に「0」を入力して[OK]ボタンをクリック

	定価	割引率	割引
1	26	10.00%	2.6
1	13	null	0
1	18	9.00%	1.62
1	33	11.00%	3.63
1	32	10.00%	3.2
1	22	null	0
1	25	5.00%	1.25
1	13	23.00%	2.99
1	16	4.00%	0.64

[割引]列に含まれていたnullがすべて0に変換された

▶ 小数点以下の値を切り捨てた列を追加する

小数点以下の数値の処理を行ってみましょう。ここでは、「割引」列の小数点以下の数値を切り捨てます。

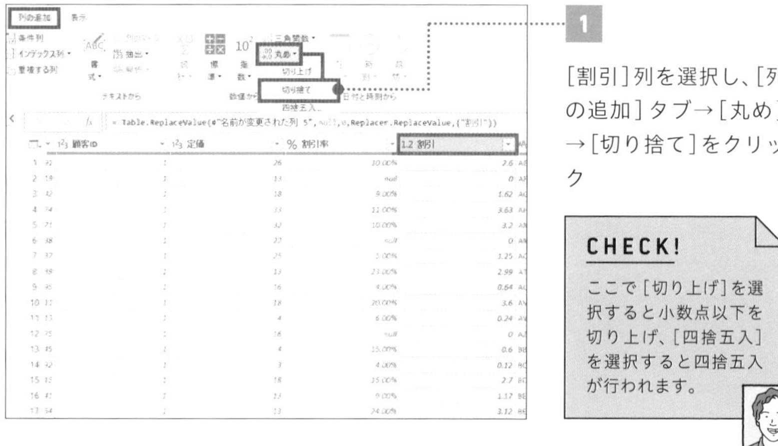

1

[割引]列を選択し、[列の追加]タブ→[丸め]→[切り捨て]をクリック

CHECK!

ここで[切り上げ]を選択すると小数点以下を切り上げ、[四捨五入]を選択すると四捨五入が行われます。

	割引率	割引	切り捨て
26	10.00%	2.6	2
13	null	0	0
18	9.00%	1.62	1
33	11.00%	3.63	3
32	10.00%	3.2	3
22	null	0	0
25	5.00%	1.25	1
13	23.00%	2.99	2
16	4.00%	0.64	0
18	20.00%	3.6	3
4	6.00%	0.24	0
16	null	0	0
4	15.00%	0.6	0
3	4.00%	0.12	0
18	15.00%	2.7	2

[割引]列のすべての数値の小数点以下を切り捨てた[切り捨て]列が追加された

理解を深めるHINT

置換の機能を応用して、データの一部のみ削除できる

置換とは、ある文字を特定の文字に置き換える機能です。この置換機能を使ってデータの一部を削除することもできます。

たとえば、特定の列に「A-1022」や「A-1043」といったようなデータがあるときに「A-」の部分だけ削除したいとします。その場合、「A-」を空白に置き換えれば、「A-」というテキストを削除(空白に置換)できます。

操作手順は、まず[変換]タブ→[値の置換]をクリックし、下の画面にある[値の置換]ダイアログボックスを表示します。次に、[検索する値]に「A-」と入力し、[置換後]には何も入力せずに[OK]ボタンをクリックしてください。すると、対象となった列の値は「1022」や「1043」というデータに変換されます。「A-」を空白に変換したことで、データを削除したのと同じ結果が得られたというわけです。このように、特定の列の中で不要なデータが混じっている場合には置換を使うことでデータを整形できるので、ぜひ試してみてください。

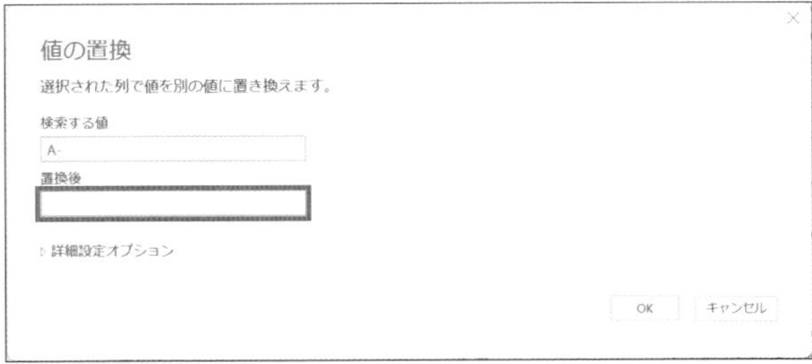

[置換後]に何も入力せず[OK]ボタンをクリックすると、[検索する値]に入力した値が削除される

03

FILE：Chap4-03.xlsx

フィル

空白のセルはフィル機能で解消しよう

BEFORE

AFTER

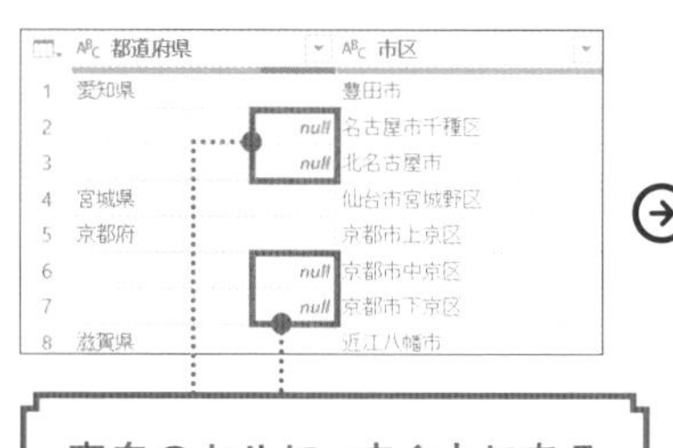

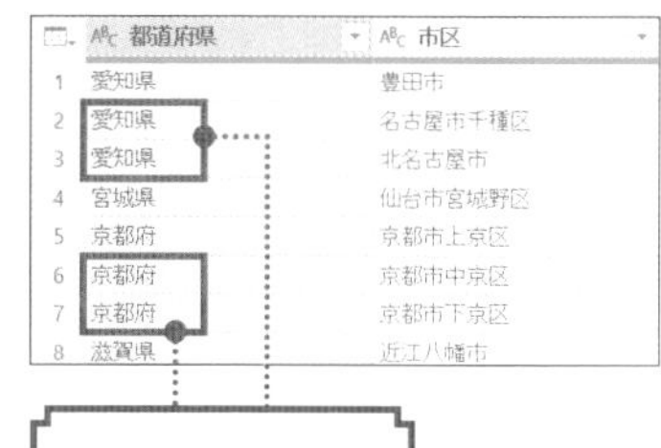

空白のセルに、すぐ上にある文字データをコピーしたい

文字データをコピーできた

空白のセルを埋めるのに便利な「フィル」機能

実務で扱うデータでは、上のBEFORE画面のように、都道府県名などが最も上のセルにのみ記載されている場合があります。このデータをパワークエリに取り込むと空白（null）のセルが発生してしまいます。このとき、ソースを修正できない場合でも、パワークエリで「フィル」機能を使えばかんたんに修正できます。フィル機能は、nullのセルに、すぐ上（または下）のセルの値をコピーします。上のAFTER画面のように、nullを隣接する値（たとえば愛知県や京都府）と同じ値にしたい場合に役立ちます。

フィルは、すぐ上（または下）の値をコピーする機能です。nullを、指定した値に置き換えたい場合は値の置換（134ページ参照）を利用しましょう。

POINT：

1 ソースの空白のセルは、取り込んだときにnullになってしまう

2 フィルを使用して、すぐ上（または下）の値をコピーできる

3 手作業でコピー＆ペーストする手間が不要になる

MOVIE：

https://dekiru.net/ytpq403

フィル機能でnullを解消する

134ページで紹介した置換機能では、nullをすべて同じ値に置換することしかできませんが、フィル機能ではnullのセルの上（または下）のセルの値をそれぞれコピーすることが可能です。ここでは、nullのセルに、すぐ上のセルの都道府県名のテキストをコピーさせましょう。

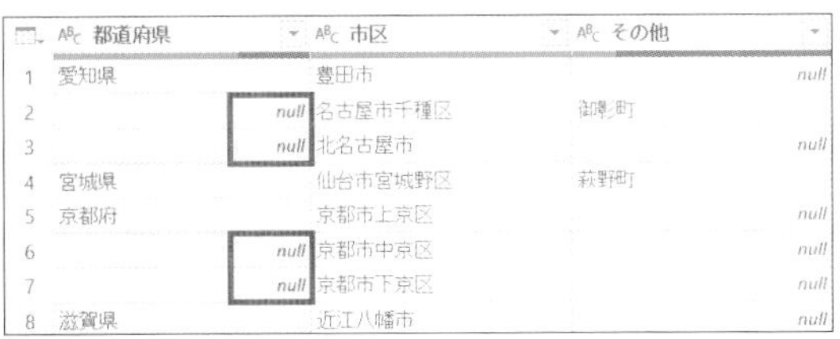

	都道府県	市区	その他
1	愛知県	豊田市	null
2	null	名古屋市千種区	御影町
3	null	北名古屋市	null
4	宮城県	仙台市宮城野区	萩野町
5	京都府	京都市上京区	null
6	null	京都市中京区	null
7	null	京都市下京区	null
8	滋賀県	近江八幡市	null

「名古屋市」（愛知県）や「京都市」（京都府）行の［都道府県］列にnullが含まれている状態

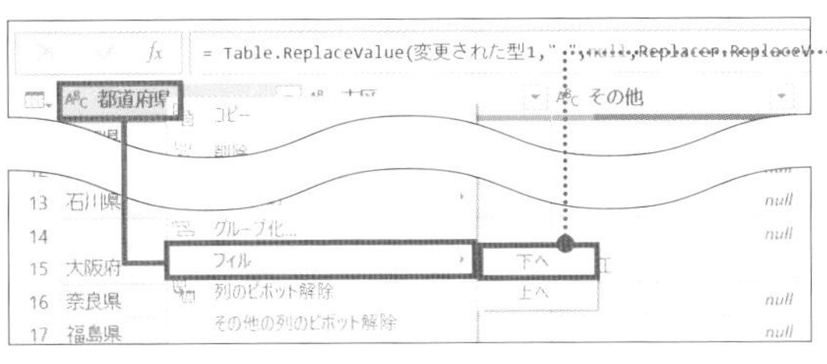

1

［都道府県］列を右クリックして［フィル］→［下へ］をクリック

CHECK!

［下へ］を選択すると、nullのセルの上にあるデータがコピー＆ペーストされます。

	都道府県	市区	その他
1	愛知県	豊田市	null
2	愛知県	名古屋市千種区	御影町
3	愛知県	北名古屋市	null
4	宮城県	仙台市宮城野区	萩野町
5	京都府	京都市上京区	null
6	京都府	京都市中京区	null
7	京都府	京都市下京区	null
8	滋賀県	近江八幡市	null

nullのセルに、すぐ上の都道府県の値がコピーされた

04

セル内改行された
データの処理

FILE：Chap4-04.xlsx

セル内で改行されたデータを扱いやすく変換する

BEFORE

氏名	部署
佐藤 陽介	マーケティング
	企画
高橋 俊	企画
伊藤 修平	営業
	マーケティング
	企画
斎藤 こころ	マーケティング
山田 祥子	財務
	人事

ソースでセル内改行された
データが含まれている

AFTER

氏名	部署.1	部署.2
佐藤 陽介	マーケティング	企画
高橋 俊	企画	
伊藤 修平	営業	マーケティング
斎藤 こころ	マーケティング	
山田 祥子	財務	人事
岡田 信夫	人事	
西村 智樹	人事	
田中 航平	マーケティング	
大熊 美優	営業	

セル内改行されたデータ
を複数の列に変換できた

セル内改行されたデータを変換する

Excelのソースでは、上のBEFORE画面のように1つのセルに複数の項目を入力するために Alt + Enter キーでセル内で改行が行われていることがあります。こうしたデータをパワークエリに取り込むと、複数のデータが1つのセルに入ってしまい、データ集計が難しくなってしまいます。パワークエリでは、セル内で改行されたデータを、区切り記号を利用して複数の列に分割できます。

ソースの、セル内で改行されたセルを1つずつ手作業で変換しようとすると非常に手間がかかります。パワークエリで一括で変換する方法を、このレッスンで学びましょう。

POINT：

1 セル内改行されたデータは、区切り記号で分割できる

2 「#(lf)」は、セル内改行した部分を指す区切り記号

3 列のピボット解除を行うとテーブル形式に変換できる

MOVIE：

https://dekiru.net/ytpq404

セル内改行されたデータの分割

セル内改行されたデータをパワークエリに取り込んで、複数のデータが入っているセルを複数の列に分割しましょう。ここでは、該当のセルが含まれている列を選択して「区切り記号による列の分割」を実行します。

パワークエリで改行が含まれた列を選択する

1 [部署]列を選択

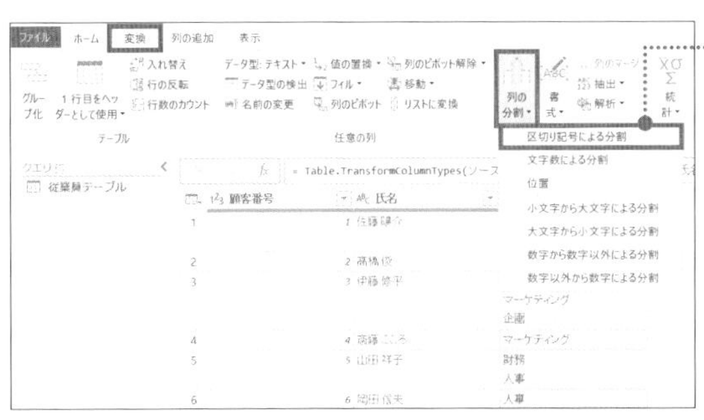

2 [変換]タブ→[列の分割]→[区切り記号による分割]をクリック

「区切り記号による列の分割」は、区切り記号を指定して、その記号の前後のデータを別の列に分割する機能でしたね（54ページ参照）。この後、セル内改行を示す区切り記号を指定します。

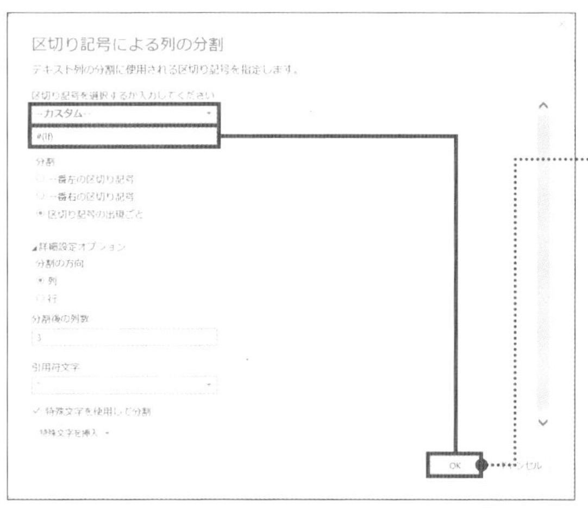

［区切り記号による列の分割］ダイアログボックスが表示された

3

［--カスタム--］を選択し、「#(lf)」と入力して［OK］ボタンをクリック

CHECK!

「#(lf)」（ハッシュマーク・カッコ・lf・カッコ閉じ）は Alt + Enter キーでセル内改行した部分を指す区切り記号です。

氏名	部署.1	部署.2	部署.3
佐藤 陽介	マーケティング	企画	null
高橋 俊	企画	null	null
伊藤 修平	営業	マーケティング	企画
斎藤 こころ	マーケティング	null	null
山田 祥子	財務	人事	null
岡田 信夫	人事	null	null
西村 智樹	人事	null	null

セル内改行されたデータを複数の列に変換できた

CHECK!

ここまでの手順で変換を行ったデータは、部署名が複数列にまたがっており、集計に使いにくいデータになってしまっています。こうしたデータに対しては、「列のピボット解除」を実行することで、右の画面のように集計しやすいデータ形式に変換できます。186ページで解説しているので参考にしてください。

	顧客番号	氏名	値
1	1	佐藤 陽介	マーケティング
2	1	佐藤 陽介	企画
3	2	高橋 俊	企画
4	3	伊藤 修平	営業
5	3	伊藤 修平	マーケティング
6	3	伊藤 修平	企画
7	4	斎藤 こころ	マーケティング
8	5	山田 祥子	財務
9	5	山田 祥子	人事
10	6	岡田 信夫	人事

理解を深めるHINT

数量と単位が混じったデータも分割できる

列の分割は、数量と単位が混じったデータを取り扱うときにも使うことができます。たとえば、特定の列に商品の販売数量が入っているとしましょう。このとき、データは「11本」や「5個」といったように、さまざまな単位の表記が混じっているとします。このようなデータが格納されている場合、データはテキストとして認識されてしまいます。

販売数量を数字データとして扱いたい場合には、列を分割することにより、数量と単位を別の列として扱う必要があります。実際の操作は、[列の分割]から[数字から数字以外による分割]を使います。これを使うことで、数字と数字以外で分けられます。そうすると、販売数量の列を「数量」と「単位」の2つの列に分割できます。これにより、数量データだけを抽出できるので、Excelに出力した後にピボットテーブルで分析もできるようになります。数値とテキストが混じっているときは、ぜひ試してみてください。

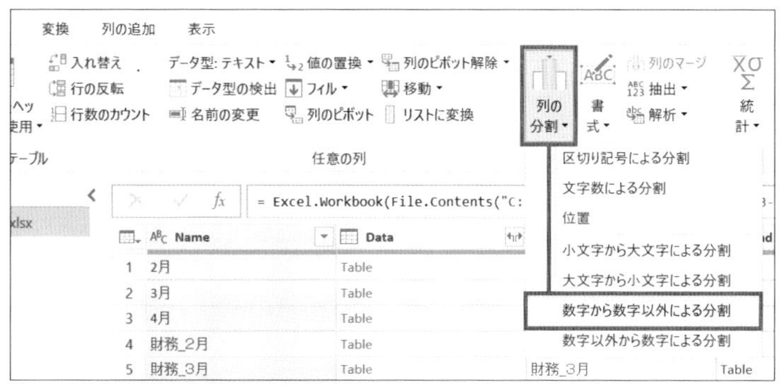

05

重複の削除

FILE：Chap4-05.xlsx

重複したデータを削除する

列内で重複したデータを削除する

1²3 顧客ID		A^B_C 品番
50391	1	AEI-AHQOA
124919	1	AFG-YFWJK
158342	1	AGU-WLCVZ
171174	1	AHG-EWDDX
122571	1	AME-DOYBK
109138	1	AMK-LISRA
127537	1	AQP-ENNTF

重複したデータを削除したい

▶ 重複したデータを一括で削除する

パワークエリには、選択した列の値に重複がある場合、先頭の行を残してほかの重複行を削除する「重複の削除」機能があります。「重複した値を含む列の重複を削除し、一意なデータを得たい」といった場合に役に立つ機能です。このレッスンでは、顧客マスタを作成するために重複の削除を行うことで、一意な顧客IDを得ます。

このときに、削除した顧客IDに紐づく品番などが削除されますが、ここで削除されるのはパワークエリに取り込んだデータの一部です。ソースのデータは削除されません。

POINT：

1 重複したデータを削除できる

2 先頭の行を残してほかの重複行が削除される

3 パワークエリ上で重複を削除しても、ソース上では削除されない

MOVIE：

https://dekiru.net/ytpq405

1つの列を選択して重複を削除する

まずは、1つの列を選択して、重複した値を削除しましょう。ここでは一意な顧客IDを取り出すために、売り上げ記録のデータを例に、顧客IDが重複している列の重複を削除します。

	1²₃ 顧客ID	A^B_C 品番
50391	1	AEI-AHQOA
124919	1	AFG-YFWJK
158342	1	AGU-WLCVZ
171174	1	AHG-EWDDX
122571	1	AME-DOYBK
109138	1	AMK-LISRA

［顧客ID］が重複している状態

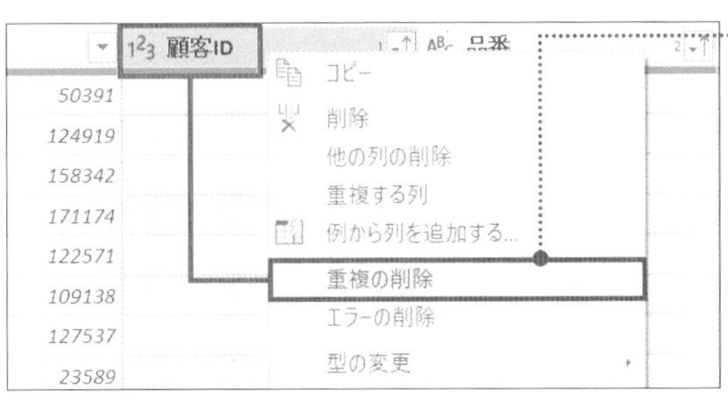

1 ［顧客ID］列のヘッダーを右クリックして［重複の削除］をクリック

	1²₃ 顧客ID	A^B_C 品番
9333	1	XTG-YPORI
684	2	ZGZ-DDRGQ
190	3	UQZ-MKXAO
2909	4	DUI-QWXYF
1677	5	JQU-HYKBE
699	6	HSG-ZHPID

［顧客ID］の重複が削除され、一意な顧客IDを取り出せる状態にできた

06

FILE：Chap4-06.xlsx

他の列の削除

選択した列以外を削除する

指定した列以外のすべての列を削除する

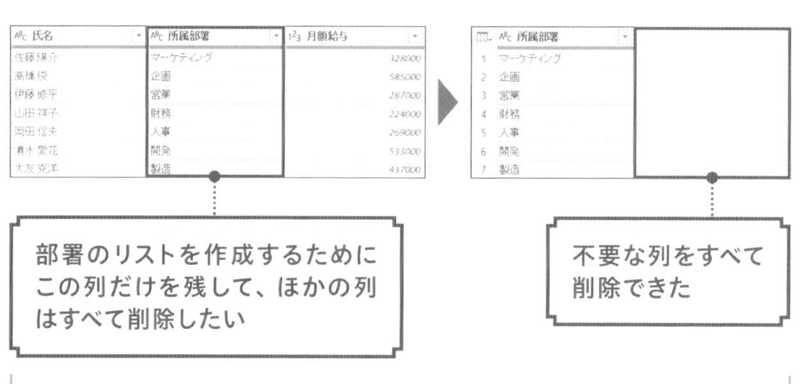

選択した列のみ残して列を削除する方法

「選択した列のみを残したい」「ほかの列は不要」という場合、必要な列を指定して「他の列の削除」を実行することで、選択した列のみ残して、ほかの列はすべて削除できます。

残したい列以外のすべての列を指定して、「列の削除」を実行しても同様の削除が可能ですが、その場合、パワークエリは「○○という列を削除した」とステップに記憶します。そのため、削除した列のヘッダー名がソース側のデータで変更された場合、パワークエリがソースを正常に参照できないエラーが発生してしまいます。そのたびにソースを修正するのは手間なので、1つの列のみを残して列の削除を行う場合は、「他の列の削除」を使用することをおすすめします。

POINT：

1 選択した列だけ残す場合「他の列の削除」を使用する

2 特定の列のみ残してリスト化するような場合に用いる

3 列を指定して削除すると、ソースの変更時にエラーが発生する

MOVIE：

https://dekiru.net/ytpq406

他の列の削除を行う

残したい列を選択して［他の列の削除］を実行することで、選択した列以外のすべての列を削除できます。ここでは、［所属部署］の列のみを残して、ほかの列をすべて削除します。

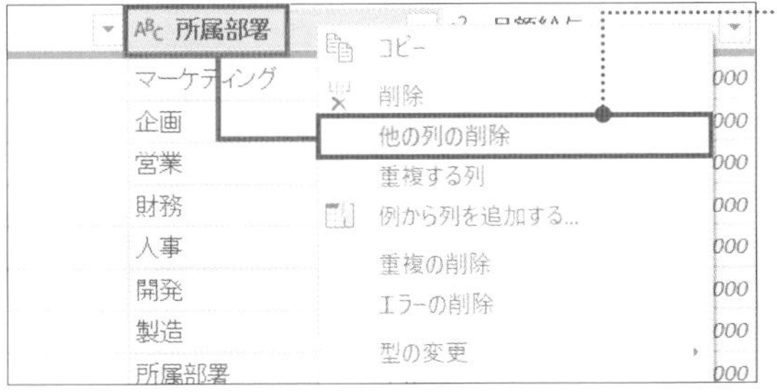

［所属部署］列を右クリックして［他の列の削除］をクリック

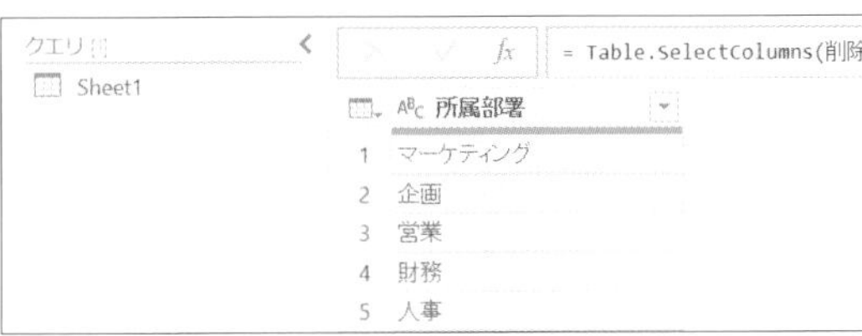

選択した列以外のすべての列が削除できた

社内データベースなどから出力されたデータには、不要な列がたくさん含まれていることが多いです。たとえば、「100列中3列だけ残したい」ような場合は、3列だけ選択して「他の列の削除」を実行するのが楽ですね。

07

FILE：Chap4-07.xlsx

行の削除

不要な行を削除し、1行目をヘッダーに変換しよう

BEFORE

AFTER

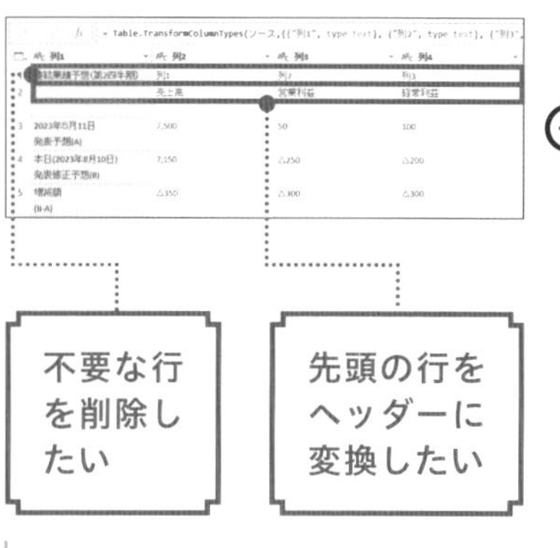

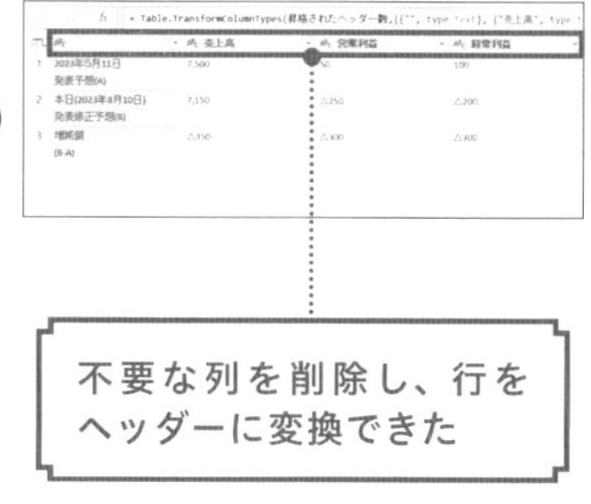

指定した不要な行を削除する

業務システムから出力したCSVや、PDFなどのファイルから取り込んだデータには、上のBEFORE画面のように不要な行が含まれている場合があります。また、エラーが発生している行や、重複した行だけを削除したい……といったケースもあるでしょう。こうした不要な行は、パワークエリの機能で一括削除が可能です。パワークエリでは、「上から○行を削除する」といった基本的な機能をはじめ「エラーがある行のみ削除する」「空白行を削除する」など、さまざまなオプションが用意されています。

また、必要に応じて、1行目のデータをヘッダーに変換できます。

POINT：

1 取り込んだデータについて、不要な行は削除できる

2 データの「上から◯行」「下から◯行」と指定して削除できる

3 データの1行目はヘッダーに変換できる

MOVIE：

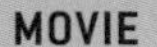

https://dekiru.net/ytpq407

データの上から◯行を削除する

パワークエリでは「上から◯行」「下から◯行」と指定して行を削除することが可能です。ここでは、「上位の行の削除」機能を利用して、データの1行目（上から1行目）の不要なデータを削除します。

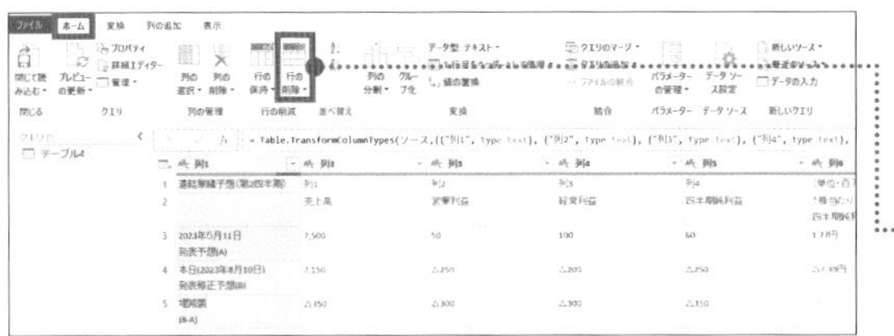

取り込んだデータに不要な行が含まれている状態

1 ［ホーム］タブ→［行の削除］をクリック

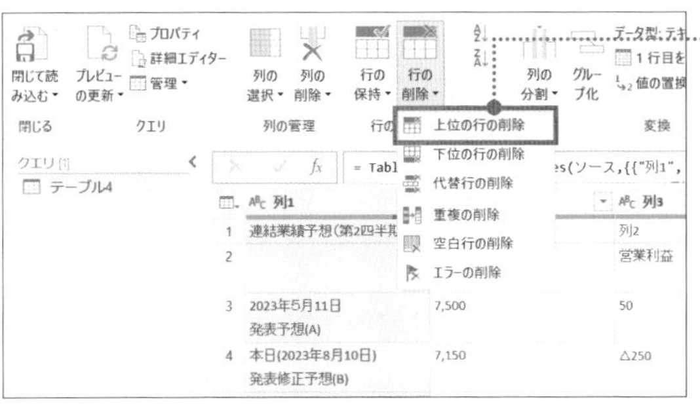

2 ［上位の行の削除］をクリックする

CHECK!

［行の削除］のほかの項目については次ページで紹介しています。

上位の行の削除

先頭から削除する行の数を指定します。

行数

OK　キャンセル

［上位の行の削除］ダイアログボックスが表示された

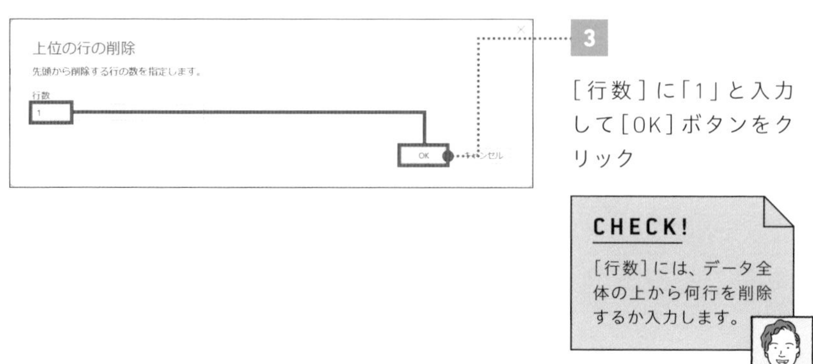

3

[行数]に「1」と入力して[OK]ボタンをクリック

CHECK!

[行数]には、データ全体の上から何行を削除するか入力します。

	列1	列2	列3	列4	列5
1		売上高	営業利益	経常利益	四半期純利益
2	2023年5月11日 発表予想(A)	7,500	50	100	60
3	本日(2023年8月10日) 発表修正予想(B)	7,150	△250	△200	△250
4	増減額 (B-A)	△350	△300	△300	△310

行が削除された

1行目をヘッダーとして指定する

不要な行を削除した後、必要に応じて1行目のデータをヘッダーに変換できます。ここでは、「1行目をヘッダーとして使用」の機能を用いて、「列1」「列2」……というヘッダーから1行目の「売上高」「営業利益」……という名前にヘッダーを変換します。

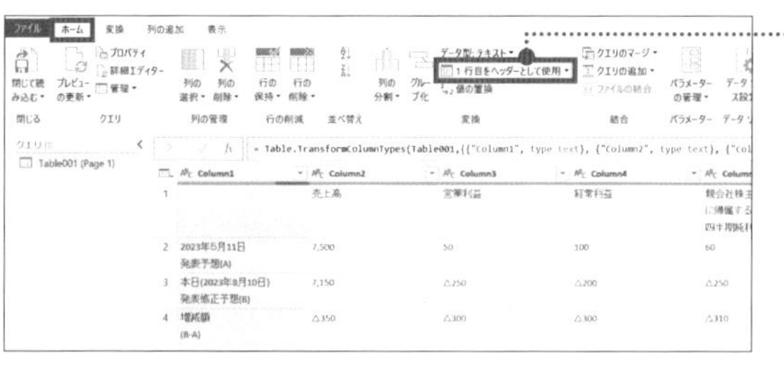

1

[ホーム]タブ→[1行目をヘッダーとして使用]をクリック

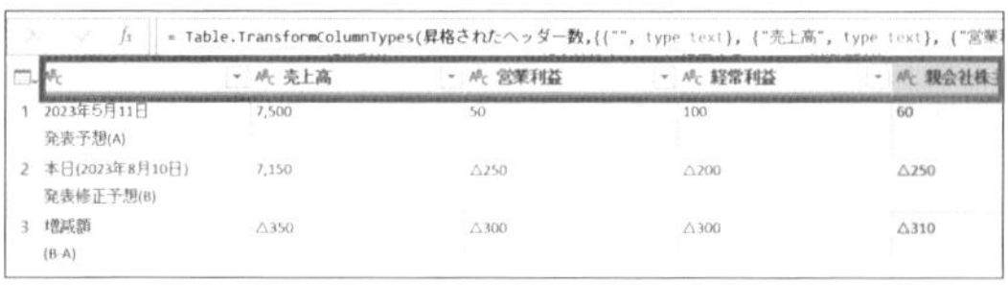

1行目のデータがヘッダーに変換された

理解を深めるHINT

行を削除するさまざまな方法

[行の削除]から行える操作には以下のものがあります。それぞれの機能を理解して、必要に応じて使い分けられるようにしましょう。

上位の行の削除

データ全体の上から何行を削除するか指定して削除します。

下位の行の削除

データ全体の下から何行を削除するか指定して削除します。

代替行の削除

以下の指定を行い、繰り返し行の削除を行います。

- 削除を開始する行
- 削除する行数
- 削除しない行数

たとえば削除する行数と削除しない行数をそれぞれ1に指定することで「1行おきにデータを削除する」といった規則的な行の削除が可能です。

空白行の削除

行のすべてが空白の行を削除します。

重複の削除

選択した列の値に重複がある場合、先頭の行を残してほかの重複行を削除します。

エラーの削除

選択した列について、エラーがある行を削除します。

08

列のマージ

FILE：Chap4-08.xlsx

区切り記号を追加して列をマージする

BEFORE

AFTER

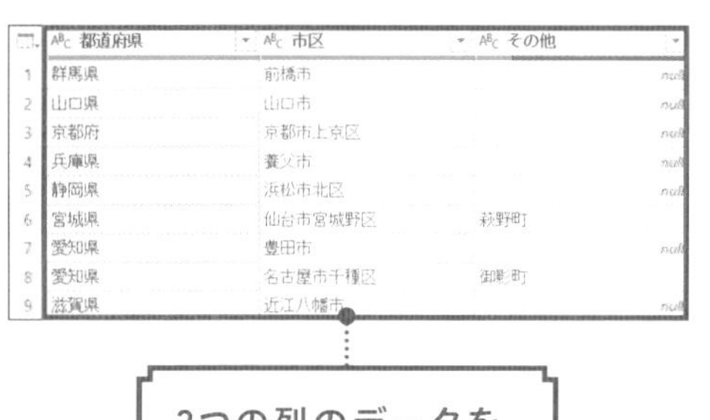

3つの列のデータを、1つの列にまとめたい

1つの列にまとめ、ハイフンで区切ることができた

複数の列をまとめる「列のマージ」機能

パワークエリには、複数の列のデータを1つの列にまとめる「列のマージ」機能があります。たとえば姓と名、都道府県と市町村、日付と時刻といったデータがそれぞれ別の列に分かれており、1つの列にまとめたい……といった場合に役立つ機能です。単純にデータをまとめるだけではなく、スペースやハイフンといった区切り記号を挿入したうえで1つの列にまとめることが可能です。また、上のBEFORE画面のようにnullが列に含まれている場合に、nullの部分は区切り記号を挿入せずに結合させることもできます。

POINT：

1 複数の列のデータを1つの列にまとめることができる

2 指定した区切り記号で区切ってマージすることも可能

3 null部分には区切り記号を挿入せずマージできる

MOVIE：

https://dekiru.net/ytpq408

区切り記号を入れて列をマージする

マージしたい列をすべて選択して［列のマージ］を実行します。ここでは「都道府県」「市区」「その他」の3つの列を、ハイフンで区切ったうえで1つの列にまとめます。

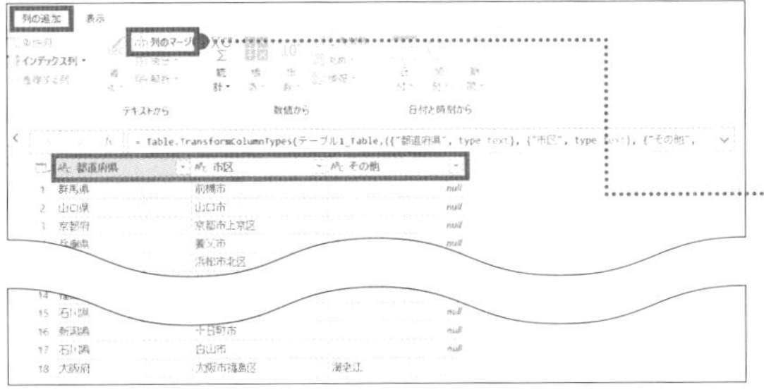

［都道府県］［市区］［その他］の列を選択した状態

1 ［列の追加］タブ→［列のマージ］をクリック

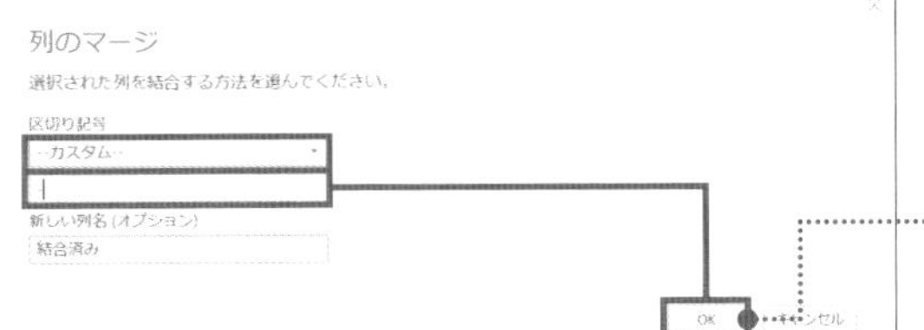

［列のマージ］ダイアログボックスが表示された

2 ［区切り記号］は［--カスタム--］を選択し、「-」（ハイフン）を入力して［OK］ボタンをクリック

	ABC 結合済み
1	群馬県-前橋市
2	山口県-山口市
3	京都府-京都市上京区
4	兵庫県-養父市
5	静岡県-浜松市北区
6	宮城県-仙台市宮城野区-萩...

3つの列をハイフンで区切ったうえでマージした列が追加できた

09

フィルター

FILE：Chap4-09.xlsx

指定したデータだけを表示させる

BEFORE

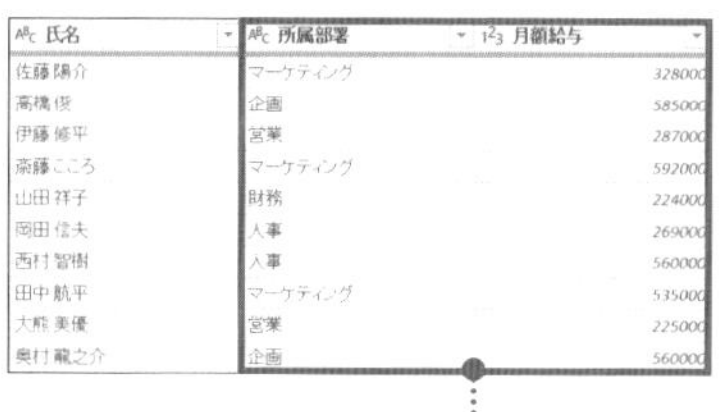

氏名	所属部署	月額給与
佐藤 陽介	マーケティング	328000
高橋 俊	企画	585000
伊藤 修平	営業	287000
斎藤 こころ	マーケティング	592000
山田 祥子	財務	224000
岡田 信夫	人事	269000
西村 智樹	人事	560000
田中 航平	マーケティング	535000
大熊 美優	営業	225000
奥村 龍之介	企画	560000

所属部署が「人事」または「企画」で、かつ月額給与が40万円以上のデータのみ表示させたい

AFTER

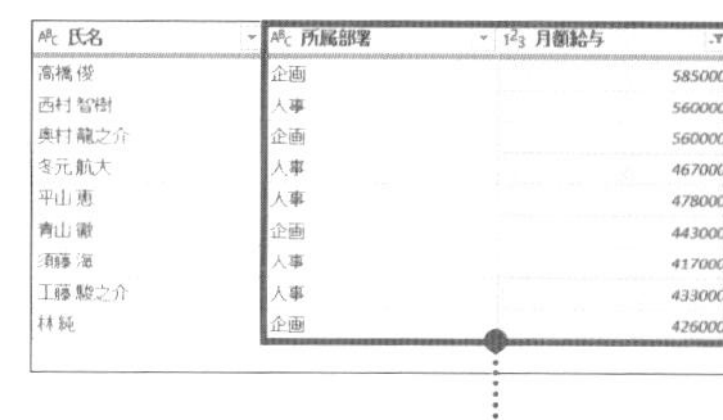

氏名	所属部署	月額給与
高橋 俊	企画	585000
西村 智樹	人事	560000
奥村 龍之介	企画	560000
冬元 航大	人事	467000
平山 恵	人事	478000
青山 徹	企画	443000
須藤 海	人事	417000
工藤 駿之介	人事	433000
林 純	企画	426000

フィルター機能によって、指定したデータだけを表示できた

データの絞り込みができる「フィルター」機能

大量のデータを扱う場合には、指定したデータのみを表示させる「フィルター」機能が活躍します。フィルターを使って「特定の部署のデータのみ表示させる」「特定の数値以上のデータのみ表示させる」といった絞り込みが簡単に行えます。

パワークエリで整形したデータを出力し、Excel上でフィルターを行っても同様の結果が得られます。ただ、同じ整形作業を定期的に繰り返すような業務では、パワークエリ上でフィルターを行ったほうが、フィルターを含めた一連の整形作業を自動化できて手間が減らせますね。

POINT：

1 指定したデータのみを絞り込んで表示させる「フィルター」

2 複数の列にそれぞれフィルターを行える

3 指定した条件を満たす数値データの絞り込みも可能

MOVIE：

https://dekiru.net/ytpq409

条件を指定してフィルターを実行する

フィルターを使って、データの絞り込みを行ってみましょう。ここでは、名簿データから以下の2つの条件を満たすデータのみを表示させます。

- 所属部署が「人事」または「企画」
- 月額給与が40万円以上

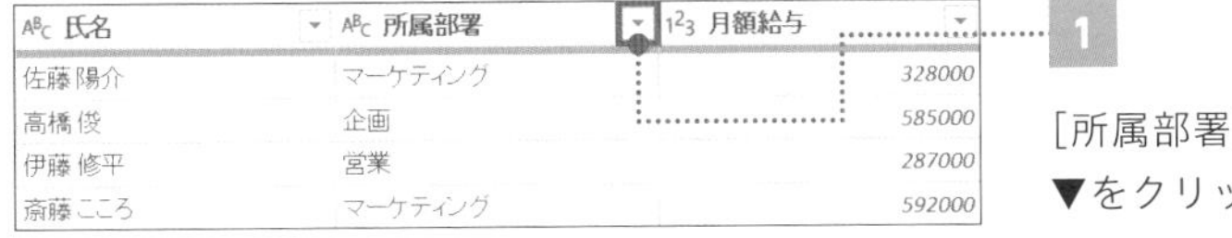

氏名	所属部署	月額給与
佐藤陽介	マーケティング	328000
高橋俊	企画	585000
伊藤修平	営業	287000
斎藤こころ	マーケティング	592000

1 [所属部署]列の右側の▼をクリック

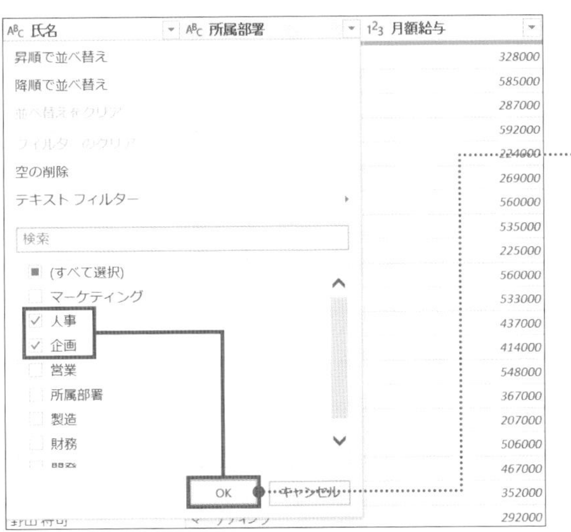

フィルターの設定画面が表示された

2 [人事]と[企画]のみにチェックを入れ、[OK]ボタンをクリック

CHECK!

[(すべて選択)]をクリックすると、すべての項目の選択と選択解除が一括で行えます。

氏名	所属部署	月額給与
高橋 俊	企画	585000
岡田 信夫	人事	269000
西村 智樹	人事	560000
奥村 龍之介	企画	560000
冬元 航大	人事	467000
宮田 邦夫	人事	352000
西村 智樹	人事	255000
平山 恵	人事	478000
青山 徹	企画	443000

所属部署が[人事]または[企画]のデータのみを表示できた

▶ 数値の列にフィルターを実行する

数値の列では、指定した値に対して「等しい」「等しくない」「以上・以下」などの条件でフィルターを行えます。ここでは、月額給与が40万円以上のデータだけを表示してみましょう。

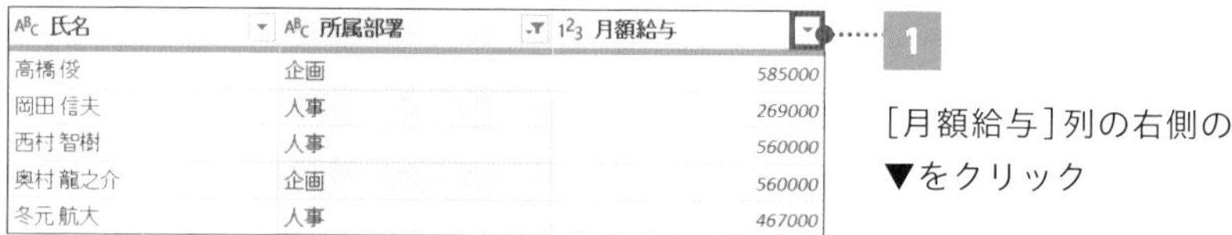

氏名	所属部署	月額給与
高橋 俊	企画	585000
岡田 信夫	人事	269000
西村 智樹	人事	560000
奥村 龍之介	企画	560000
冬元 航大	人事	467000

1

[月額給与]列の右側の▼をクリック

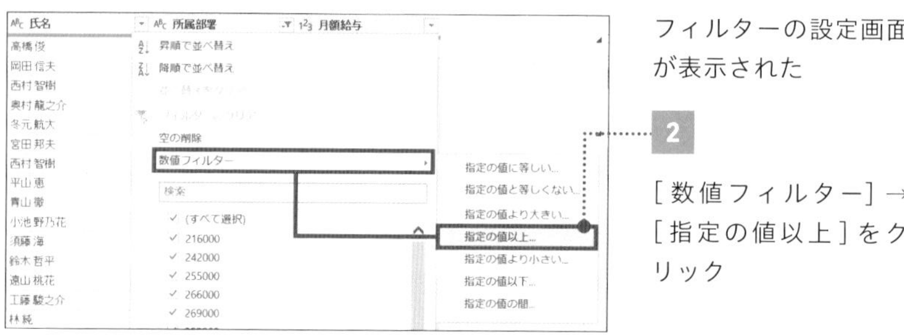

フィルターの設定画面が表示された

2

[数値フィルター]→[指定の値以上]をクリック

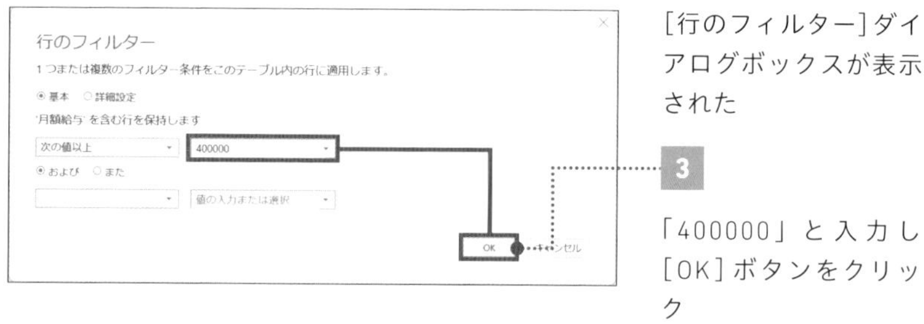

[行のフィルター]ダイアログボックスが表示された

3

「400000」と入力し[OK]ボタンをクリック

ABC 氏名	ABC 所属部署	123 月額給与
高橋 俊	企画	585000
西村 智樹	人事	560000
奥村 龍之介	企画	560000
冬元 航大	人事	467000
平山 恵	人事	478000
青山 徹	企画	443000
須藤 海	人事	417000
工藤 駿之介	人事	433000

所属部署が「人事」または「企画」で、かつ月額給与が40万円以上のデータのみ表示できた

フィルターを解除する

絞り込みを行ったフィルターが不要になった場合は、フィルターを解除できます。[月額給与]列について、すでに行ったフィルターを解除してみましょう。

ABC 氏名	ABC 所属部署	123 月額給与
高橋 俊	企画	585000
西村 智樹	人事	560000
奥村 龍之介	企画	560000
冬元 航大	人事	467000
平山 恵	人事	478000
青山 徹	企画	443000
須藤 海	人事	417000
工藤 駿之介	人事	433000
林 純	企画	426000

[月額給与]列の右側のフィルターのマークをクリック

CHECK!
フィルターを行った列の▼マークは、フィルター状のマークに変化します。

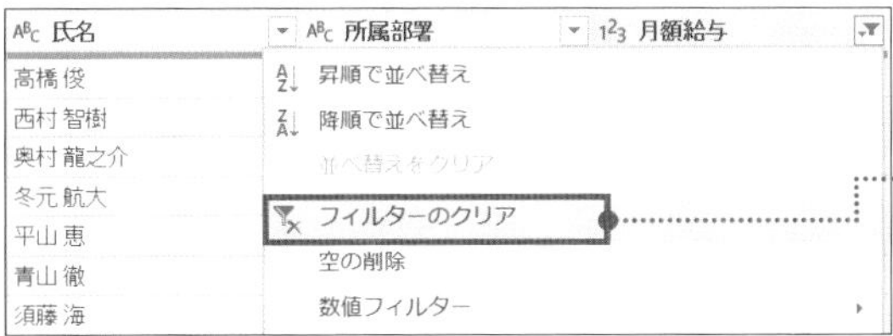

フィルターの設定画面が表示された

[フィルターのクリア]をクリック

ABC 氏名	ABC 所属部署	123 月額給与
高橋 俊	企画	585000
岡田 信夫	人事	269000
西村 智樹	人事	560000
奥村 龍之介	企画	560000
冬元 航大	人事	467000
宮田 邦夫	人事	352000

[月額給与]列のフィルターを解除できた

10

FILE：Chap4-10.xlsx

クエリのマージ

共通する1つの列がないクエリをマージする

複数の列を利用した、クエリのマージ

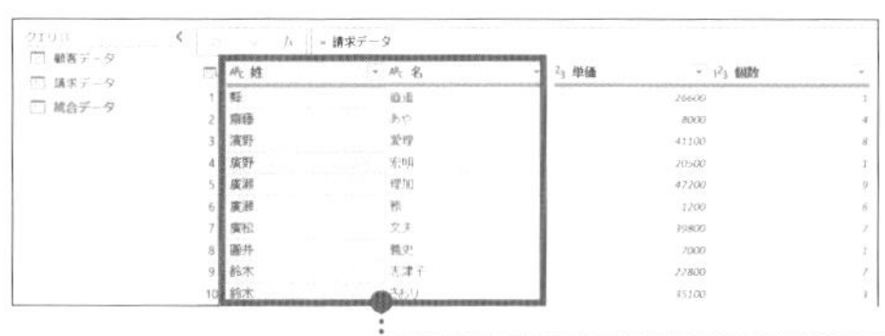

共通する1つの列（IDや番号）がない2つのクエリをマージさせたい

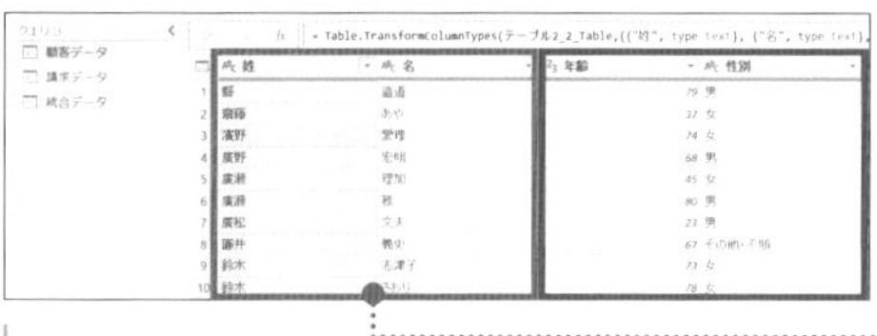

「姓」と「名」の2つの列を利用して紐づけを行えばマージできる！

複数の列で紐づけてクエリをマージさせる

70ページでは、売上データのクエリと顧客データのクエリを、2つのクエリに共通して存在する「顧客ID」列を紐づけてマージさせました。パワークエリでは、2つ以上の列を紐づけてマージさせることも可能です。この方法を押さえておけば、2つのクエリに共通するIDや番号がない場合でも、たとえば顧客や社員の「姓」と「名」の2つの列を用いたマージが可能になります。

一見すると、「姓」または「名」の1列だけ指定してマージが行えそうですが、その方法だと同姓または同名の人がいた場合に正しくマージできません。1つの列を用いたマージが難しい場合は、複数列を選択したマージを利用しましょう。

POINT：

1 クエリのマージでは複数の列を選択して紐づけが可能

2 2つのクエリに共通するIDや番号がない場合は氏名などを使う

3 マージしたデータは「Table」と表示されるため展開する

MOVIE：

https://dekiru.net/ytpq410

マージの画面を開く

まずはマージ画面を開き、マージするクエリを選択します。ここでは、[統合データ]クエリと[顧客データ]クエリをマージさせます。

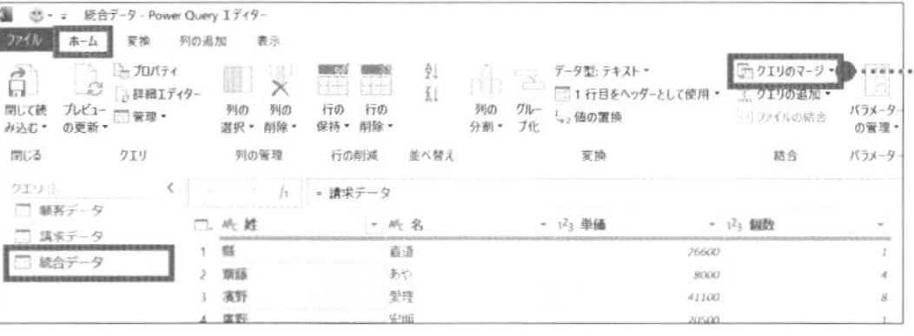

あらかじめ[統合データ]クエリを選択しておく

1 [ホーム]タブ→[クエリのマージ]をクリック

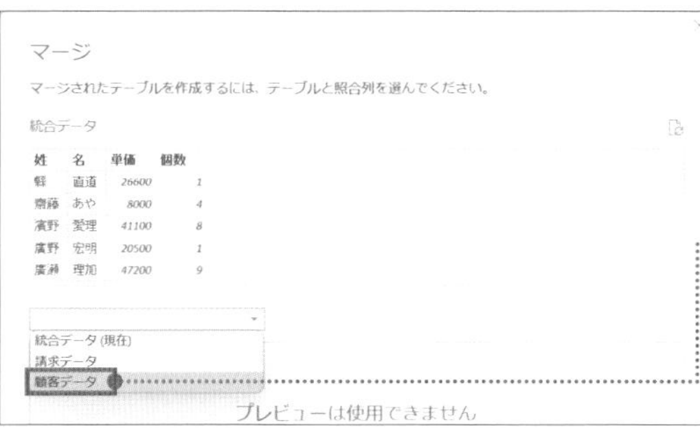

[マージ]ダイアログボックスが表示された

2 プルダウンメニューをクリックして[顧客データ]を選択

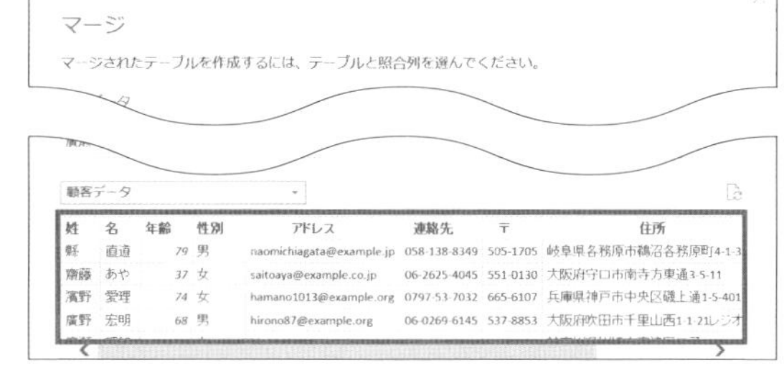

[顧客データ]クエリのプレビューが表示された

複数の列を指定してマージを実行する

複数の列で紐づけを行い、クエリをマージさせましょう。[統合データ]クエリと[顧客データ]クエリは、[姓][名]の2つの列のデータが共通しているのでこれらの列でマージします。両クエリの[姓]と[名]が一致しているデータがマージされます。

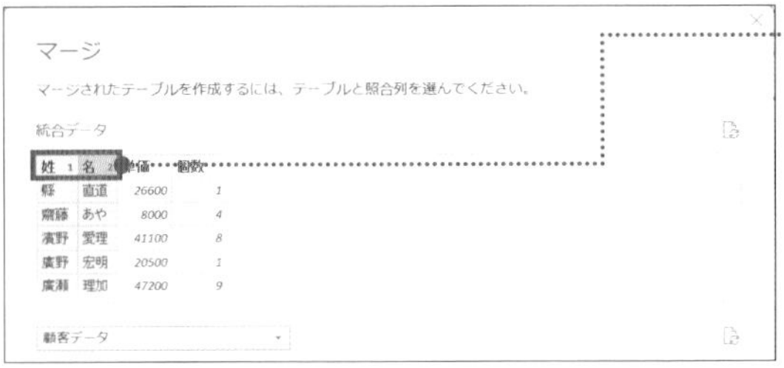

1 [統合データ]クエリの[姓]列と[名]列を選択する

CHECK!

Ctrl キーを押しながらまず[姓]、次に[名]列をクリックします。

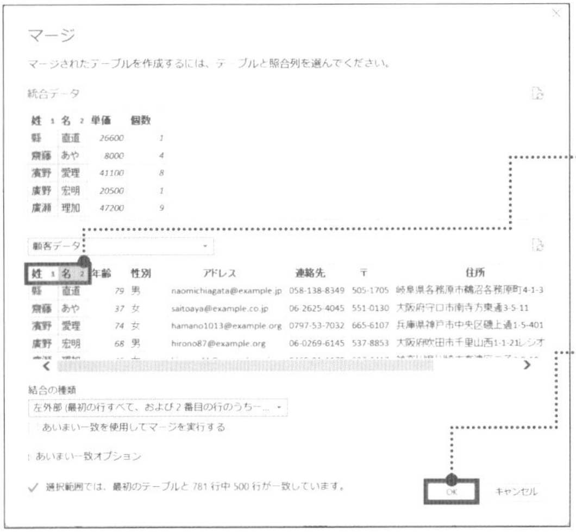

2 [顧客データ]クエリの[姓]列と[名]列を選択

3 [OK]ボタンをクリック

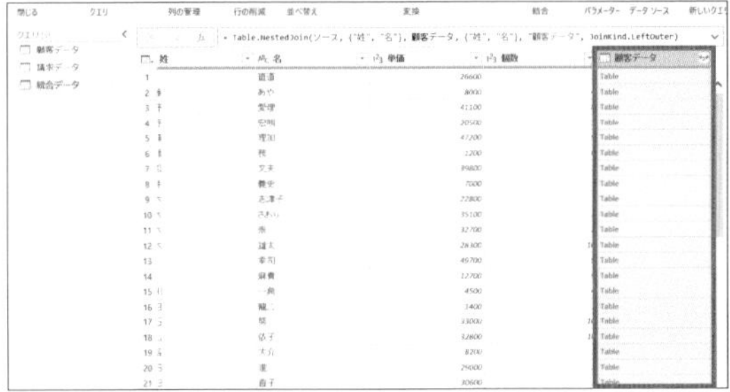

[顧客データ]列が追加された

CHECK!

[顧客データ]列の[Table]と表示されたセルには、マージした[顧客データ]クエリのデータが入っています。

マージしたデータを表示させる

ここまでで追加した[顧客データ]の列の各セルは「Table」と表示されており、意味がわかりにくい表示になってしまっています。「Table」のデータを確認し、[顧客データ]の各列を表示させましょう。

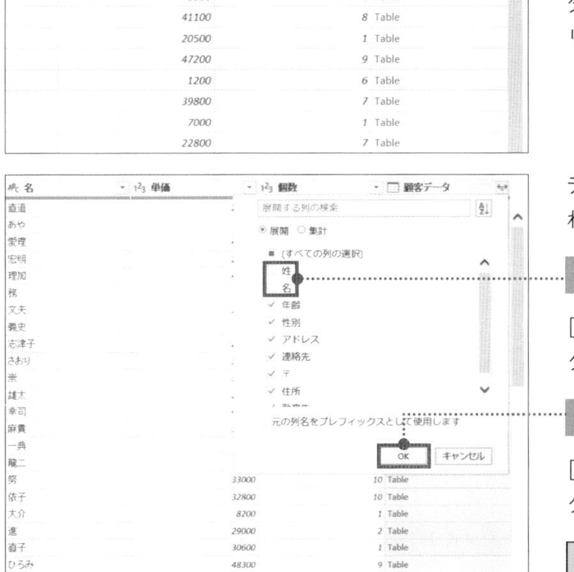

1

[顧客データ]列のヘッダーの マークをクリック

データの詳細が表示された

2

[姓]と[名]のチェックを外す

3

[OK]ボタンをクリック

CHECK!

[姓]と[名]のデータはすでに「統合データ」クエリに存在するため、今回はチェックを外します。

[姓]と[名]の列で紐づけを行ってクエリのマージを実行できた

CHAPTER 4 業務で使いやすい形式にデータを整形する

COLUMN

いまあるツールを活かす「ブリコラージュ」の発想

皆さんがデータ集計で使うツールは何でしょうか？ おそらく、Excelを必死に駆使している方々が、本書を読んでくださっているのだと思います。Excel以外の多様なツールを使っている方は、少ないかもしれませんね。

理想的なのは、自分がやりたいことを実現するツールがそろっていることです。しかし、たいてい予算は限られているし、やりたいことが完全にできるツールもありません。そんなわけで、現実には限られたツールでさまざまな仕事をするのが現場の実態です。ツールが限られていることは皆さんにとってマイナスなのでしょうか？ 私はそう思いません。限られたツールの中でやるべきことができる能力というのは、実は最も応用が利くのです。実際、何らかのツールに依存して仕事をしていたら、そのツールがなくなったときに、何もできなくなってしまいますよね。

いまあるものをどのように活かすかを工夫することを、人類学者のレビィ・ストロースは「ブリコラージュ」と名付けました。Excelでいえば、さまざまな関数や機能を駆使して、自分がやりたいことを実現するためのしくみを構築するのは、ブリコラージュの発想だといえます。

ブリコラージュの発想で大切なのは「これはいつかきっと役に立つはず」という直感と情報収集です。Excelでいえば、確かにいますぐには役に立たない関数であっても念のため資料として残しておいたり、文献に付箋を貼っておいたり、マーカーを引いておくことが大事です。そうして自分の中に蓄積された「知識」が、自分がやりたいことが現れたときに「そういえば、あの関数が使えるんじゃないか」という形で引き出される。スキル学習というのは、このように「いますぐ」ではなく「いつかきっと役に立つはず」という形ではじまるのです。

本書で紹介したパワークエリの機能についても、いますぐ全部が役に立つわけではないかもしれません。でも、気になるところは、ぜひ付箋を貼ったり、マーカーを引いたりしてみてください。いつか「そういえば」と思う瞬間がくるはずです。

CHAPTER 5

複雑なデータを一発で追加する

01

FILE：Chap5-01.xlsx

例からの列

入力したデータの規則を学ばせて自動入力させよう

BEFORE　AFTER

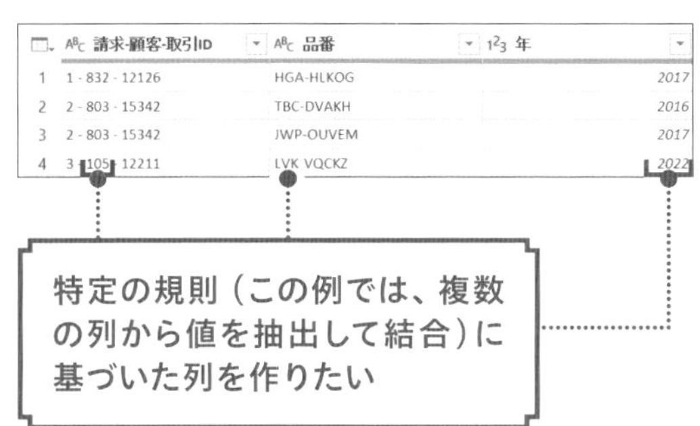

例を入力することで、列を自動生成させる

データに対して、列の結合などの処理を繰り返し行うような場合に便利なのが「例からの列」機能です。作成したいデータの例を入力すると、パワークエリが規則を見出して、自動的に列を作成してくれます。姓と名など、複数の列を結合するといった用途で活用できます。

列の結合などの操作は、標準機能を用いても同様の整形が可能です。ただ、今回のように特定の規則に基づいたデータの整形を行う場合は、「例からの列」を使うと手間が少なくてすみます。

POINT :

1 決まった規則でデータを整形する場合に便利な「例からの列」機能

2 データの例を入力すると、規則に基づいた列が作成される

3 求めた列が作成されない場合、さらに例を入力する

MOVIE :

https://dekiru.net/ytpq501

「例からの列」機能で列を自動生成する

「例からの列」機能では、自分が入力したいデータの例を1行入力するごとに、パワークエリが規則を学習して列を自動生成します。ここでは前ページの画面（BEFORE/AFTER）のように、「顧客ID」「品番」「年」の各列から抽出したデータを結合した列を作りましょう。

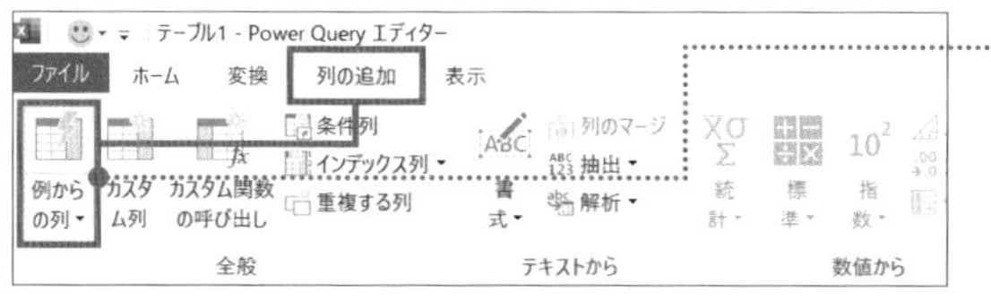

1 ［列の追加］タブ→［例からの列］をクリック

［列1］が表示された

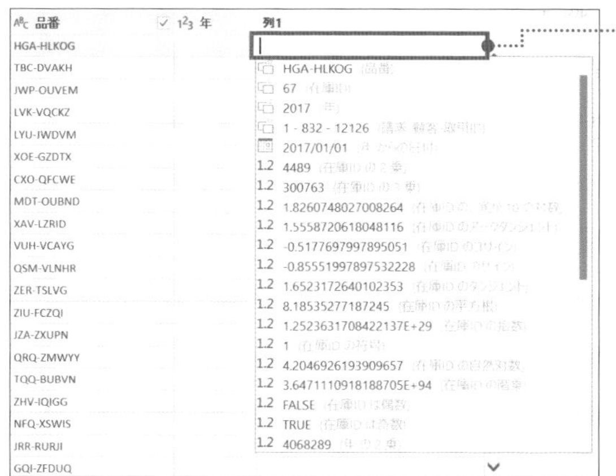

2 ［列1］列の1行目をクリック

CHECK!

「例からの列」機能では、列からデータを抽出するだけではなく、データの型に応じて、数値の2乗の列を挿入することなどが可能です。用途に応じて使い分けましょう。

CHAPTER 5

複雑なデータを一発で追加する

追加したい列のデータの例(この例では「832-2017-HGA」)を入力して Enter キーを押す

[列1]列が[結合済み]列に変更され、2行目以降に、自動でデータが挿入された

例をさらに入力して、規則をパワークエリに理解させる

ここまでで作成したデータは、末尾がすべて品番「HGA」になっており、今回作りたかった各行の「顧客ID」と「品番」と「年」を結合させたデータにはなっていません。また[結合済み]列の23行目を見ると、顧客ID「191」が「19」と誤って入力されています。このように1つの例だけでは、作成するデータの規則をパワークエリが理解できないことがあります。作りたいデータの例をさらに入力してみましょう。規則に沿ったデータを作成できたら、[OK]ボタンをクリックして列を作成します。

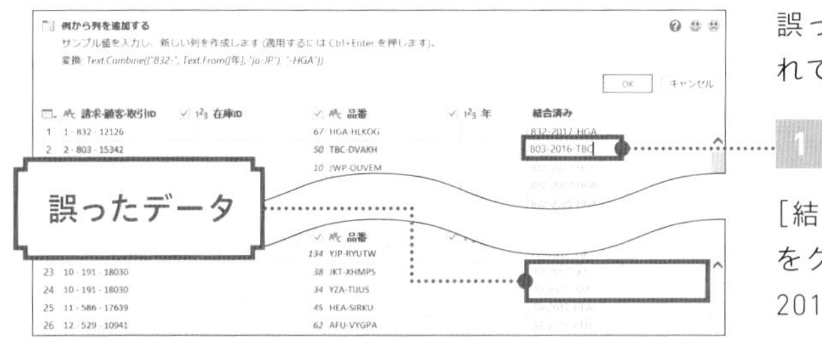

誤ったデータが入力されている状態

[結合済み]列の2行目をクリックして「803-2016-TBC」と入力

品番	年	カスタム
67 HGA-HLKOG		832-2017-HGA
50 TBC-DVAKH		803-2016-TBC
10 JWP-OUVEM		[illegible]
114 LVK-VQCKZ		[illegible]
206 LYU-JWDVM		[illegible]

[結合済み]列が[カスタム]列に変更され、3行目以降のデータも各行の品番に修正された

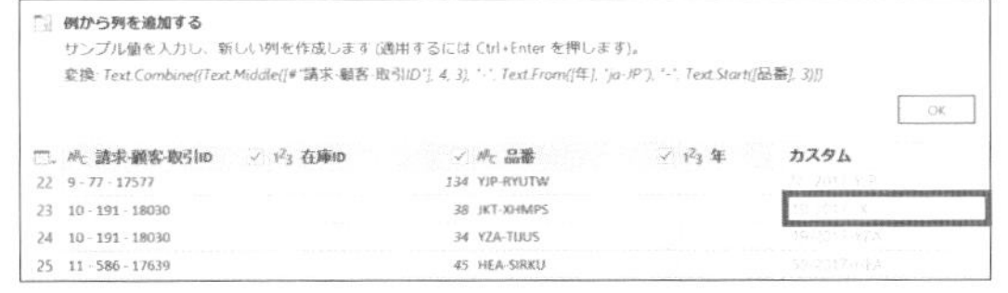

［カスタム］列23行目に顧客ID「191」が「19」と入力され、規則に沿ったデータになっていない

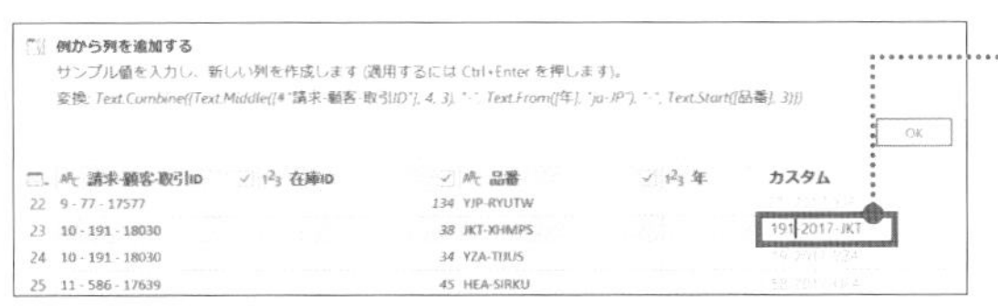

2

［カスタム］列23行目をクリックし、「19」を「191」に修正する

規則に沿ったデータになった

3

［例から列を追加する］欄の［OK］ボタンをクリック

例からパワークエリが規則を学習し、自動で生成した列が追加された

ここまで行ったように、例を1つや2つ入力しても、パワークエリが規則を100%正しく理解してくれるとは限りません。規則通りになったかどうかは、全体のデータを確認する必要があります。大量のデータを扱う場合は、全体が規則通りのデータになったか確認するのが難しいため、「例からの列」を使うには不向きです。「例からの列」機能は以下の場合におすすめです。

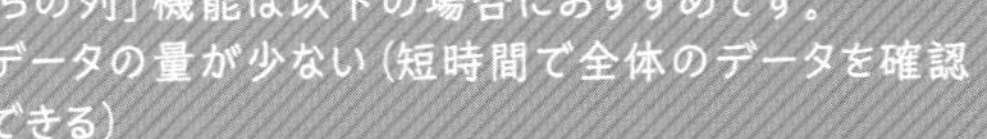

・データの量が少ない（短時間で全体のデータを確認できる）
・データの桁数や、文字列の並び、区切り記号などに規則性がある

02

条件列

FILE：Chap5-02.xlsx

条件に当てはまるセルに、指定した値を表示させる

条件に応じた表示ができる

<条件>

月額給与が70万円以上

→「**幹部**」

月額給与が70万円未満、40万円以上

→「**ミドル**」

月額給与が40万円未満

→「**一般**」

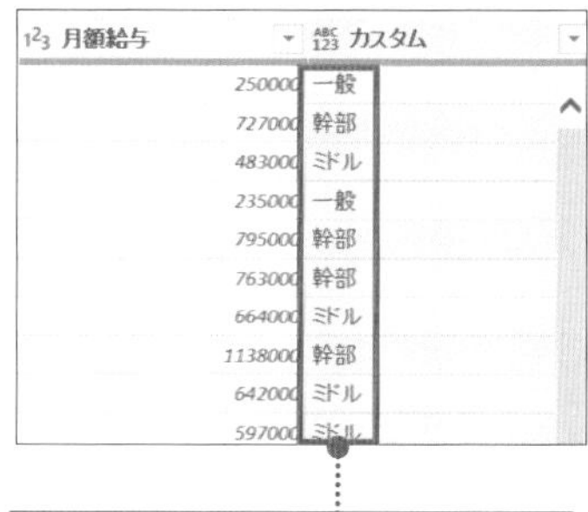

月額給与	カスタム
250000	一般
727000	幹部
483000	ミドル
235000	一般
795000	幹部
763000	幹部
664000	ミドル
1138000	幹部
642000	ミドル
597000	ミドル

「月額給与」の額に応じて、区分を自動で表示する

条件ごとに値を表示させる

「条件列」の機能を使うと、自分が指定した条件に合致したときに特定の値を表示させることが可能です。条件の指定は、等号(=)や不等号(>、≦など)で行います。この「条件列」の機能を活用すれば、たとえば上の画面のように「月額給与が700000以上の行には『幹部』と表示させる」などの条件を指定した列や、「テストの点数が80点以上の生徒にのみ『合格』と表示させる」ような列を作成できます。ExcelのIF関数と同様の機能ですが、パワークエリでは関数を考えて打ち込む必要がなく、画面を操作するだけで条件の指定が可能です。

POINT：

1 条件列では、指定した条件ごとに異なる値を表示する

2 条件列には、複数の条件を指定できる

3 条件が複数ある場合、上にある条件が優先される

MOVIE：

https://dekiru.net/ytpq502

条件を設定して「条件列」を追加する

条件列を追加して、指定した条件に沿って特定の値を表示させましょう。この例では、以下の条件を指定して条件列を追加します。

- 月額給与が70万円以上→「幹部」と表示
- 月額給与が70万円未満、40万円以上→「ミドル」と表示
- 月額給与が40万円未満→「一般」と表示

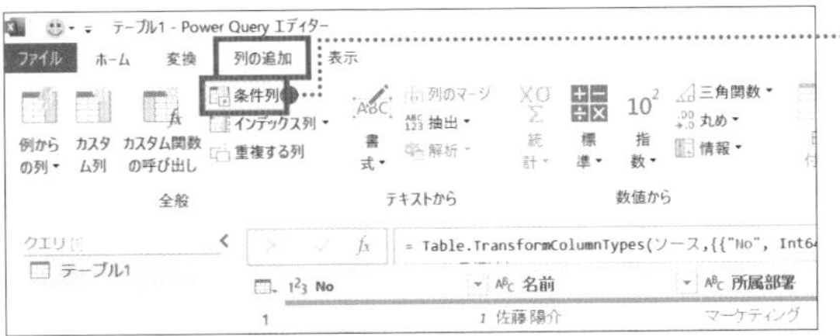

1

[列の追加]タブ→[条件列]をクリック

[条件列の追加]ダイアログボックスが表示された

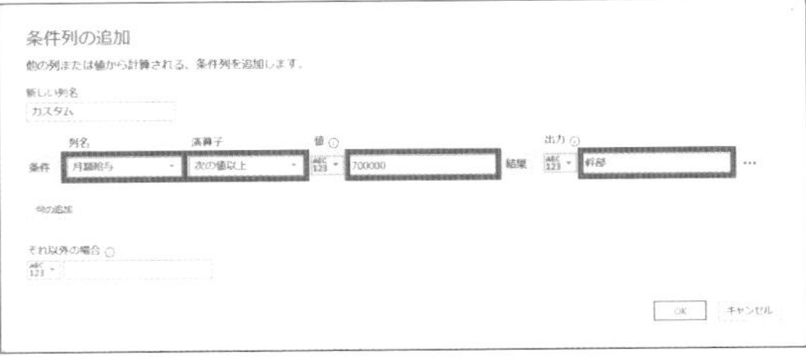

2

[列名]は[月額給与]、[演算子]は[次の値以上]とし、[値]は「700000」、[出力]は「幹部」と入力

[列名]では条件に当てはまるか判定する対象の列を選択します。[演算子]では、この後指定する値と比較する等号や不等号を選択します。[値]には、条件を判定するための値を入力します。[出力]には、条件に当てはまった場合に表示する値を入力します。

複数の条件を設定する

条件を複数設定したい場合は、[句の追加]ボタンで追加を行います。どの条件にも当てはまらない場合にどう表示するかは、[それ以外の場合]で指定できます。

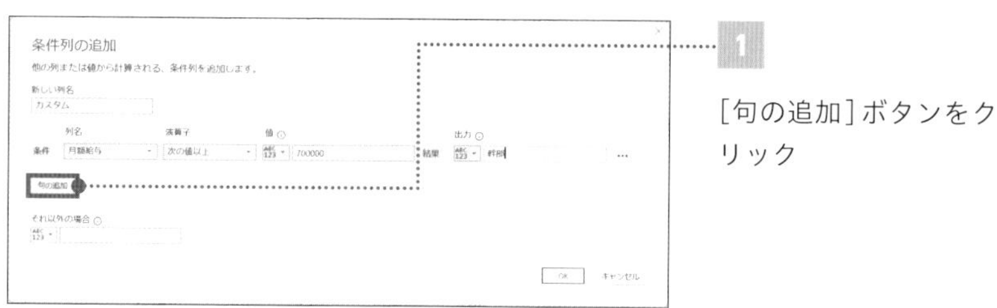

1

[句の追加]ボタンをクリック

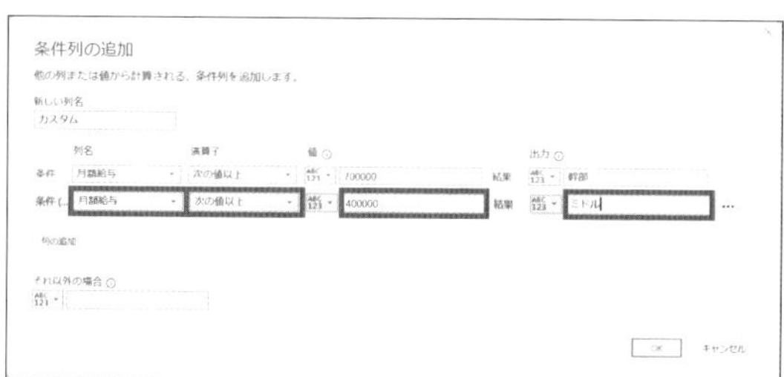

2つ目の条件が表示された

2

[列名]は[月額給与]、[演算子]は[次の値以上]とし、[値]は「400000」、[出力]は「ミドル」と入力

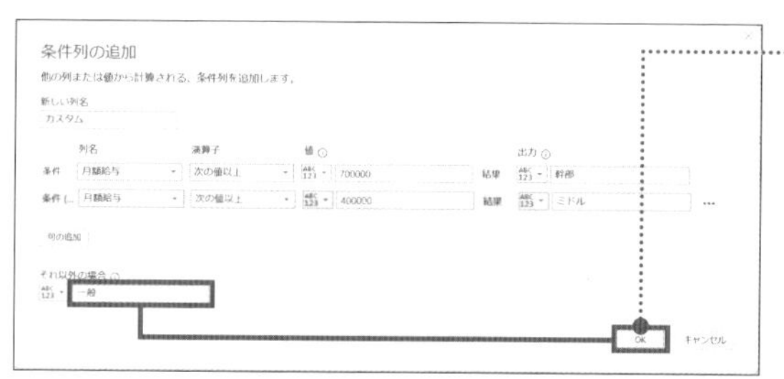

3

[それ以外の場合]の欄に「一般」と入力して[OK]ボタンをクリック

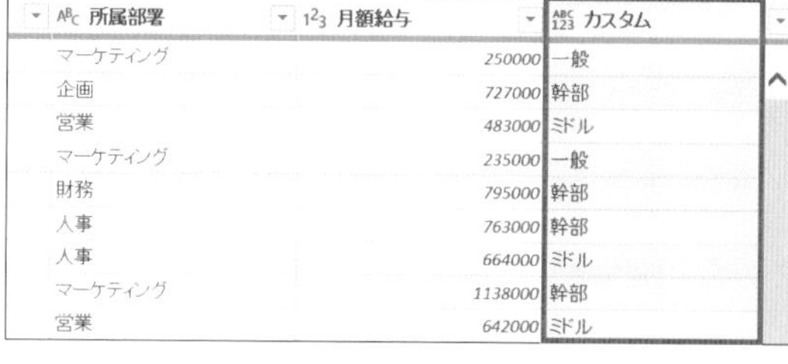

所属部署	月額給与	カスタム
マーケティング	250000	一般
企画	727000	幹部
営業	483000	ミドル
マーケティング	235000	一般
財務	795000	幹部
人事	763000	幹部
人事	664000	ミドル
マーケティング	1138000	幹部
営業	642000	ミドル

指定した条件ごとに、「幹部」「ミドル」「一般」と表示させる[カスタム]列が追加された

条件の移動を行う

[条件列の追加]ダイアログボックスで複数の条件を設定した場合は、上にある条件が優先されます。たとえば今回の例では最初に「月額給与は70万円以上か？」が判定され、この条件が満たされた場合は「幹部」を表示し、その次の「70万円未満40万円以上か？」という判定は行われません。この優先度を変えたい場合は、条件の順番を移動しましょう。

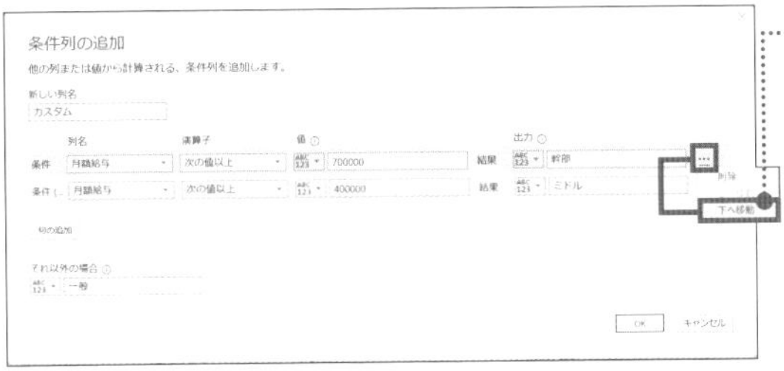

1

移動する条件の[…]をクリックして[下へ移動]をクリック

CHECK!

不要な条件は、この画面で[…]をクリックして表示されるメニューから[削除]を選択して削除できます。

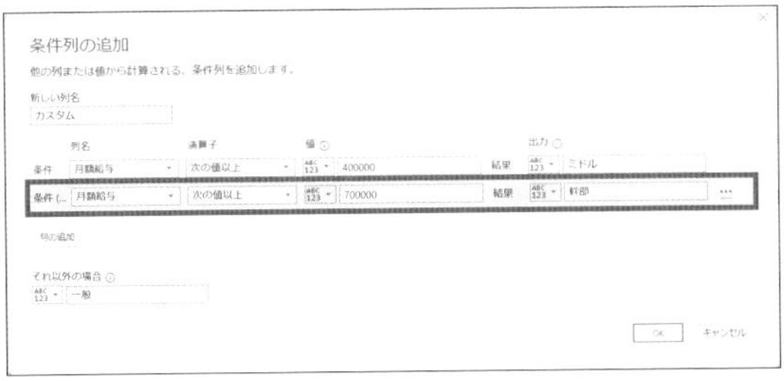

条件が下に移動した

理解を深めるHINT

条件列のつかいみち

条件列を用いる例としては、案件管理マスタデータの中で、進捗状況を数字で管理するようなケースがあります。たとえば商談中は「1」、見積もりが「2」、受注は「3」といったような、実際の業務の流れに即した順番の数字で進捗を表示させることで、各案件を商談のフェーズの順番で並べ替えやすくなります。

03

FILE：Chap5-03.xlsx

カスタム列

内容をカスタマイズした列を追加しよう

作成に手間がかかる列を一発で追加する

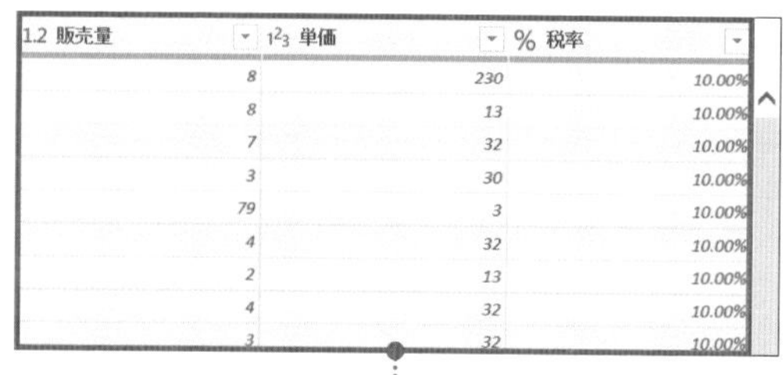

1.2 販売量	1²3 単価	% 税率
8	230	10.00%
8	13	10.00%
7	32	10.00%
3	30	10.00%
79	3	10.00%
4	32	10.00%
2	13	10.00%
4	32	10.00%
3	32	10.00%

A^B_C 年	A^B_C 月
2017	1
2017	1
2017	1
2017	1
2017	1
2017	1
2017	1
2017	1
2017	1

販売量×単価×(1+税率)の計算結果の列を追加したい

列をマージし「2017年1月」と表示する列を追加したい

複雑な指定ができる「カスタム列」

2つの値について四則演算を行うようなシンプルな計算ならば、30ページで行ったような[列の追加]タブ→[標準]機能で実現できます。しかし、複数の列を扱う場合や、式をカッコで区切るような複雑な計算の場合は手間がかかったり、実現が難しかったりします。こうした場合に活躍するのが「カスタム列」の機能です。カスタム列では、数式を自分で入力できるため、複雑な計算も、思い通りに実行して結果を表示できるのです。

またカスタム列では、計算だけでなく、列のマージやテキストの追加も可能です。

POINT：

1 複雑な計算を行う場合はカスタム列が便利

2 直接入力した計算式の結果が列として追加される

3 列のマージやテキストの挿入もできる

MOVIE：

https://dekiru.net/ytpq503

任意の数式を指定して、列を追加する

カスタム列を使用して、計算結果の列を追加しましょう。ここでは、販売量×単価×(1+税率)という計算を行い、税込売上の列を追加します。

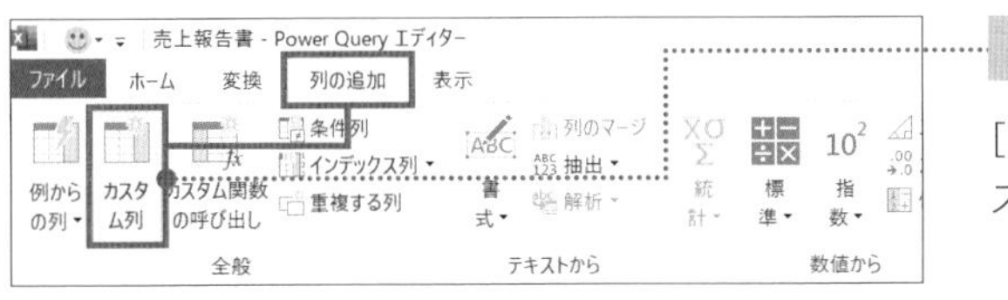

1 ［列の追加］タブ→［カスタム列］をクリック

［カスタム列］ダイアログボックスが表示された

2 ［新しい列名］に「税込売上」と入力

式を入力する際は、列名を［］で囲みます。加減乗除の記号はそれぞれ「+」「-」「*」（アスタリスク）「/」（スラッシュ）で入力します。「×」や「÷」は使わないことに注意しましょう。

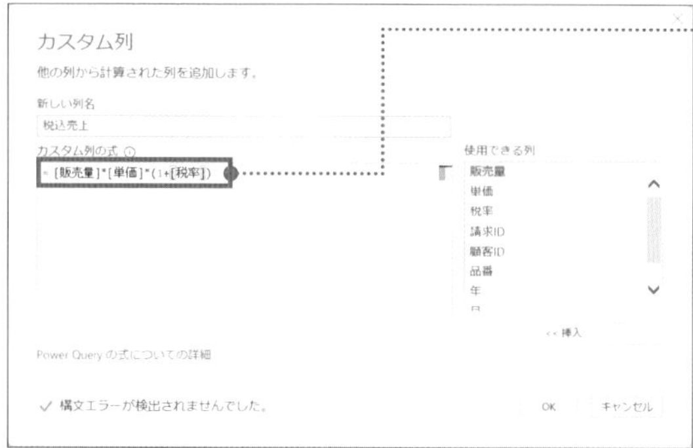

3

[カスタム列の式]に下の数式を入力

CHECK!

[使用できる列]の列名を選択して[<<挿入]ボタンをクリックするか、列名をダブルクリックすると[カスタム列の式]に列名が挿入されます。

=[販売量]*[単価]*(1+[税率])

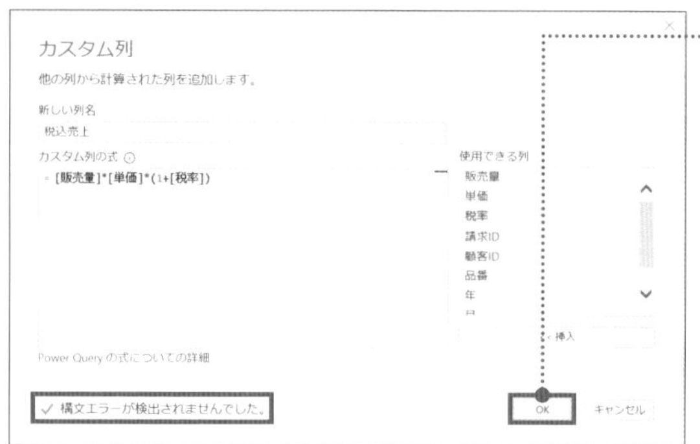

4

[OK]ボタンをクリック

CHECK!

入力欄の下に「構文エラーが検出されませんでした」と表示されていれば、正しく数式が入力できている状態です。

	1.2 販売量	1²3 単価	% 税率	税込売上
1	8	230	10.00%	2024
2	8	13	10.00%	114.4
3	7	32	10.00%	246.4
4	3	30	10.00%	99
5	79	3	10.00%	260.7
6	4	32	10.00%	140.8
7	2	13	10.00%	28.6
8	4	32	10.00%	140.8
9	3	32	10.00%	105.6
10	16	24	10.00%	422.4

計算結果を表示するカスタム列[税込売上]が追加できた

カスタム列は、こうした税率や割引率などを含めた複雑な計算を行うときに活躍します。

列のマージやテキストの挿入もカスタム列で実現

カスタム列は、列のマージなど、計算以外の用途にも使えます。ここでは例として、カスタム列で「年」と「月」の列をマージし、「2017年10月」のように表示する列を追加してみましょう。

= [年]&"年"&[月]&"月"

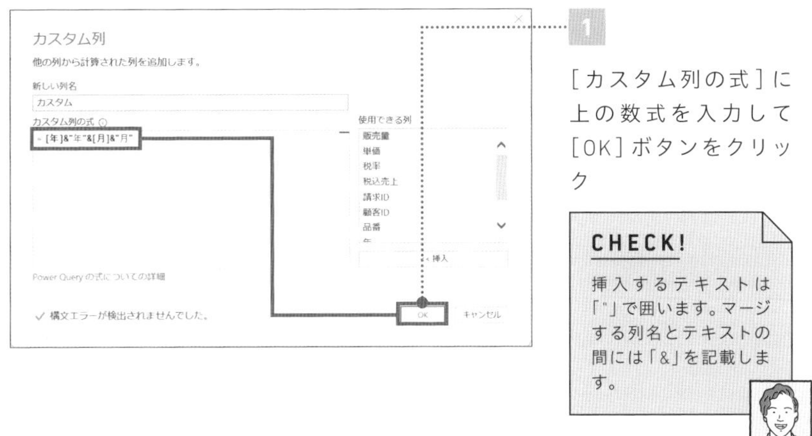

1

[カスタム列の式]に上の数式を入力して[OK]ボタンをクリック

CHECK!

挿入するテキストは「"」で囲います。マージする列名とテキストの間には「&」を記載します。

年	月	日	カスタム
2017	1	1	2017年1月
2017	1	1	2017年1月
2017	1	1	2017年1月
2017	1	1	2017年1月
2017	1	1	2017年1月
2017	1	1	2017年1月
2017	1	1	2017年1月
2017	1	1	2017年1月

指定した値のカスタム列が追加できた

標準機能で作成しようとすると非常に手間がかかる列でも、カスタム列を使えば少ない手間で作成できます。数式を扱うので難しく感じるかもしれませんが、数式のルールはそこまで複雑ではありません。このレッスンで紹介したいくつかのルールを押さえて、ぜひカスタム列を活用してみてください。

04

FILE：Chap5-04.xlsx

データ型の変換

データの型を変換してカスタム列に活用する

データ型が違う列どうしのマージ

テキスト型のデータ

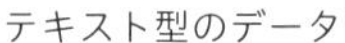

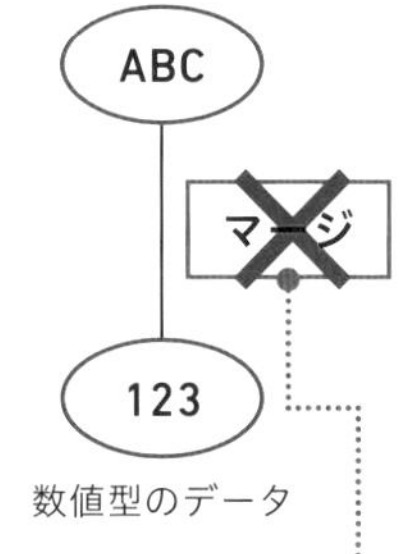

数値型のデータ

	1²3 No	AᴮC 名前
1	1	佐藤陽介
2	2	高橋俊
3	3	伊藤修平
4	4	斎藤こころ

ABC123 カスタム
1_佐藤陽介
2_高橋俊
3_伊藤修平
4_斎藤こころ

データ型が違うデータどうしをマージするとエラーになってしまう……

カスタム列の機能を使えば、データ型を変換したうえで列をマージできる！

カスタム列でデータの変換も可能

列のマージを行う場合にはデータ型に注意が必要です。違うデータ型の列どうしをマージすると、エラーになってしまうからです。たとえば、テキスト型のデータと数値型のデータをマージしようとするとエラーが発生します。

こうした場合にも、カスタム列は役に立ちます。カスタム列では、簡単な関数を用いてデータ型の変換を行ったうえで列のマージなどの操作を行うことが可能です。カスタム列の作成の方法さえ知っていれば、どんなデータ型にも変換できます。

POINT：

1 データ型が異なる列どうしをマージするとエラーになる

2 カスタム列ではデータ型の変換もできる

3 データ型をそろえたうえでマージを行う

MOVIE：

https://dekiru.net/ytpq504

データ型をテキスト型に変換してマージする

異なるデータ型の列をマージしてみましょう。ここでは、ログインIDを作成する作業を想定して、数値型の[No]列とテキスト型の[名前]列をアンダーバーで区切ってマージさせます。同時に、カスタム列の機能で、数値型の[No]列をテキスト型に変換します。

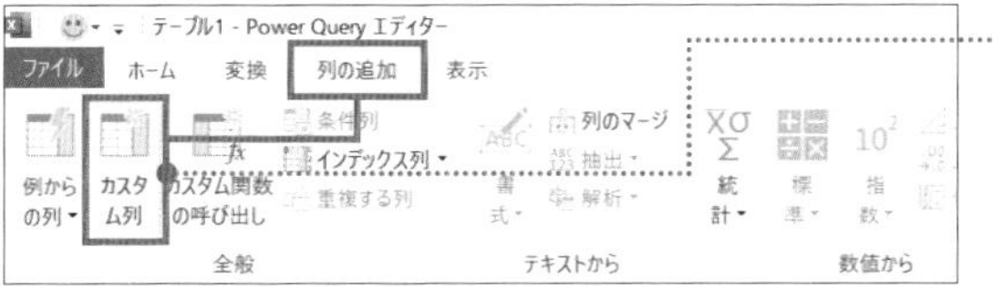

1 [列の追加]タブ→[カスタム列]をクリック

カスタム列
他の列から計算された列を追加します。
新しい列名
カスタム
カスタム列の式
= [No]&"_"&[名前]
使用できる列
No
名前
所属部署
月額給与
入社年
入社月
<< 挿入
Power Query の式についての詳細
✓ 構文エラーが検出されませんでした。
OK
キャンセル

[カスタム列]ダイアログボックスが表示された

2 [カスタム列の式]に下の数式を入力

=[No]&"_"&[名前]

CHECK!

この数式は、単に2つの列をアンダーバーで区切ってマージする内容です。次ページで、データ型を変換する方法を説明します。

CHAPTER 5 複雑なデータを一発で追加する

関数を使ってデータ型を変換する

ここまでで、列をマージさせる数式を入力できました。続けて、「Text.From」といった関数を追加して、データ型を変換させましょう。

=Text.From([No])&"_"&[名前]

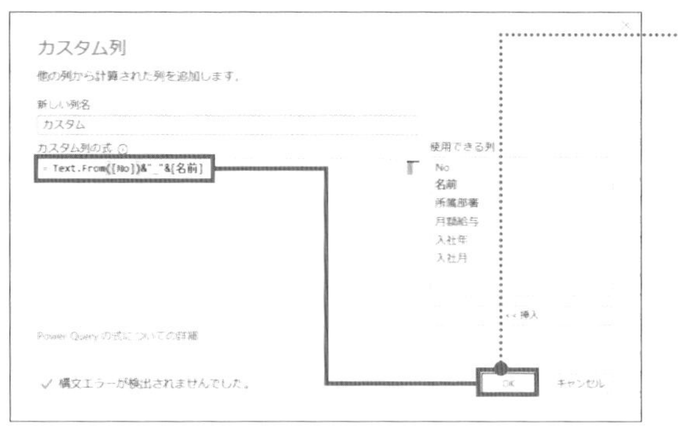

1

前ページの手順2で入力した数式の先頭に、上の数式のように「Text.From」と入力し、[No]を「( )」で囲んで[OK]ボタンをクリック

CHECK!

データ型を数値型に変換したい場合は「Number.From」、日付型に変換したい場合は「#date」とそれぞれ、変換したい列名の直前に入力します。列名は「( )」で囲います。

CHECK!

ここで入力する「Text.From」などの関数は、関数の名前を途中まで入力すると、右の画面のように予測候補が表示されます。候補を選択すると入力が確定されます。

```
Text.From([No])&"_"&[名前])
```

	入社月	カスタム
2014	8	1_佐藤 陽介
1992	11	2_高橋 俊
2012	8	3_伊藤 修平
2020	12	4_斎藤 こころ
2007	6	5_山田 祥子

テキスト型に変換した[No]列と、テキスト型の[名前]列をアンダーバーで区切ってマージした[カスタム]列を追加できた

理解を深めるHINT

パワークエリにおける関数の役割

さて、なんだか難しそうな「関数」が出てきました。もっとも、やること自体はシンプルです。ようするに、自分がやりたいデータの整形作業を数式で書けるということです。たとえばExcelにはSUM関数という関数があります。あれは、足し算がしたいときに使うもの。それと同じように、パワークエリでやりたい計算や統計などを行う機能が一通り「関数」として用意されています。

パワークエリでは「列」のことを「リスト」と呼びます。たとえば、ある特定の列に含まれている項目の数を出したいとしましょう。やりたいことは明確です。そんなときは、Microsoft社の関数のリファレンスを参照してみましょう。すると、List.Count関数が見つかりました。List.Count関数の紹介ページには具体的な利用方法も記載されています。後は、皆さんが実際にパワークエリの数式バーで実際に手を動かしてみるだけです。この繰り返しで、パワークエリの関数とも仲よくなれるはずです。

Microsoft社のリファレンスは以下からアクセスできます。
https://learn.microsoft.com/ja-jp/powerquery-m/

もちろん、関数を使わずに整形作業を行えるならそれに越したことはありません。新たに実行したい整形操作がある場合、まずはマウスで行える基本操作の組み合わせで実現できないかを考え、それが難しい場合にのみ、関数の使用を検討するとよいでしょう。

COLUMN

業務改善で成長を実感しよう

パワークエリで業務を改善できるようになると、皆さんは自分が成長したと感じるかもしれません。仕事で成長を実感できるのは、大切なことです。

そもそも成長するって、どういうことなのでしょうか。私は、成長というのは物事に対処する力が拡大することだと思います。さまざまな経験を通じて、身の回りのことがよく理解できるようになると、自分に降りかかる事態に対処できる能力が向上します。たとえばパワークエリを使いこなせるようになれば、大量のデータ集計も短時間でできるようになります。こうして物事に対処できる領域が広がると、何が起きても大丈夫だと感じ、私たちは安心できるようになります。

こんなふうに、成長しているかどうかは、「安心」という自分の気持ちに目を向けてみると理解できるのではないかと思います。そして、成長するためには、努力をして能力を拡大する必要があるわけです。

ただし、この「努力」というのが曲者です。つまり、努力すれば成長できるかというと、そういうわけでもない。つまり、「意味のある努力」をしないと、成長している実感は得られないのです。たとえば、「この仕事に何の意味があるんだろう？」と思っている業務について必死に努力しても、成長はできないですよね？ 自分の身の回りで「意味のあること」を探したうえで、それに対処できる能力を拡大するために頑張ることが成長につながるのです。

業務改善のためにパワークエリの学習をすることは「意味のある努力」の1つと考えていいでしょう。そして、実際に業務を改善できたら、対処できる能力が広がったわけだから、成長を実感できる。そうして成長の瞬間が皆さんにたくさん訪れると「私は大丈夫」という安心をより多く感じることができるはずだし、それが自信にもなっていくはずです。小さなことかもしれない。でも、皆さんに「今日も成長したな！」と感じてほしい。本書でパワークエリについて学んだことが、その一助になれば、私はとても嬉しいです。

CHAPTER 6

自分好みのデータを作成する

01

FILE：Chap6-01.xlsx

グループ化

グループ化して項目ごとにデータを集計する

指定した項目ごとにデータを集計する

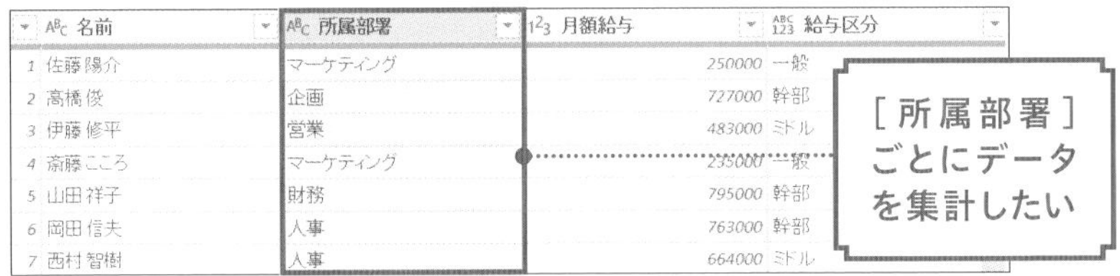

	名前	所属部署	月額給与	給与区分
1	佐藤陽介	マーケティング	250000	一般
2	高橋俊	企画	727000	幹部
3	伊藤修平	営業	483000	ミドル
4	斎藤こころ	マーケティング	235000	一般
5	山田祥子	財務	795000	幹部
6	岡田信夫	人事	763000	幹部
7	西村智樹	人事	664000	ミドル

グループ化

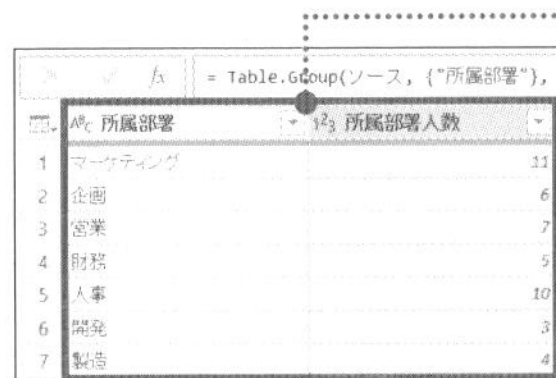

= Table.Group(ソース, {"所属部署"},

	所属部署	所属部署人数
1	マーケティング	11
2	企画	6
3	営業	7
4	財務	5
5	人事	10
6	開発	3
7	製造	4

所属部署ごとの人数を集計

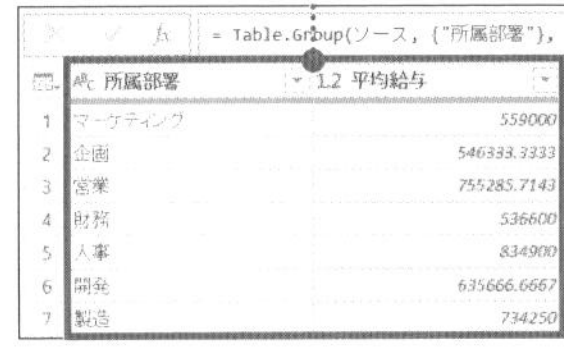

= Table.Group(ソース, {"所属部署"},

	所属部署	平均給与
1	マーケティング	559000
2	企画	546333.3333
3	営業	755285.7143
4	財務	536600
5	人事	834900
6	開発	635666.6667
7	製造	734250

所属部署ごとの平均給与を集計

所属部署ごとの人数や、平均給与を集計できた

データ集計で活躍する「グループ化」

パワークエリの「グループ化」を使えば、列を基準としてデータをひとまとまりのグループとして扱えます。たとえば「所属部署」列でグループ化すると、所属部署A、所属部署Bといった部署単位での集計を簡単に行えます。このレッスンでは、グループ化を使ってできる集計の例として以下の3つの集計を行います。

- 所属部署ごとの人数
- 所属部署ごとの、各給与区分の人数
- 所属部署ごとの月額給与の平均

POINT：

1 「グループ化」で項目ごとの集計を行える

2 複数の列を指定してグループ化することも可能

3 数値型のデータは平均や最大値、最小値などを求められる

MOVIE：

https://dekiru.net/ytpq601

新規でグループ化する

グループ化は、集計用の列の作成とセットで行います。ここでは［所属部署］列をグループ化し、部署ごとの人数を集計する［所属部署人数］列を新規で作成しましょう。

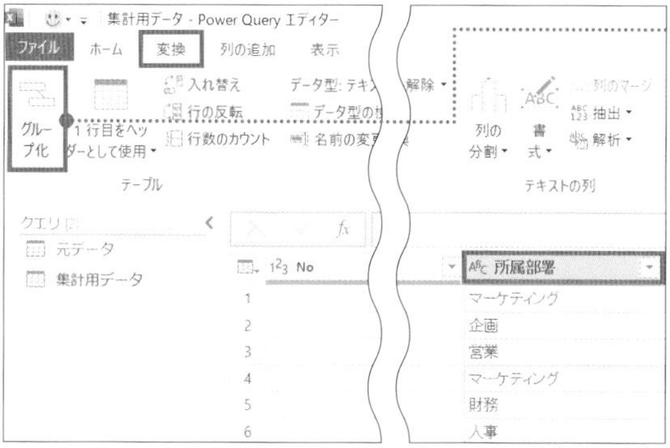

1 ［所属部署］列を選択して［変換］タブ→［グループ化］をクリック

［グループ化］ダイアログボックスが表示された

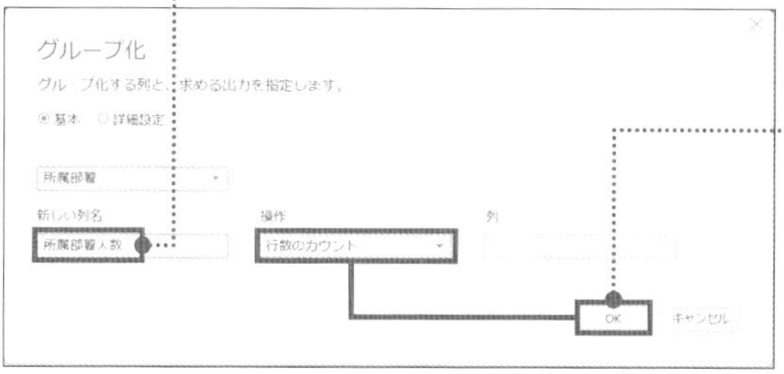

2 ［新しい列名］に「所属部署人数」と入力

3 ［操作］が［行数のカウント］になっていることを確認して［OK］ボタンをクリック

［操作］から行いたい集計方法を選択します。今回は列に含まれる値の数を数えたいので、［行数のカウント］を選択しています。

CHAPTER 6 自分好みのデータを作成する

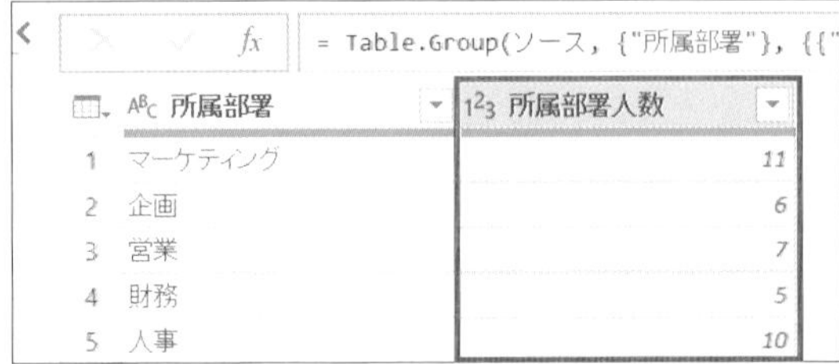

[所属部署]列がグループ化され、所属部署ごとに人数をカウントした列を追加できた

複数の列をグループ化する

2つ以上の列をグループ化して、さらに細かく集計することも可能です。ここでは、前の手順で集計した「所属部署ごとの人数」を、さらに「所属部署ごとの給与区分」でグループ化して人数を求めましょう。2つ以上の列をグループ化する場合は、[グループ化]ダイアログボックスの[詳細設定]から操作します。

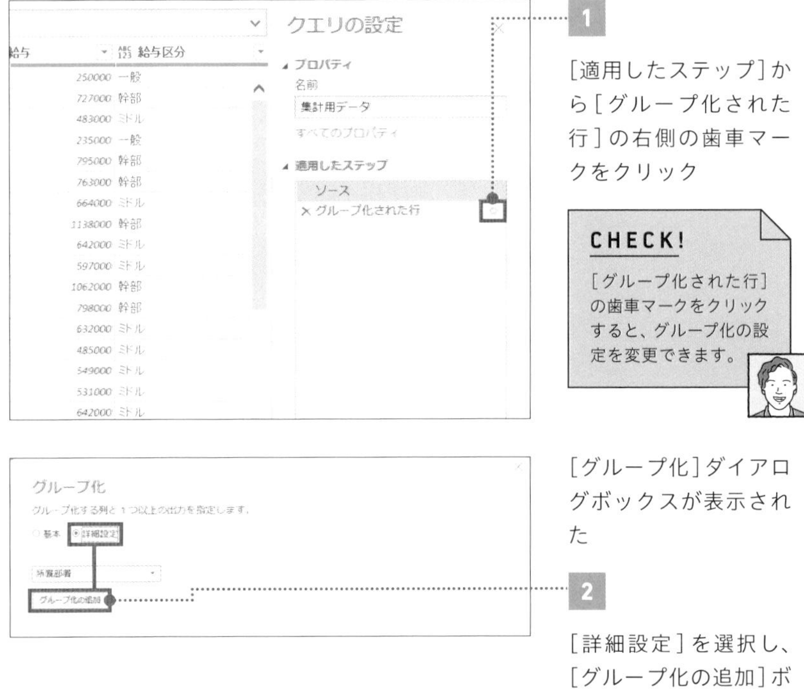

1 [適用したステップ]から[グループ化された行]の右側の歯車マークをクリック

CHECK!
[グループ化された行]の歯車マークをクリックすると、グループ化の設定を変更できます。

[グループ化]ダイアログボックスが表示された

2 [詳細設定]を選択し、[グループ化の追加]ボタンをクリック

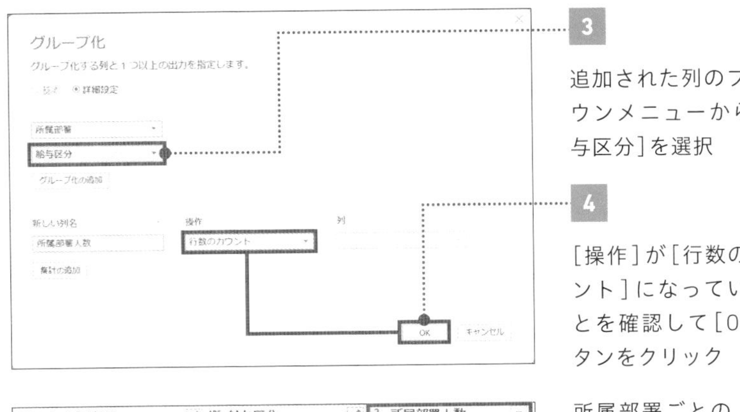

3 追加された列のプルダウンメニューから[給与区分]を選択

4 [操作]が[行数のカウント]になっていることを確認して[OK]ボタンをクリック

	所属部署	給与区分	所属部署人数
1	マーケティング	ミドル	3
2	マーケティング	一般	4
3	マーケティング	幹部	4
4	人事	ミドル	2
5	人事	一般	1
6	人事	幹部	7

所属部署ごとの、各給与区分の人数を示す列を追加できた

理解を深めるHINT

グループ化と同時に平均値などを求める

数値型の列を指定して、平均や合計、最大値や最小値を求める操作も[グループ化]で行えます。下の画面のように[グループ化]ダイアログボックスの[操作]で、求めたい値を選択しましょう。

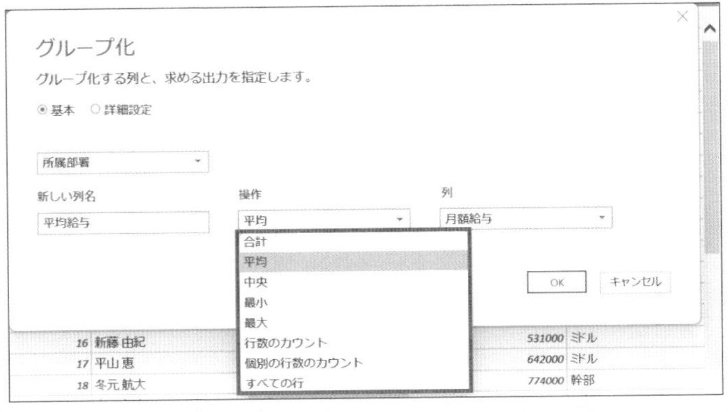

02

FILE：Chap6-02.xlsx

列のピボット解除

複数の列に分かれたデータを1列にまとめよう

BEFORE

会社名	2017	2018	2019	2020	合計
サンテック株式会社	81,066	56,268	115,118	32,630	285,082
株式会社BASE	149,845	217,359	197,774	50,343	615,321
株式会社INFINITY	77,533	57,710	135,258	51,206	321,707
株式会社ING	89,868	73,064	108,503	23,314	294,749
株式会社K&T			26,607	22,129	48,736
株式会社M&S	87,743	67,716	71,905	30,585	257,949
株式会社MSC	137,474	229,743	148,071	87,004	602,292
株式会社MST	45,372	49,782	67,871	31,329	194,354
株式会社ONE	62,197	55,846	101,911	32,259	252,213
株式会社Rise				54,874	54,874
株式会社S&S	60,721	38,314	96,926	33,411	229,372
株式会社SENSE	61,197	120,297	108,392	55,075	344,961
株式会社アイアール	59,702	52,621	89,071	32,752	234,146
株式会社アイコーポレーション	79,714	94,515	99,575	39,896	313,700

年ごとの売り上げデータが、複数の列にまたがってしまっている状態

AFTER

会社名	属性	値
サンテック株式会社	2017	81066
サンテック株式会社	2018	56268
サンテック株式会社	2019	115118
サンテック株式会社	2020	32630
株式会社BASE	2017	149845
株式会社BASE	2018	217359
株式会社BASE	2019	197774
株式会社BASE	2020	50343
株式会社INFINITY	2017	77533
株式会社INFINITY	2018	57710
株式会社INFINITY	2019	135258
株式会社INFINITY	2020	51206
株式会社ING	2017	89868
株式会社ING	2018	73064

売り上げデータを1つの列に集約できた

複数列で横に並んでいるデータを縦に並べ替える

上のBEFORE画面では、2017年、2018年……と年ごとの売り上げデータの列が横に並んでいます。一見すると見やすい形式の表ですが、この状態では、売り上げデータが複数の列に分かれているため、フィルターでの絞り込みや、ピボットテーブルでの分析が行えません。複数列で横に並んでいるデータを1つの列に集約する操作が必要になりますが、パワークエリではこの操作を「列のピボット解除」と呼ぶ機能で一発で実行できます。

POINT：

1. 同じ項目のデータは１つの列にまとめることで扱いやすくなる
2. 「列のピボット解除」でデータを１つの列に集約できる
3. 不要な行は、列のピボット解除後にフィルターで削除する

MOVIE：

https://dekiru.net/ytpq602

列のピボット解除を行う

列のピボット解除を行い、複数列にまたがったデータを扱いやすいデータ形式に変換しましょう。今回の例では、2017、2018……といった年を示す列を対象にしてピボット解除を行います。

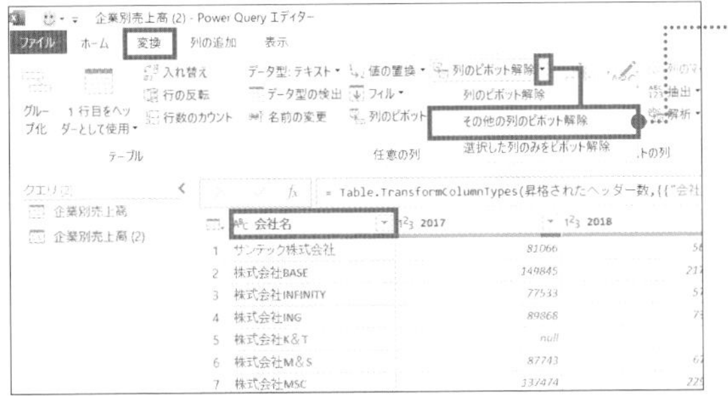

1 ［会社名］列を選択して［変換］タブ→［列のピボット解除］→［その他の列のピボット解除］をクリック

CHECK!

［会社名］以外のすべての列を選択して［列のピボット解除］→［列のピボット解除］をクリックしても同様の操作が可能です。

```
= Table.UnpivotOtherColumns(変更された型1, {"会社名"}, "属性"
```

	会社名	属性	値
1	サンテック株式会社	2017	81066
2	サンテック株式会社	2018	56268
3	サンテック株式会社	2019	115118
4	サンテック株式会社	2020	32630
5	サンテック株式会社	合計	285082
6	株式会社BASE	2017	149845
7	株式会社BASE	2018	217359
8	株式会社BASE	2019	197774
9	株式会社BASE	2020	50343
10	株式会社BASE	合計	615321

売り上げデータが1つの列に集約された

データを1つの列に集約できましたね。ただ、年のデータの中に「合計」という不要なデータが含まれています。こうしたデータの処理について次ページで解説します。

不要な行をフィルターする

「列のピボット解除」で変換したデータに、不要な行が含まれている場合は削除する必要があります。たとえばここまで作成したデータでは、年の列に「合計」という値が含まれています。「集計のための行が含まれていない」ことはパワークエリのデータセットの条件なので、そうした行はフィルターなどで削除します。

1

[属性]列の▼をクリック

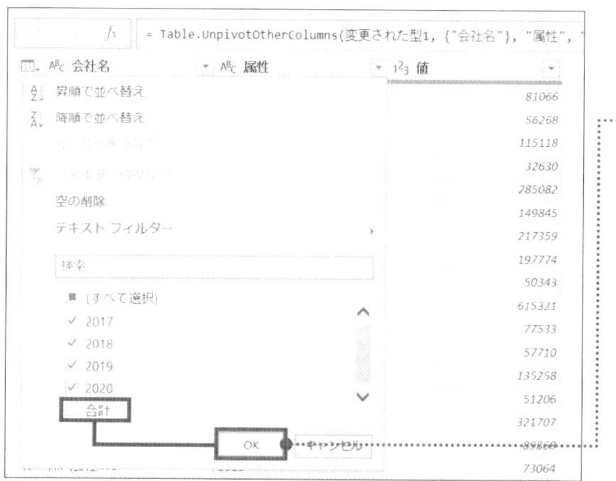

フィルターの設定画面が表示された

2

[合計]のチェックを外して[OK]ボタンをクリック

フィルターで[合計]の行を非表示にできた

ここまで行った整形により、1つの項目が複数の列に分散せず、集計の行が含まれない理想的なデータセットに変更できました。こうした形式なら、データの集計を簡単に行えます。

CHECK!

「列のピボット解除」には、右の画面のように3種類の解除方法があります。

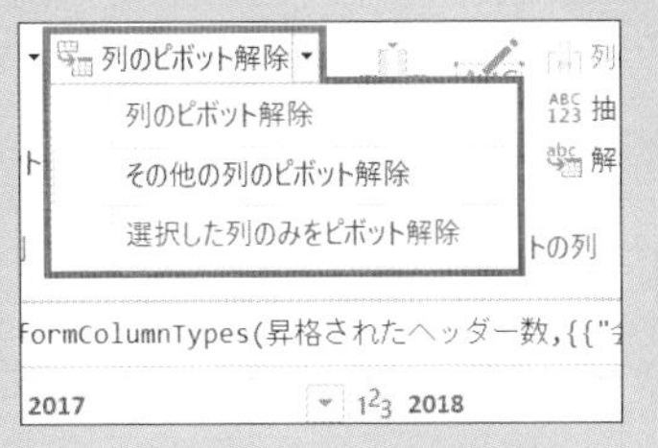

- **列のピボット解除**
  選択している列がピボット解除（1つの列に集約）されます。

- **その他の列のピボット解除**
  選択した列以外の列をすべてピボット解除します。

- **選択した列のみをピボット解除**
  選択した列がピボット解除されます。新たに列が増えて更新を実行する場合、追加された列はピボット解除されません。

理解を深めるHINT

列のピボット解除の必要性

列のピボット解除の機能はデータを「テーブル形式」（42ページ参照）にするというものです。テーブル形式にデータを変換しておくと、たとえばデータを社内の基幹システムに取り込むことや、分析ソフトにデータをインポートすることも可能になります。

逆に、列のピボット解除をしていないデータは単なる「表」でしかないので、フィルターでの絞り込みやピボットテーブルでの分析ができず、表という枠組みの中でグラフを生成する程度のことしかできなくなってしまいます。列のピボット解除は、ほかのシステムへの連携や分析の幅を広げるためにも、必須のパワークエリスキルだといってよいでしょう。

03

FILE：Chap6-03.xlsx

日付／期間

年月日の日付データから、欲しい情報を抽出しよう

日付データを自在に抽出できる

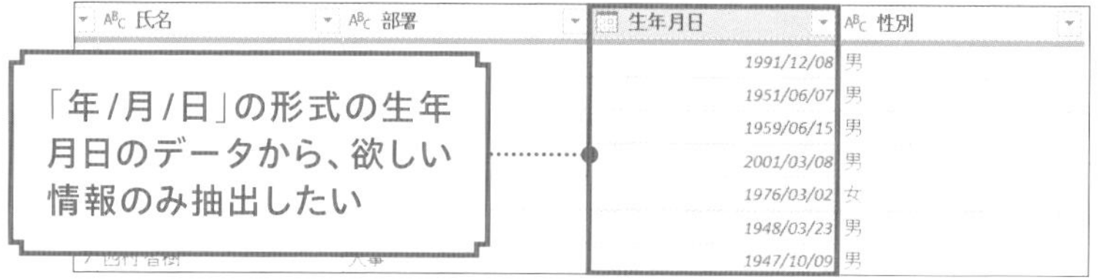

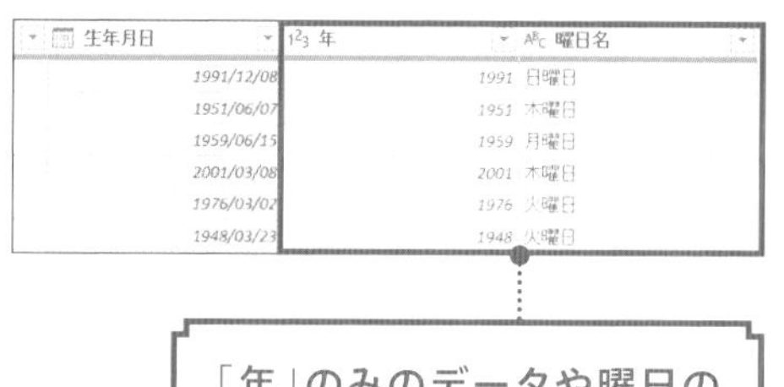

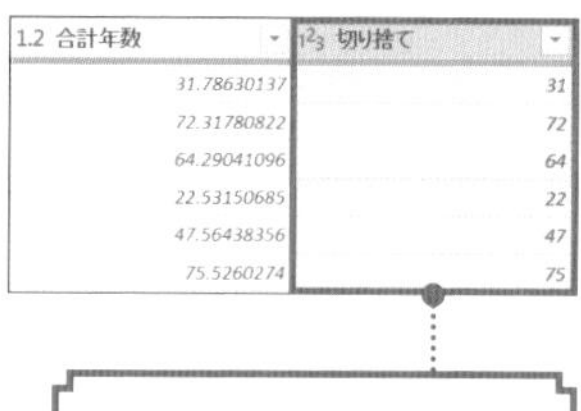

日付に関するデータを簡単に取り出す

パワークエリでは「1991/12/08」などといった日付形式のデータから「年のデータのみ取り出す」「曜日を追加する」「年齢を求める」といった操作ができます。ExcelではYEAR関数やTEXT関数、DATEDIF関数といった関数を利用しますが、パワークエリなら関数の入力は必要ありません。簡単なマウス操作だけで、日付に関するデータの取り出しが可能です。

POINT：

1. 年月日の形式のデータから、さまざまな情報を取り出せる
2. 年のみのデータや、曜日名の列を追加できる
3. 生年月日のデータから、年齢を取り出すことも可能

MOVIE：

https://dekiru.net/ytpq603

年月日のデータから、年のデータと曜日を取り出す

日付データの列を選択し、[列の追加]タブ→[日付]から取り出したいデータを指定することで、指定したデータを取り出せます。ここでは、年のデータと、曜日を取り出します。

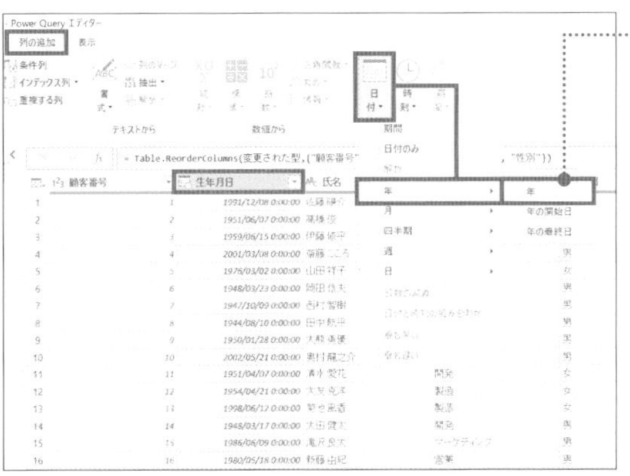

1 [生年月日]列を選択して[列の追加]タブ→[日付]→[年]→[年]をクリック

CHECK!

[日付]から[月]や[日]をクリックすれば、月や日それぞれのデータを追加できます。

te.Year([生年月日]), Int64.Type)

生年月日	年
1991/12/08	1991
1951/06/07	1951
1959/06/15	1959
2001/03/08	2001
1976/03/02	1976
1948/03/23	1948
1947/10/09	1947
1944/08/10	1944

年のみのデータの列を追加できた

CHECK!

この操作を行うと自動的に列が追加されます。

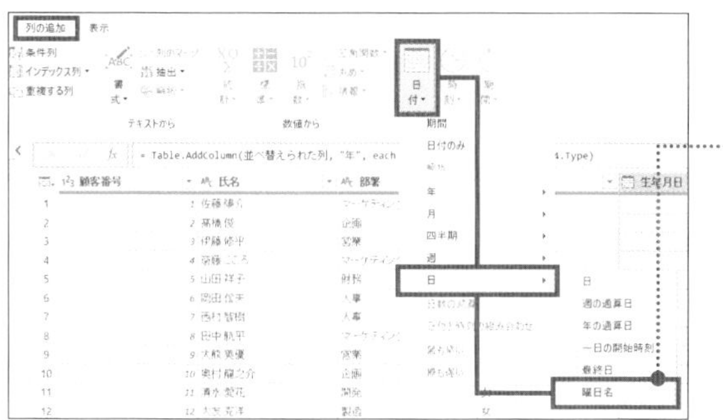

[生年月日]列を選択しておく

2

[列の追加]タブ→[日付]→[日]→[曜日名]をクリック

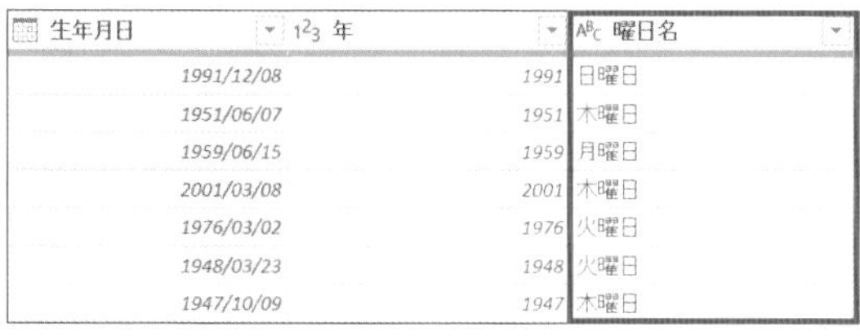

生年月日	年	曜日名
1991/12/08	1991	日曜日
1951/06/07	1951	木曜日
1959/06/15	1959	月曜日
2001/03/08	2001	木曜日
1976/03/02	1976	火曜日
1948/03/23	1948	火曜日
1947/10/09	1947	木曜日

[生年月日]列の日付に対応した曜日名の列を追加できた

生年月日から年齢を求める

日付データを指定して、その日付からどれだけ期間が経っているか求めることも可能です。ここでは、生年月日から年齢を求めます。仕様上、期間を求めると日数で出力されてしまうため、日数を年数に変換する必要があります。また年齢に小数点以下の情報は不要なので、切り捨てを行います。

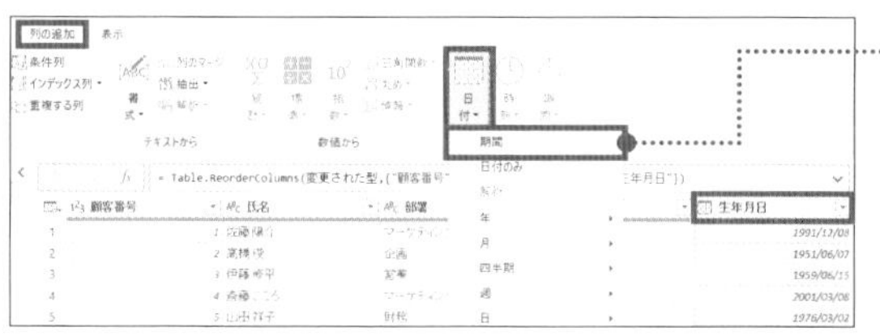

1

[生年月日]列を選択して[列の追加]タブ→[日付]→[期間]をクリック

性別	生年月日	期間
男	1991/12/08	11602.00:00:00
男	1951/06/07	26396.00:00:00
男	1959/06/15	23466.00:00:00
男	2001/03/08	8224.00:00:00
女	1976/03/02	17361.00:00:00
男	1948/03/23	27567.00:00:00
男	1947/10/09	27733.00:00:00
男	1944/08/10	28888.00:00:00

生年月日から現在までの日数を示す列が追加された

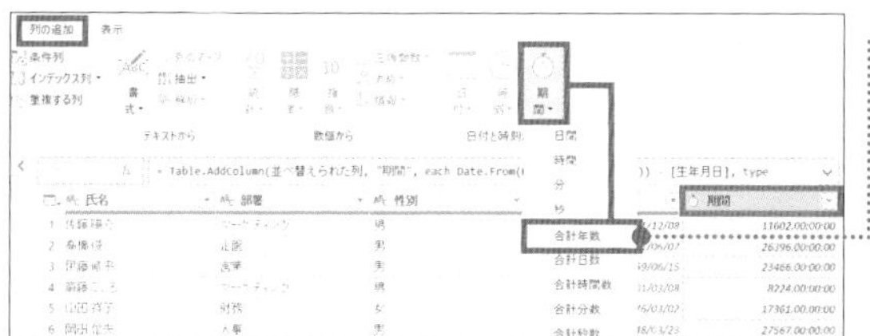

2

［期間］列を選択して［列の追加］タブ→［期間］→［合計年数］をクリック

生年月日	期間	1.2 合計年数
1991/12/08	11602.00:00:00	31.78630137
1951/06/07	26396.00:00:00	72.31780822
1959/06/15	23466.00:00:00	64.29041096
2001/03/08	8224.00:00:00	22.53150685
1976/03/02	17361.00:00:00	47.56438356
1948/03/23	27567.00:00:00	75.5260274
1947/10/09	27733.00:00:00	75.98082192
1944/08/10	28888.00:00:00	79.14520548

日数のデータを年数に置き換えた列が追加された

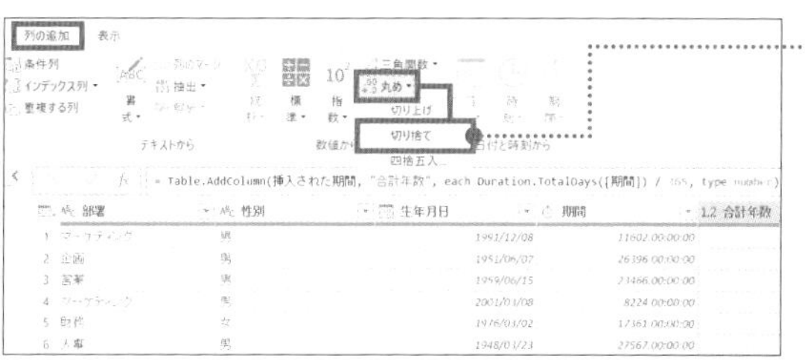

3

［列の追加］タブ→［丸め］→［切り捨て］をクリック

生年月日	期間	1.2 合計年数	1²3 切り捨て
1991/12/08	11602.00:00:00	31.78630137	31
1951/06/07	26396.00:00:00	72.31780822	72
1959/06/15	23466.00:00:00	64.29041096	64
2001/03/08	8224.00:00:00	22.53150685	22
1976/03/02	17361.00:00:00	47.56438356	47
1948/03/23	27567.00:00:00	75.5260274	75
1947/10/09	27733.00:00:00	75.98082192	75
1944/08/10	28888.00:00:00	79.14520548	79
1950/01/28	26891.00:00:00	73.6739726	73
2002/05/21	7785.00:00:00	21.32876712	21
1951/04/07	26457.00:00:00	72.48493151	72
1954/04/21	25347.00:00:00	69.44383562	69
1998/06/12	9224.00:00:00	25.27123288	25
1948/03/17	27573.00:00:00	75.54246575	75
1986/06/09	13610.00:00:00	37.28767123	37
1980/05/18	15823.00:00:00	43.35068493	43
1999/06/09	8862.00:00:00	24.27945205	24
1989/02/10	12633.00:00:00	34.6109589	34
2002/03/21	7846.00:00:00	21.49589041	21
1950/09/12	26664.00:00:00	73.05205479	73

小数点以下が切り捨てられた年齢の列を追加できた

ExcelでもDATEDIF関数などを活用すれば生年月日から年齢を割り出せますが、パワークエリは関数を自分で打たずに年齢を求められ、かつ自動化できるのがメリットです。

理解を深めるHINT

[日付][時刻]の機能を知ろう

[列の追加]タブの[日付][時刻]には非常に多くの機能があり、このレッスンで使用したものはごく一部だけです。ここでは、[日付][時刻]の機能をまとめます。皆さんの業務に合わせて使い分けてください。

日付

「2023/10/26 15:26:10」といった形式のデータから、年、月、四半期、週、日といった日付に関するデータを取り出せます。

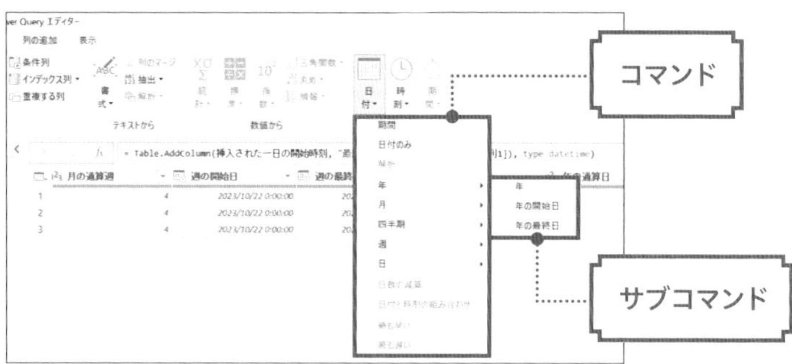

「2023年10月26日 15時26分10秒」のデータを選択して、「2023年10月26日 15時53分25秒」に各機能を用いたときの出力例は以下の通りです。

[日付の機能]

コマンド	サブコマンド	取り出す値	出力例
期間		現在の日付・時刻と、選択した日付の間の期間を「日.時:分:秒」の形式で取り出す	0.00:27:15
日付のみ		日付の値のみ	2023/10/26
年	年	年の値のみ	2023
	年の開始日	年の開始日時	2023/1/1 00:00:00

コマンド	サブコマンド	取り出す値	出力例
年	年の終了日	年の終了日時	2023/12/31 23:59:59
月	月	月の値のみ	10
	月の開始日	月の開始日時(1日)	2023/10/1 00:00:00
	月の最終日	月の終了日時(30日、31日など)	2023/12/31 23:59:59
	月内の日数	月の総日数	31
	月の名前	月の名前	10月
四半期	年の四半期	第何四半期か	4
	四半期の開始日	四半期の開始日時(1日)	2023/10/1 00:00:00
	四半期の終了日	四半期の終了日時(30日、31日など)	2023/12/31 23:59:59
週	年の通算週	年の何週目か	43
	月の通算週	月の何週目か	4
	週の開始日	週の開始日時(日曜日)	2023/10/22 00:00:00
	週の終了日	週の終了日時(土曜日)	2023/10/28 23:59:59
日	日	日の値のみ	26
	週の通算日	週の何日目か	4
	年の通算日	年の何日目か	299
	一日の開始時刻	日付の開始時刻(0時0分0秒)	2023/10/26 00:00:00
	最終日	日の最終時刻(23時59分59秒)	2023/10/26 23:59:59
	曜日名	曜日の名前	木曜日

▶ 時刻

「2023/10/26 15:26:10」といった形式のデータから、時、分、秒といった時刻に関するデータを取り出せます。

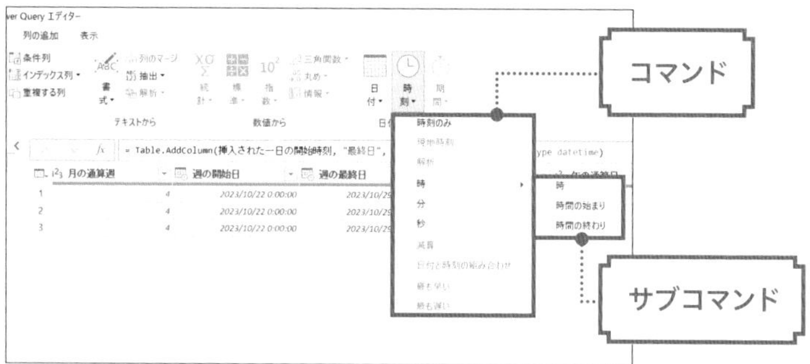

「2023年10月26日 15時26分10秒」のデータを選択して、各機能を用いたときの出力例は以下の通りです。

[時刻の機能]

コマンド	サブコマンド	取り出す値	出力例
時刻のみ		日付をのぞいた時刻のみ	15:26:10
時	時	時間のみ	15
	時間の始まり	その時間の開始時刻	2023/10/26 15:00:00
	時間の終わり	その時間の終了時刻	2023/10/26 15:59:59
分		分のみ	26
秒		秒のみ	10

理解を深めるHINT

日付や時刻ごとのデータを取り出して分析する

売り上げデータから「商品がよく売れる月は何月か？」「1日の中で、商品がよく売れる時刻は何時か？」といった分析をしたい場合、パワークエリの「日付」と「時刻」の機能が活躍します。

たとえば「2023年10月10日15時26分10秒に商品Aが売れた」という売り上げデータが大量にあるとします。このデータそのままでは、月ごとや時刻ごとの分析に使うのは難しいので、まずは[列の追加]タブの[日付]→[月]、または[時刻]→[時]から、商品が売れた月や時刻の列を追加します。その後、追加された「月」や「時」の列を選択してグループ化（182ページ参照）を実行すれば、「月ごとの売り上げ合計」「時間ごとの売り上げ合計」を求められます。ここまで整形できれば、売り上げの分析にそのまま使えるデータになります。

売り上げデータが新しく追加された場合の対応も簡単です。パワークエリで、日付や時刻の抽出とグループ化を行った場合、整形の内容はクエリに記録されます。新しい売り上げデータが追加された場合でも、[更新]ボタンをワンクリックするだけで、新しい売り上げデータを含めた「月ごとの売り上げ合計」などを出力できます。

```
= Table.Group(挿入された月, {"月"}, {{"売り上げ合計",
```

	1²3 月	1.2 売り上げ合計
1	2	337612
2	3	338123
3	4	313731

グループ化で月の売り上げ合計を求めた例

何も整形されていない生のデータは、そのままでは分析に使いにくいことがよくあります。データ分析をする場合には、まず「パワークエリを利用して、データを分析しやすい形式に整形できないか？」と考えて整形を行うと、データ分析の前準備にかかる手間がぐっと減らせますよ。

04

ロケールを使用

FILE：Chap6-04.xlsx

海外で作成された日付データを変換する

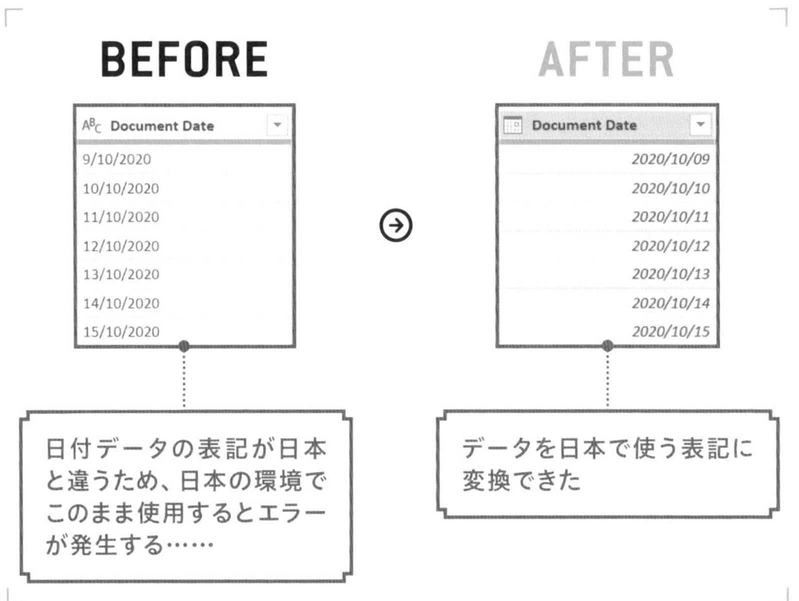

海外と日本のデータの表記の違い

Excelは世界各国で使われていますが、国や地域によってデータの表記方法が異なります。わかりやすい例だと、日本では、2020年10月11日の日付を「2020/10/11」のように表現しますが、ドイツでは「11/10/2020」と表現します。そのため、海外の支社や取引先から共有されたデータをそのまま日本で使おうとすると、エラーが発生することがあります。このレッスンでは、パワークエリでデータを日本の形式に変換し、こうしたエラーを予防する方法を解説します。

POINT：

1 海外のExcelデータは
日本のものと形式が違う場合がある

2 形式が違うデータを使うと
エラーが発生するおそれがある

3 「ロケールを使用」機能で、
日本の形式に変換できる

MOVIE：

https://dekiru.net/ytpq604

「ロケールを使用」で変換を行う

パワークエリの「ロケールを使用」機能で、データが作成された地域を選択することで、データを変換できます。ここでは、ドイツで作成されたデータを例に「ロケールを使用」で変換を行います。

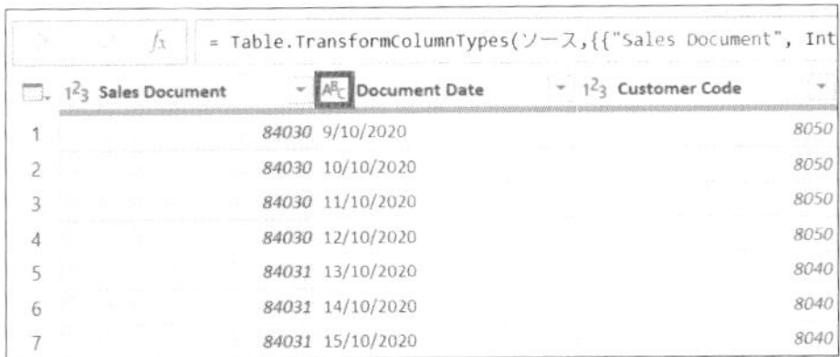

海外の形式のデータをパワークエリに取り込んだ状態

CHECK!

日本のパワークエリは、ドイツの形式で表現されたデータを日付と認識せず、「ABC（テキスト）」型になっています。

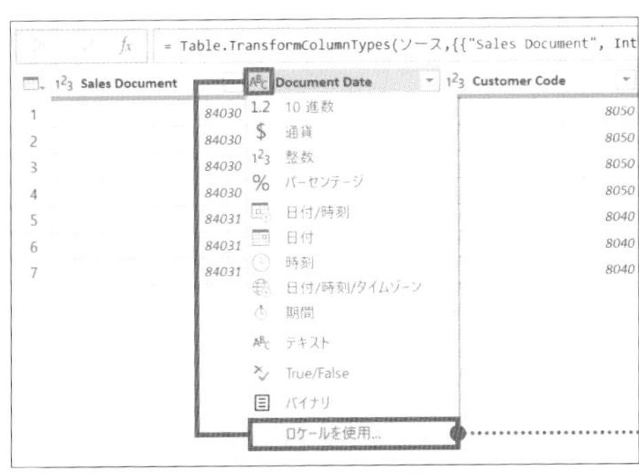

1 変換したい列のヘッダーのデータ型のマークをクリックして［ロケールを使用］をクリック

ロケールによる型の変更

データ型を変更し、元のロケールを選択します。

データ型

テキスト

ロケール

日本語 (日本)

OK　キャンセル

［ロケールによる型の変更］ダイアログボックスが表示された

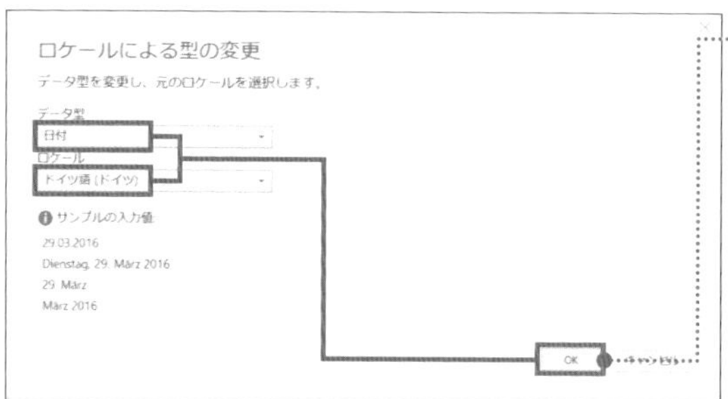

2

[データ型]は[日付]、[ロケール]は[ドイツ語(ドイツ)]を選択して[OK]ボタンをクリック

CHECK!

[ロケール]は、そのデータが作成された国や地域を選択します。

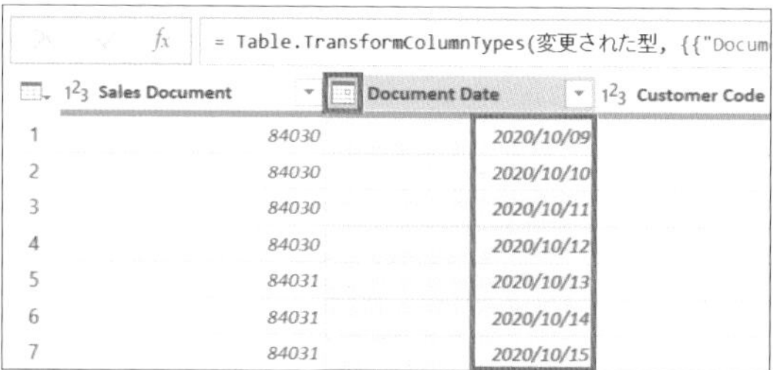

	Sales Document	Document Date	Customer Code
1	84030	2020/10/09	
2	84030	2020/10/10	
3	84030	2020/10/11	
4	84030	2020/10/12	
5	84031	2020/10/13	
6	84031	2020/10/14	
7	84031	2020/10/15	

日付データが日本の表記に変換され、データ型も[日付]に変更された

CHECK!

海外で作成されたデータの型を変換する場合、データ型の変換機能を使って変換するとエラーが発生する場合があります。そのため、海外で作成されたデータの型は「ロケールを使用」機能で変換しましょう。
右の画面は、「ロケールを使用」を使わずにデータ型を変換して、エラーが発生してしまった例です。

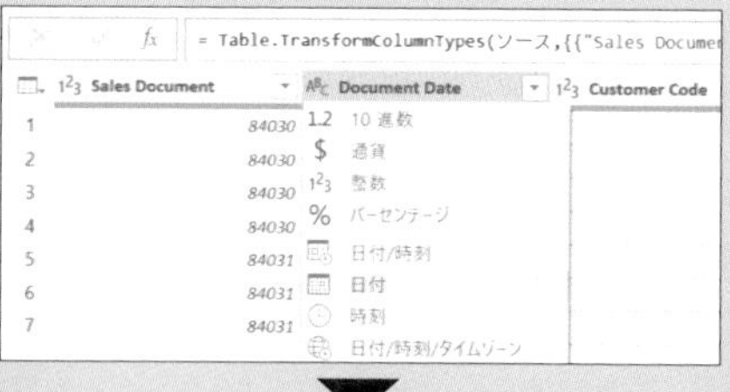

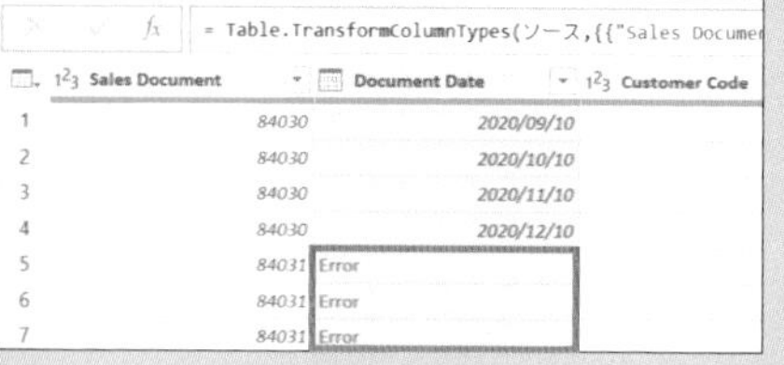

	Sales Document	Document Date	Customer Code
1	84030	2020/09/10	
2	84030	2020/10/10	
3	84030	2020/11/10	
4	84030	2020/12/10	
5	84031	Error	
6	84031	Error	
7	84031	Error	

理解を深めるHINT

データの表記は各国で異なる

日本国内で作成されたファイルを扱っているときは意識する必要はありませんが、海外で作成されたファイルを扱う場合は日付や時刻の表記に気をつける必要があります。
たとえば、日本では日付の表示形式は「年/月/日」になりますが、アメリカでは「月/日/年」という形式になりますし、イギリスでは「日/月/年」という形式になります。また、Excel上の時刻の表記についても日本は24時間表記なので午後3時は15:00と表示されますが、アメリカは12時間表記になりますから、午後3時は3:00PMと表示されます。
このように、各国の表示形式が異なるため、エラーが発生しないように、表記を統一してデータを処理する必要があります。このとき利用できるのがこのレッスンで紹介したロケールです。
このレッスンでは日付データについてロケールを使用しましたが、それ以外のデータについてもロケールは利用できます。
たとえば、数値データについては日本では「123,456.78」(3桁ごとにコンマで区切り、小数点はピリオド)といった表記になります。一方、わかりやすい国を例にあげるとドイツでは「123.456,78」(3桁ごとにピリオドで区切り、小数点はコンマ)となり、コンマとピリオドの表記が日本と異なります。このような表記の違いも、ロケールで解消できます。
海外の取引先や社員の方とデータを共有するときは、ぜひロケールを利用してください。

	A	B	C
1	name	start	end
2	smith	9:00 AM	5:30 PM
3	john	10:00 AM	5:30 PM
4	taylor	8:30 AM	5:15 PM
5	baker	9:00 AM	5:45 PM

アメリカでの時刻表記の例

05

日付データの作成

FILE：Chap6-05.xlsx

「年」「月」「日」ばらばらのデータから日付データを作成しよう

列のマージを活用した日付データ作成

「年」「月」「日」のデータがそれぞれ別の列にあり、日付データとして使えない……

年	月	日
1991	12	8
1951	6	7
1959	6	15
2001	3	8
1976	3	2
1948	3	23
1947	10	9

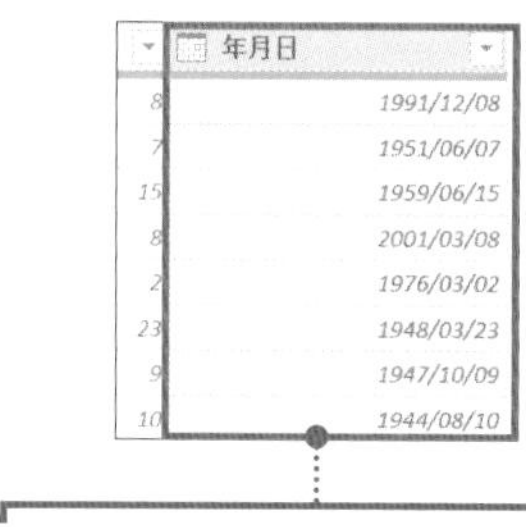

年月日
1991/12/08
1951/06/07
1959/06/15
2001/03/08
1976/03/02
1948/03/23
1947/10/09
1944/08/10

「年/月/日」の形式の日付データを作成できた

マージやカスタム列を利用した日付データの作成

「年」「月」「日」が別々の列に分かれているデータから「年/月/日」の形式の日付データを作成したい、というケースもあるでしょう。列のマージの機能を使えば、そうした日付データを簡単に作成できます。また、カスタム列を活用すれば、「年」と「月」しかデータがないような場合でも、特定の日を指定して、日付データを追加できます。

POINT：

1 年月日のデータが別の列にある状態から日付データを作成できる

2 列のマージを使って、年月日の値をマージする

3 「日」のデータがない場合にも日付データは作成できる

MOVIE：

https://dekiru.net/ytpq605

「年」「月」「日」のデータをマージする

「年」「月」「日」のデータが別々の列にある場合は、スラッシュを区切り記号に指定してマージすることで日付データを作成できます。マージしたデータの型はテキスト型になるため、日付型への変換が必要です。

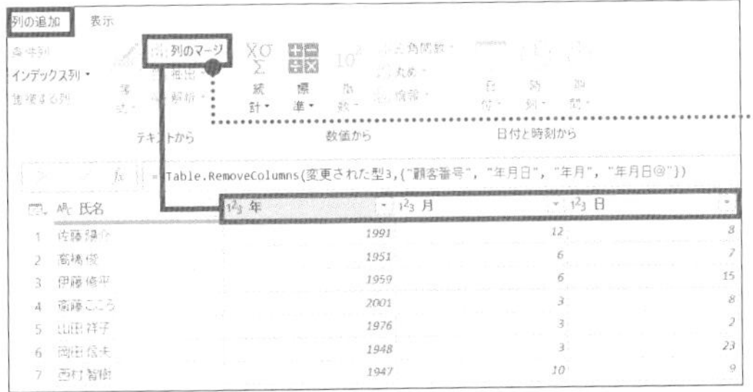

「年」「月」「日」のデータが別々の列に表示されている

1 [年]、[月]、[日]の列を選択し[列の追加]→[列のマージ]をクリック

[列のマージ]ダイアログボックスが表示された

2 [区切り記号]は[--カスタム--]を選択して「/」(半角スラッシュ)を入力

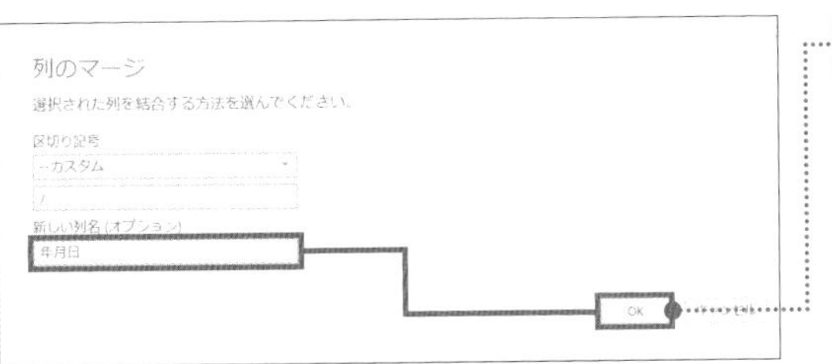

3 [新しい列名(オプション)]は「年月日」と入力して[OK]ボタンをクリック

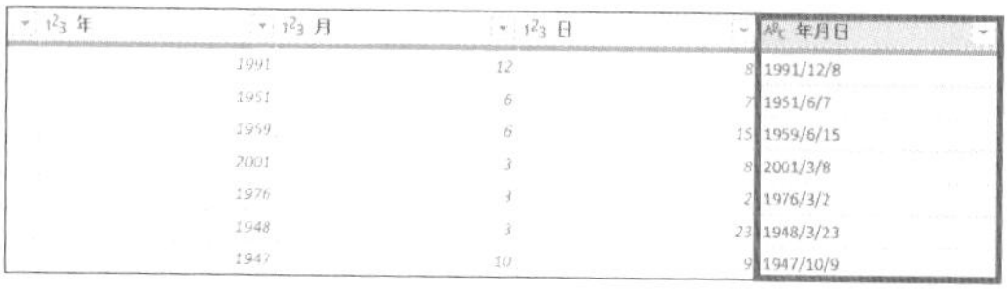

年	月	日	年月日
1991	12	8	1991/12/8
1951	6	7	1951/6/7
1959	6	15	1959/6/15
2001	3	8	2001/3/8
1976	3	2	1976/3/2
1948	3	23	1948/3/23
1947	10	9	1947/10/9

「年/月/日」の形式の列が追加された

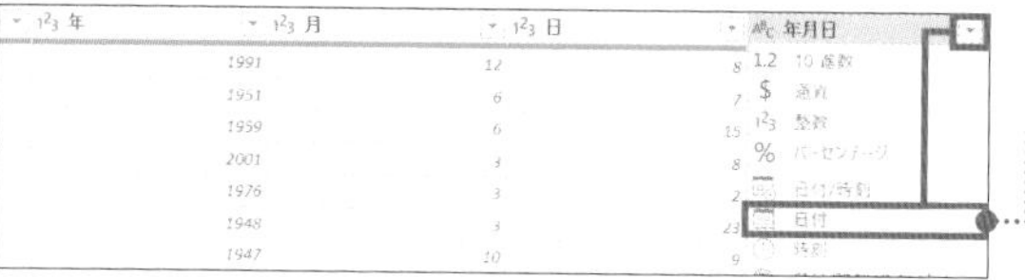

4

[年月日]列の▼をクリックし、[日付]をクリック

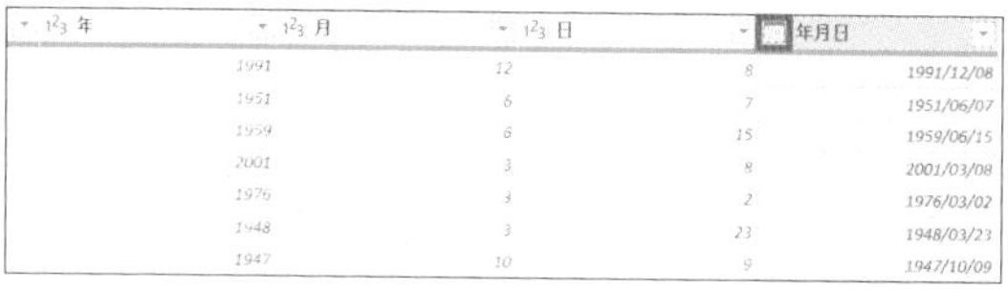

年	月	日	年月日
1991	12	8	1991/12/08
1951	6	7	1951/06/07
1959	6	15	1959/06/15
2001	3	8	2001/03/08
1976	3	2	1976/03/02
1948	3	23	1948/03/23
1947	10	9	1947/10/09

データ型がテキスト型から日付型に変更された

▶「日」のデータがなくても日付データを作成できる

たとえば「年」と「月」のデータしかない場合でも、日付のデータは作成できます。ここでは「年」と「月」のデータのみを指定し、カスタム列の機能を使って、任意の「日」(たとえば15日)を指定した日付データを作成しましょう。

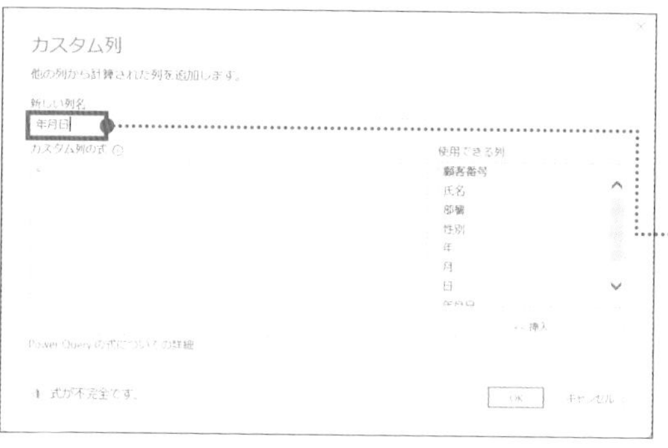

173ページを参考に[カスタム列]ダイアログボックスを表示しておく

1

[新しい列名]は「年月日」と入力

=#date([年],[月],15)

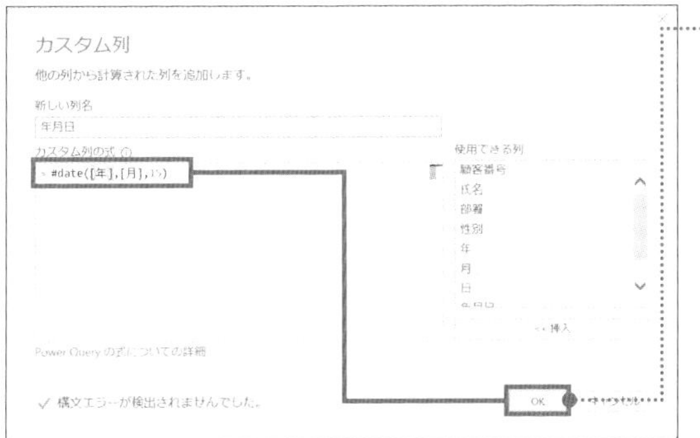

2 ［カスタム列の式］に上の式を入力して［OK］ボタンをクリック

	日	年月日	年月	年月日.1
12	8	1991/12/08	1991/12/01	1991/12/15
6	7	1951/06/07	1951/06/01	1951/06/15
6	15	1959/06/15	1959/06/01	1959/06/15
3	8	2001/03/08	2001/03/01	2001/03/15
3	2	1976/03/02	1976/03/01	1976/03/15
3	23	1948/03/23	1948/03/01	1948/03/15
10	9	1947/10/09	1947/10/01	1947/10/15
8	10	1944/08/10	1944/08/01	1944/08/15
1	28	1950/01/28	1950/01/01	1950/01/15
5	21	2002/05/21	2002/05/01	2002/05/15
4	7	1951/04/07	1951/04/01	1951/04/15
4	21	1954/04/21	1954/04/01	1954/04/15
6	12	1998/06/12	1998/06/01	1998/06/15
3	17	1948/03/17	1948/03/01	1948/03/15
6	9	1986/06/09	1986/06/01	1986/06/15
5	18	1980/05/18	1980/05/01	1980/05/15
6	9	1999/06/09	1999/06/01	1999/06/15
2	10	1989/02/10	1989/02/01	1989/02/15
3	21	2002/03/21	2002/03/01	2002/03/15
9	12	1950/09/12	1950/09/01	1950/09/15

［年］と［月］列がマージされ、日はすべて15日で入力された列を作成できた

CHECK!

「#date」はデータを日付型に変換する関数です。「15」の部分に指定した数字が日の値になります。

今回の例では15日で作成しましたが、カスタム列の「15」と入力した部分に任意の数値を入力すれば、好きな日で年月日の列を作成できます。「年」と「月」しかデータがなく「日」は任意の日付で作成したい……という場合はこのカスタム列の機能を思い出してみてください。

06

FILE：Chap6-06.xlsx

時刻のみ

日付データから時刻のデータのみを取り出そう

時刻データのみ取得する

日付＋時刻の形式のデータから時刻のみを取り出したい

時刻のデータのみの列を追加できた

日付データから時刻のみを取り出す

「2022/11/01 9:00:00」といった、日付＋時刻の形式のデータから、時刻のデータのみを取り出すことができます。勤怠システムなどから出力したデータの形式が日付＋時刻の形式になっており、勤務時間の計算のために時刻のみのデータが欲しい……といった場合に役立つ機能です。

こうした時刻データは、業務システムからCSV形式で出力されることも多いです。パワークエリでデータ取り込み＆整形のクエリを作成しておけば、そうしたCSVファイル（ソース）をフォルダに格納して、［更新］ボタンをクリックするだけで、時刻データの取り出しや、次レッスンで行う期間の計算まで行えます。

POINT：

1 日付データから時刻のみを取り出すことが可能

2 「時刻のみ」を使用して時刻のみの列を追加する

3 時刻のみのデータは期間の計算で扱いやすい

MOVIE：

https://dekiru.net/ytpq606

時刻のデータのみ取り出す

「2022/11/01 8:30:00」のような形式のデータについて、年月日の部分が不要な場合は時刻のデータのみを取り出せます。

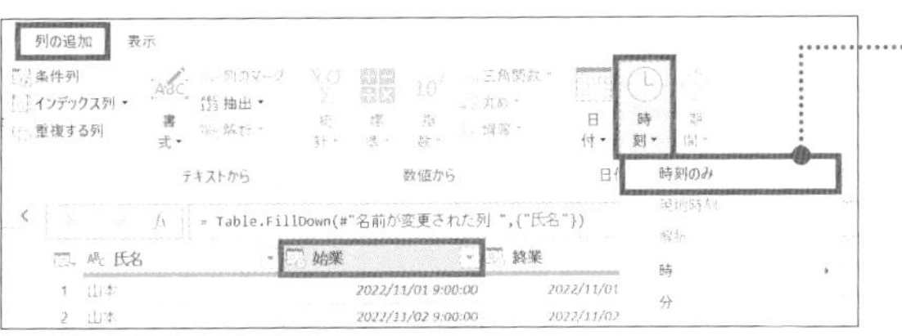

1 ［始業］列を選択して［列の追加］タブ→［時刻］→［時刻のみ］をクリック

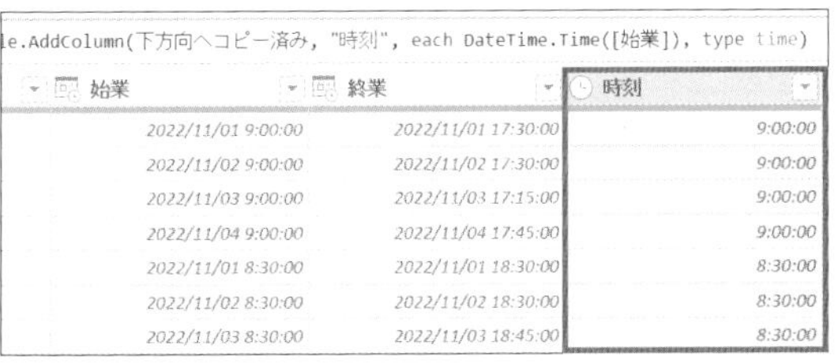

始業の時刻のみのデータの列が追加された

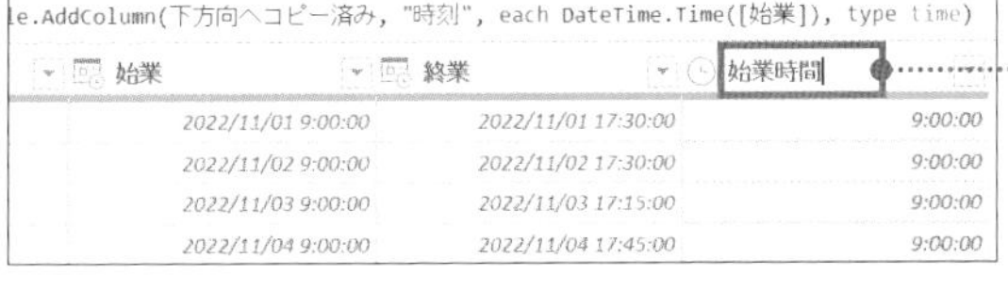

2 ［時刻］列のヘッダーをダブルクリックして列名に「始業時間」と入力

［終業］列についても同様に操作して、「終業時間」の列を作成しておきましょう。これで労働時間を求める前準備ができました。

07

FILE：Chap6-07.xlsx

時刻・期間の計算

2つの時刻データから期間を求めよう

2つの時刻の間の時間を求める

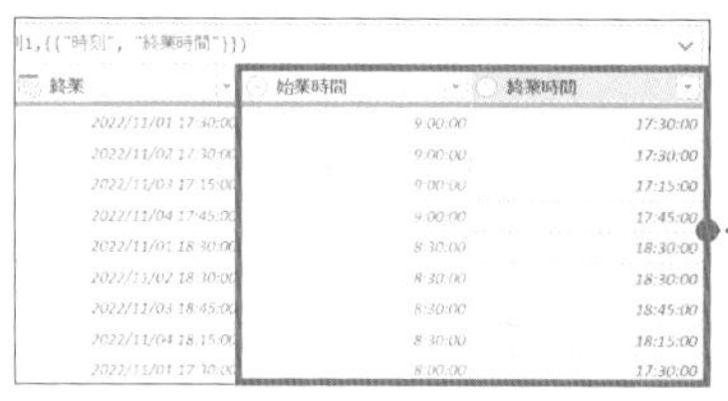

始業時刻と終業時刻の時刻データのみある状態

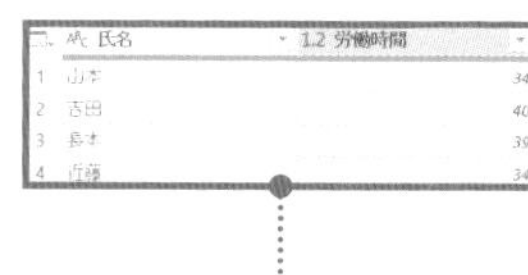

終業時間から始業時間を減算し、労働時間のデータを追加できた

従業員ごとの合計労働時間を求められた

時刻のデータを用いて計算を行う

時刻のデータを計算に使う場合、数値データと違って四則演算はできず、減算のみを行えます。減算を活用することで、2つの時刻データの間の期間を求められます。たとえば、始業時刻から終業時刻まで何時間か求めるような場合に便利です。さらにグループ化を行うことで、従業員ごとの合計労働時間のデータを得ることもできます。

POINT：

1 減算を使って、2つの時刻の間の期間を求められる

2 減算の結果は「日.時:分:秒」の形式で出力される

3 グループ化と組み合わせて、従業員ごとの労働時間を求める

MOVIE：

https://dekiru.net/ytpq607

2つの時刻から、期間を求める

「減算」の機能を用いて、2つの時刻の間の期間を求めましょう。ここでは、終業時刻から始業時刻を減算して、労働時間を求めます。減算の結果は「日.時:分:秒」の形式で出力されるため、その後の計算で扱いやすいように「時間」のデータに変換します。

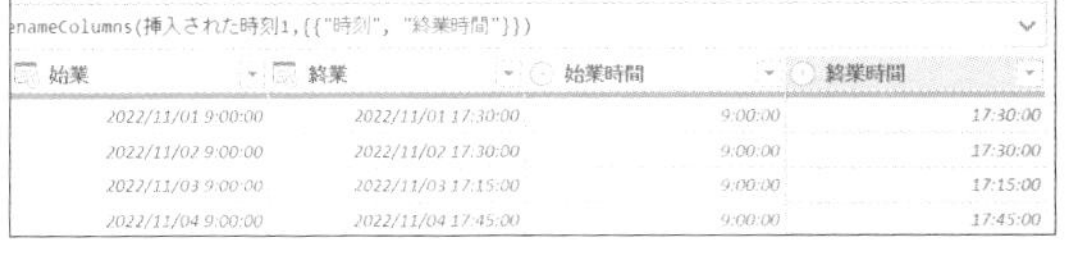

始業	終業	始業時間	終業時間
2022/11/01 9:00:00	2022/11/01 17:30:00	9:00:00	17:30:00
2022/11/02 9:00:00	2022/11/02 17:30:00	9:00:00	17:30:00
2022/11/03 9:00:00	2022/11/03 17:15:00	9:00:00	17:15:00
2022/11/04 9:00:00	2022/11/04 17:45:00	9:00:00	17:45:00

［始業時間］および［終業時間］の列を作成しておく

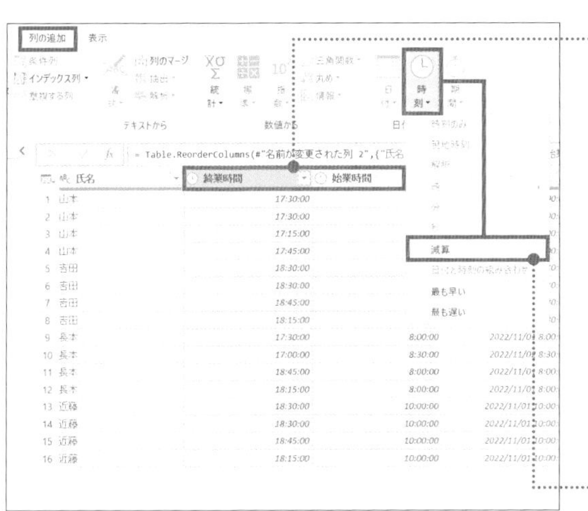

1

［終業時間］および［始業時間］の列を選択

CHECK!

終業時間から始業時間を引くため、［終業時間］を先に選択し、続けてCtrlキーを押しながら［始業時間］を選択しましょう。

2

［列の追加］タブ→［時刻］→［減算］をクリック

始業時間	終業時間	減算
9:00:00	17:30:00	0.08:30:00
9:00:00	17:30:00	0.08:30:00
9:00:00	17:15:00	0.08:15:00
9:00:00	17:45:00	0.08:45:00
8:30:00	18:30:00	0.10:00:00
8:30:00	18:30:00	0.10:00:00
8:30:00	18:45:00	0.10:15:00

終業時間から始業時間を引いた期間の列が追加された

3

［列の追加］タブ→［期間］→［合計時間数］をクリック

始業時間	終業時間	減算	1.2 合計時間数
9:00:00	17:30:00	0.08:30:00	8.5
9:00:00	17:30:00	0.08:30:00	8.5
9:00:00	17:15:00	0.08:15:00	8.25
9:00:00	17:45:00	0.08:45:00	8.75
8:30:00	18:30:00	0.10:00:00	10
8:30:00	18:30:00	0.10:00:00	10
8:30:00	18:45:00	0.10:15:00	10.25

時間数を示す値の列が追加された

従業員ごとに労働時間を集計する

ここまでで、従業員がそれぞれの日に何時間働いているか求められました。ここでは応用として、従業員を対象にグループ化を行います。すると、先ほど求めた各日の労働時間が従業員ごとに合計されます。

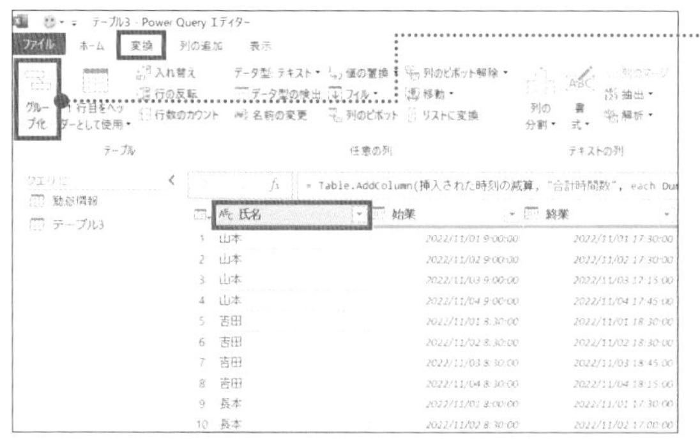

1

［氏名］列を選択して［変換］タブ→［グループ化］をクリック

CHECK!

今回は「従業員ごと」のグループ化を行いたいので、［氏名］列を選択しています。

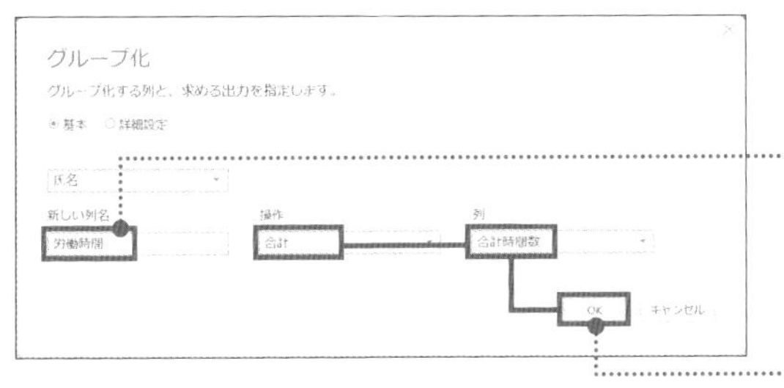

[グループ化]ダイアログボックスが表示された

2

[新しい列名]に「労働時間」と入力

3

[操作]は[合計]、[列]は[合計時間数]を選択して[OK]ボタンをクリック

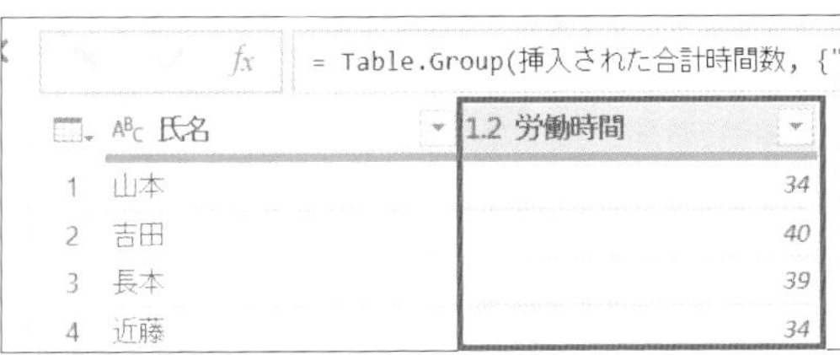

従業員ごとの合計の労働時間の列を追加できた

理解を深めるHINT

日付や時刻のデータを整形してデータ分析につなげる

データ分析を行う場合、前準備として、日付や時刻の整形が必要になることが多いです。
たとえば売り上げデータを分析して、「リピーターはどのくらいの頻度で商品を購入しているか」といったことを知りたい場合、売り上げデータからある顧客の各購入日時の間の期間を求める作業が必要になります。しかし実務では、社内の基幹システムから出力されたCSVデータがそのままでは分析に使えないといったことが少なくありません。そこでパワークエリで、欲しい形式の日時データを抽出し、2つの日付データの間の期間を求める……といった作業を自動化しておけば、データの整形の手間は少なくすみ、自分は分析に集中できるのです。

08

FILE：Chap6-08.xlsx

数式バー／M言語

パワークエリ上の操作を記録する「M言語」を表示する

パワークエリ上の操作を記録するM言語

パワークエリで行った操作はすべて「M言語」と呼ばれる数式で記録され、数式バーに表示されます。パワークエリは、M言語を意識しなくても使いこなせますが、M言語の意味や数式の変更方法を理解すると、より発展的な操作ができるようになります。また、76ページで行ったように、ソースの紐づけやエラーの対処を行う場合にもM言語の知識は役立ちます。このレッスンでは、M言語の基礎的な知識について解説します。

数式バー
[適用したステップ]の操作内容が表示される

詳細エディター
全ステップの操作内容が表示される

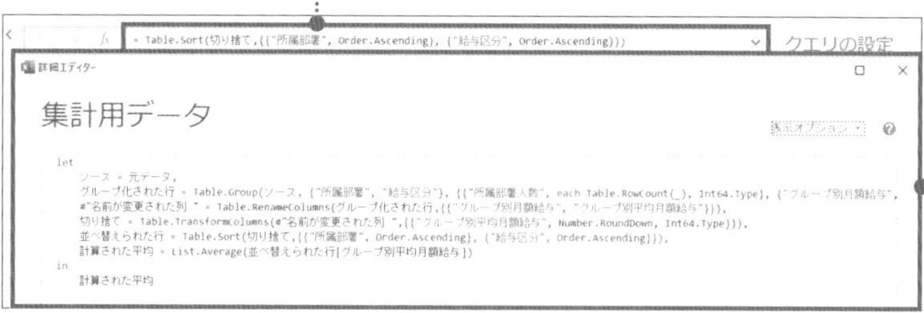

数式（M言語）をすべて自分で入力する必要はありません。基本的に数式は自動的に入力されます。おおまかな構造を知って、数式の一部を修正してステップをカスタマイズする、といった使い方をします。

POINT：

1 パワークエリ上での操作は M言語で記録されている

2 数式バー、詳細エディターから 操作の内容が確認できる

3 数式を表示すれば、パワークエリの 発展的な操作が可能になる

MOVIE：

https://dekiru.net/ytpq608

数式バー、詳細エディターを表示させる

M言語を見るには数式バーを確認します。数式バーでは「適用したステップ」の各ステップでどんな操作をしたのか確認できます。また「詳細エディター」を開けば、すべてのステップの操作内容が数式で表示されます。

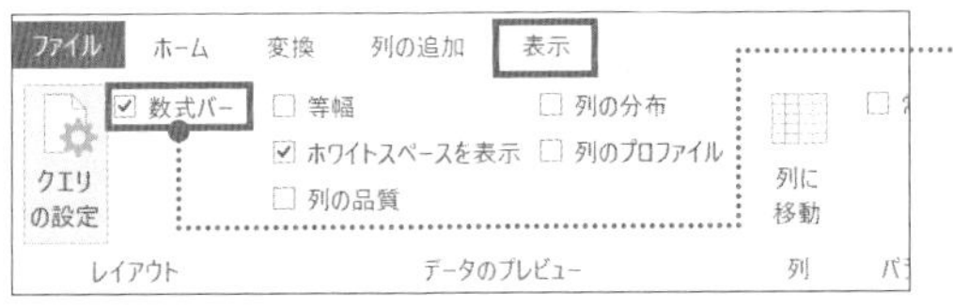

1 [表示]タブ→[数式バー]にチェックを入れる

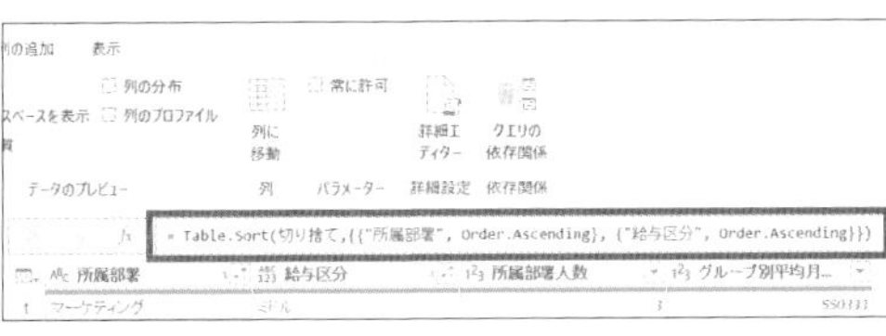

数式バーが表示され[適用したステップ]の操作内容が数式で表示された

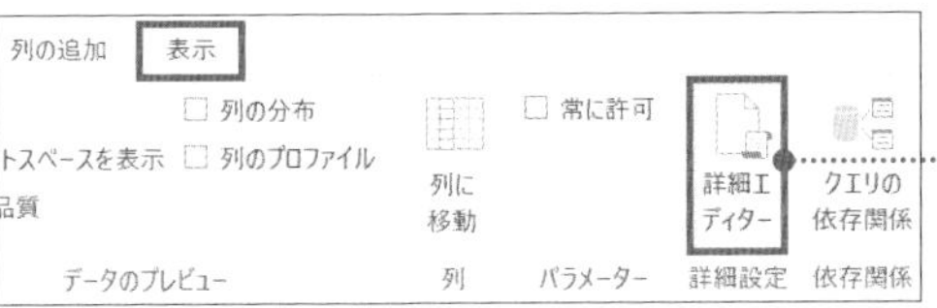

2 [表示]タブ→[詳細エディター]をクリック

「適用したステップ」の全ステップについて、数式（M言語）の詳細が表示された

CHECK!

この例では「所属部署」と「給与区分」の列を並べ替え(sort)したことが示されています。

CHAPTER 6

自分好みのデータを作成する

09

統計／ステップの追加

FILE：Chap6-09.xlsx

数値データから統計を求めて活用する

さまざまな統計データを作成可能

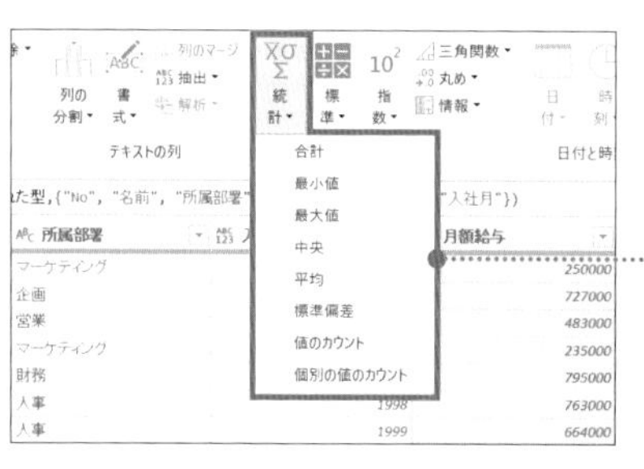

パワークエリの［統計］機能で、指定した数値型の列について以下の値が求められる

・合計　・平均値
・最小値　・標準偏差
・最大値　・値のカウント
・中央値　・個別の値のカウント

▶ 統計データを求めて活用する

最大値や中央値、平均や標準偏差といった統計を求めることは、データ集計を行ううえで欠かせません。パワークエリでは、複数行にまたがったデータの計算を行う「統計」機能を使って簡単に統計を求められます。

統計を求めた場合、求めた結果の値のみがプレビューに表示され、すべての列が表示されなくなります。この場合は、新たに計算用のステップを追加することで、統計の結果を用いたさらなる整形が可能になります。

もちろん統計は、Excelで手作業で求めることも可能です。ただ、パワークエリの恩恵は、繰り返し作業の自動化にあります。業務システムから出力されたデータをコピー＆ペーストで転記して、AVERAGE関数などを手作業で打って……といった定例作業は、パワークエリに任せましょう。

POINT：

1 ［統計］機能で数値の合計や最大値、平均などが求められる

2 統計を求めると、すべての列が表示されなくなる

3 新しいステップを追加することで、統計を用いた計算が可能になる

MOVIE：

https://dekiru.net/ytpq609

［統計］機能を用いて給与の平均を求める

［統計］機能を用いると、数値データから合計や最小値、最大値や中央値、平均といった値を求められます。ここでは月額給与の平均を求めます。

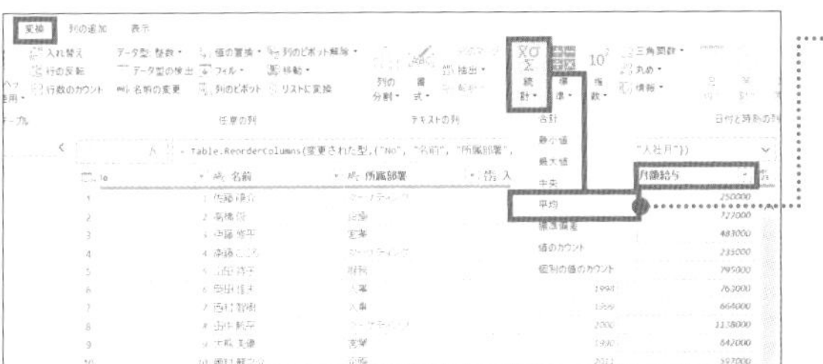

1 ［月額給与］列を選択して［変換］タブ→［統計］→［平均］をクリック

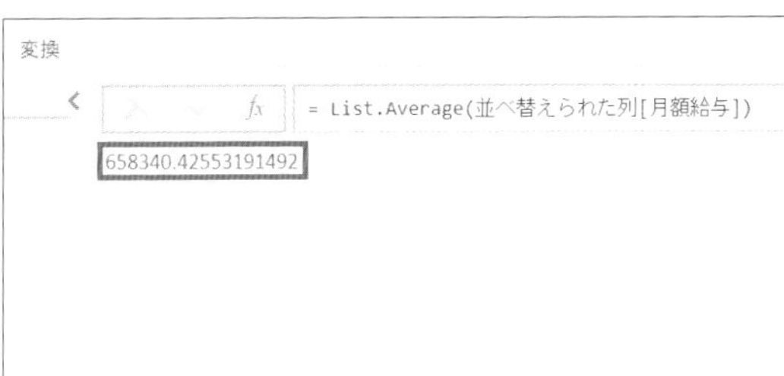

月額給与の平均が表示された

このように、パワークエリで［統計］を求めると、プレビューにはすべての列が表示されなくなり、統計の結果のみが表示されます。この後、計算用のステップを追加することで、この統計の結果を計算に活用できるようになります。

計算用のステップを追加する

先ほど平均の値が求められましたが、この状態では[月額給与]などの列が表示されていません。平均の値と、そのほかの列を組み合わせてさらに計算を行うために、[月額給与]などの列が表示される計算用のステップを追加します。まず、[fx]ボタンで新規のステップを追加します。このステップで、数式バーにステップの名前を入力すると、そのステップのプレビューは、入力したステップ名と同じものになります。ここでは、[月額給与]などの列がすべて表示されている[変更された型]ステップを入力します。

1

数式バーの左側の[fx]ボタンをクリック

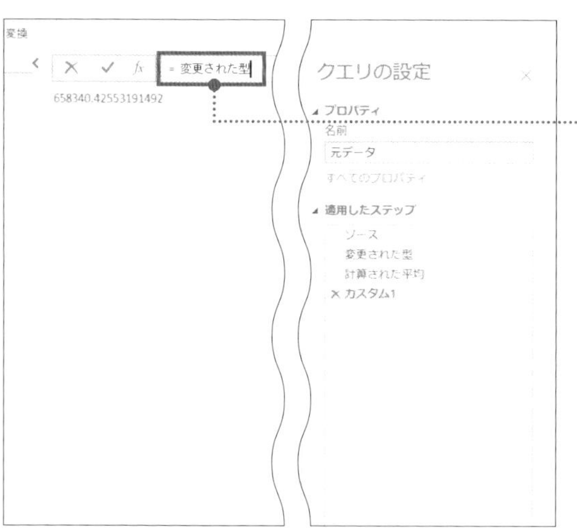

[カスタム1]ステップが追加された

2

数式バーに「=変更された型」と入力する

CHECK!

数式バーにステップ名（「変更された型」）を入力すると、そのステップ名のプレビューが表示され、すべての列を計算に利用できるようになります。

	No	名前	所属部署	月額給与	入社年
1	1	[illegible]	マーケティング	250000	
2	2	[illegible]	企画	727000	
3	3	[illegible]	営業	483000	
4	4	[illegible]	マーケティング	235000	
5	5	[illegible]	財務	795000	
6	6	[illegible]	人事	763000	
7	7	[illegible]	人事	664000	
8	8	[illegible]	マーケティング	1138000	
9	9	[illegible]	営業	642000	
10	10	[illegible]	企画	597000	
11	11	[illegible]	開発	1062000	
12	12	[illegible]	製造	798000	
13	13	[illegible]	製造	632000	

[変更された型]と同じプレビューが表示された

カスタム列を用いて計算を行う

新たにステップを作成したことで、すでに求めた月額給与の平均の値を用いて計算を行うことが可能になりました。ここでは、「月額給与」から「月額給与の平均」を減じて、平均からどれだけ乖離しているか示す数値を求めてみましょう。

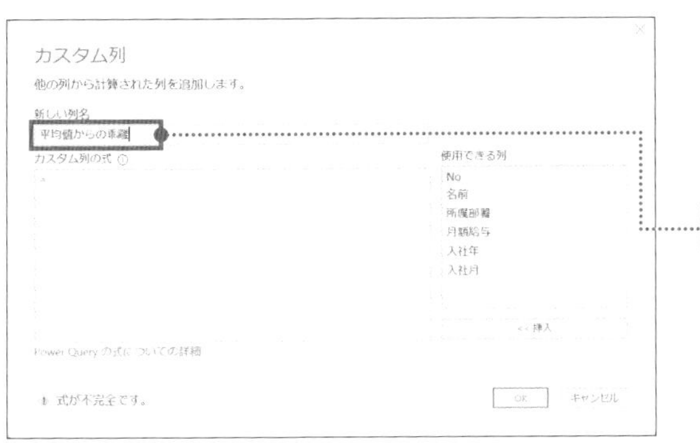

173ページを参考に[カスタム列]ダイアログボックスを表示しておく

1

[新しい列名]に「平均値からの乖離」と入力

=[月額給与]-計算された平均

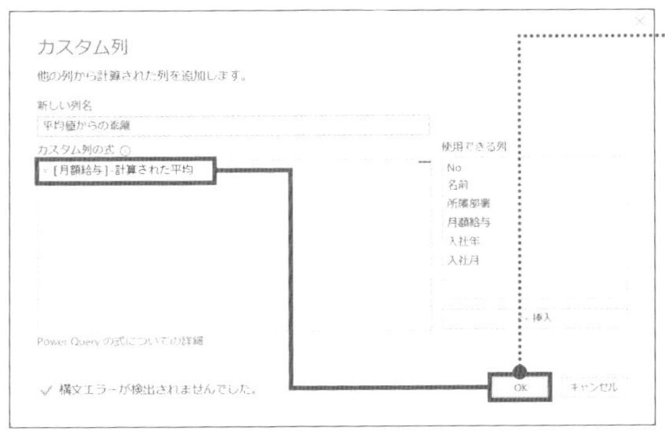

2

[カスタム列の式]に上の式を入力して[OK]ボタンをクリック

> **CHECK!**
>
> カスタム列でステップ名(「計算された平均」)を入力すると、そのステップの持つ値(ここでは月額給与の平均)が計算に用いられます。

月額給与	入社年	入社月	平均値からの乖離
250000	2014	8	-408340.4255
727000	1992	11	68659.57447
483000	2012	8	-175340.4255
235000	2020	12	-423340.4255
795000	2007	6	136659.5745
763000	1998	3	104659.5745
664000	1999	1	5659.574468

月額給与から、月額給与の平均を減じた値の列が追加された

10

計算用クエリ／ドリルダウン

FILE：Chap6-10.xlsx

クエリの値を用いてフィルターを行う

Excel上に自動のフィルターを設置する

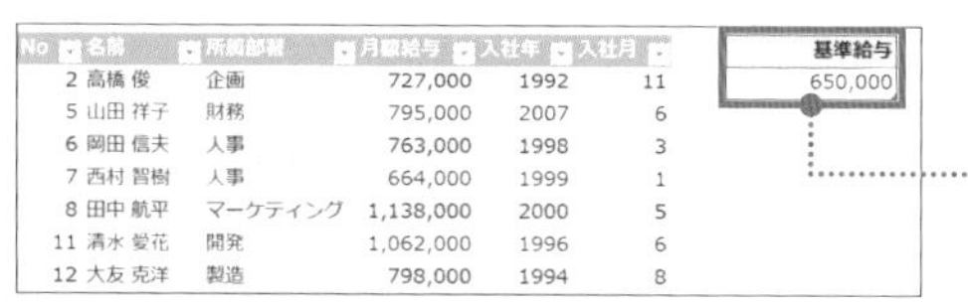

No	名前	所属部署	月額給与	入社年	入社月
2	高橋 俊	企画	727,000	1992	11
5	山田 祥子	財務	795,000	2007	6
6	岡田 信夫	人事	763,000	1998	3
7	西村 智樹	人事	664,000	1999	1
8	田中 航平	マーケティング	1,138,000	2000	5
11	清水 愛花	開発	1,062,000	1996	6
12	大友 克洋	製造	798,000	1994	8

基準給与
650,000

①任意の数値をExcelに入力して更新を実行

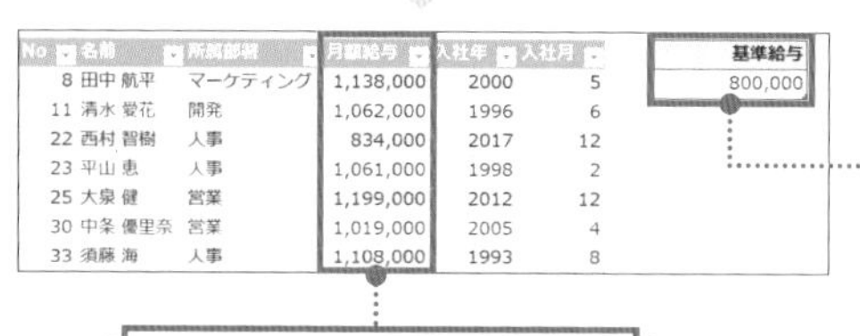

No	名前	所属部署	月額給与	入社年	入社月
8	田中 航平	マーケティング	1,138,000	2000	5
11	清水 愛花	開発	1,062,000	1996	6
22	西村 智樹	人事	834,000	2017	12
23	平山 恵	人事	1,061,000	1998	2
25	大泉 健	営業	1,199,000	2012	12
30	中条 優里奈	営業	1,019,000	2005	4
33	須藤 海	人事	1,108,000	1993	8

基準給与
800,000

②入力した数値がExcelからパワークエリに取り込まれ、その数値を基準にフィルターが実行される

③入力した数値以上の行のみ抽出された

クエリの値を用いたフィルター

このレッスンでは発展的なフィルターの使い方を紹介します。上の画面のようにExcel上で任意の数値を入力し更新を実行するだけで、「○○以上」などといった条件を満たす行が抽出されるしくみを作ってみましょう。

パワークエリのフィルターでは、クエリの数値を用いてフィルターを行うことが可能です。たとえば、「650000」といった数値のみ取り込んだクエリを準備しておけば、その数値以下、以上、未満などの条件のフィルターを実行できます。さらに、その数値が変更された場合は、フィルターの条件もそれに応じて変更されます。

POINT：

1 クエリの値を用いてフィルターを行うことが可能

2 「ドリルダウン」で選択した値のみ取り出す

3 Excel上で数値を入力して、その数値を基準にしたフィルターができる

MOVIE：

https://dekiru.net/ytpq610

ドリルダウンで数値のみを取り出す

まずは、フィルターに用いる数値のみを取り込んだクエリを準備します。「ドリルダウン」機能を用いると、指定したセルの値のみを抽出したクエリを作成できます。ここでは、従業員データを取り込んだ「元データ」クエリと、「650000」という数値のみ取り込んだ「基準給与」クエリがある状態で、「基準給与」クエリから、後ほどフィルターに利用する「650000」という数値を取り出します。

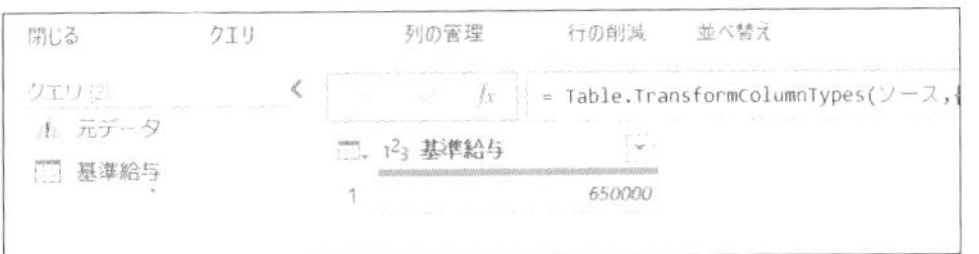

フィルターに利用する数値「650000」をExcelからパワークエリに取り込んでおく

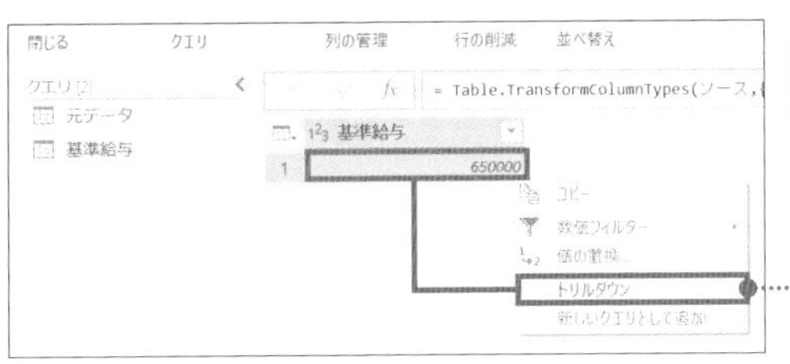

1 [650000]のセルを右クリックし[ドリルダウン]をクリック

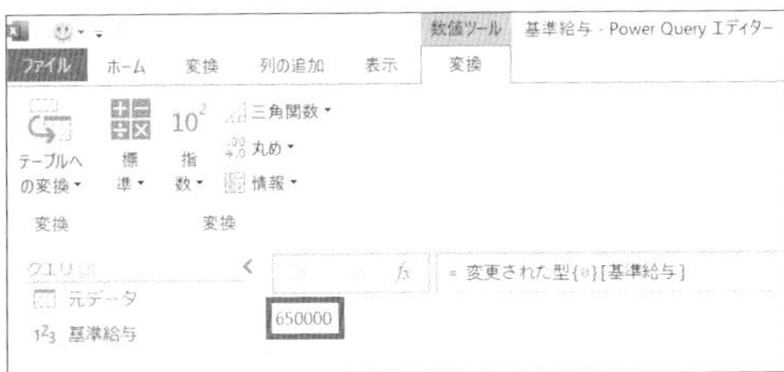

数値「650000」のみが抽出された

CHECK!

ドリルダウンを行い抽出した数値は、「〇円以下」「〇円以上」といったフィルターを行うときに利用できます。

CHAPTER 6 自分好みのデータを作成する

▶ フィルターを追加し、数式を修正してクエリの数値を参照させる

絞り込みを行いたい列にフィルターを設定し、先ほど作成した数値のみのクエリの名前を入力することで、数値（650000）を参照させられます。クエリの数値を参照させるので、フィルター作成時に入力する数値は任意のもので構いません。ここでは［月額給与］列にフィルターを設定し、数式を修正して［基準給与］クエリを参照させます。

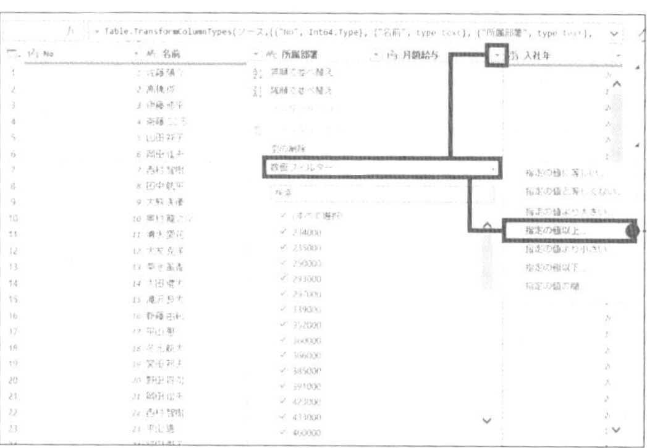

従業員のデータを取り込んだ［元データ］クエリを選択しておく

1 ［月額給与］列の▼をクリックし［数値フィルター］→［指定の値以上］をクリック

［行のフィルター］ダイアログボックスが表示された

行のフィルター
1 つまたは複数のフィルター条件をこのテーブル内の行に適用します。
基本　詳細設定
'月額給与' を含む行を保持します
次の値以上　500000
および　または
OK

2 任意の数値を入力して［OK］ボタンをクリック

CHECK!

この画面では数値型のデータしか入力できません。後ほど数式を修正して、「基準給与」クエリを指定する必要があります。

	No	名前	所属部署	月額給与
1	2	高橋 俊	企画	727000
2	5	山田 祥子	財務	795000
3	6	岡田 信夫	人事	763000
4	7	西村 智樹	人事	664000
5	8	田中 航平	マーケティング	1138000
6	9	大熊 美優	営業	642000
7	10	奥村 龍之介	企画	597000

［月額給与］列にフィルターが設定された

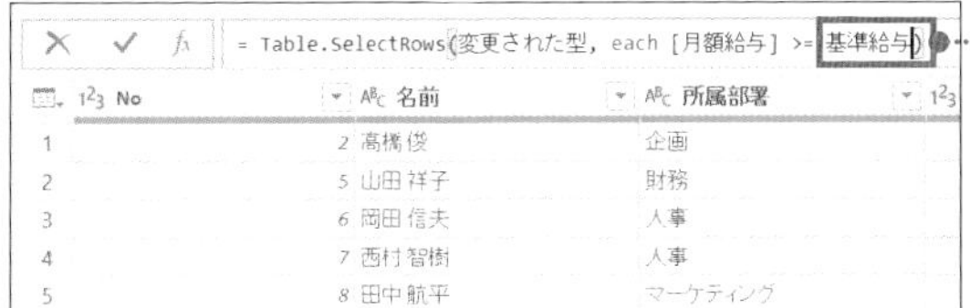

3

数式バーの数値部分を[基準給与]に変更

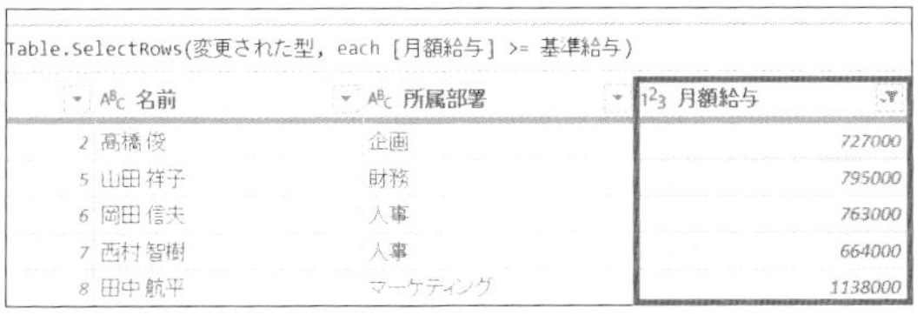

[月額給与]列に、指定したクエリの数値(ここでは650000)以上のフィルターが設定された

Excel画面上で数値を変更すると自動でフィルターが反映される

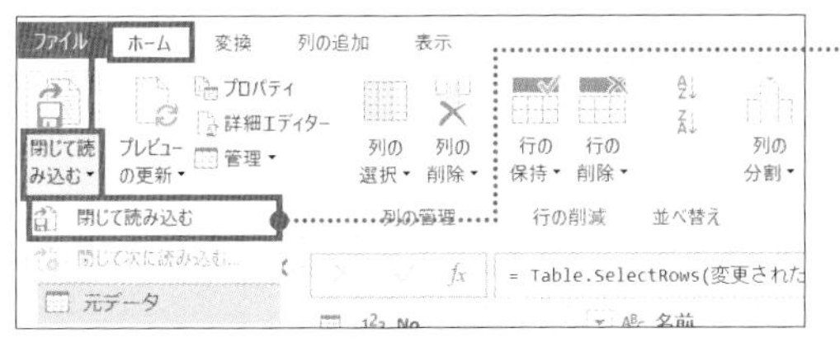

1

[ホーム]タブ→[閉じて読み込む]→[閉じて読み込む]をクリック

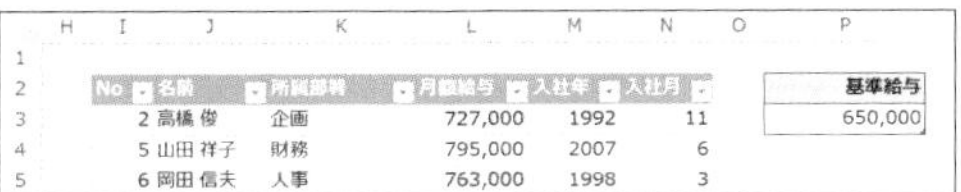

Excelにデータが出力された

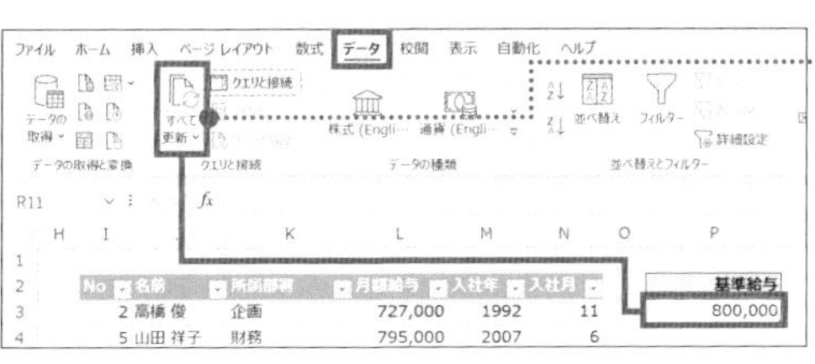

2

[基準給与]のセルに任意の数値を入力して[データ]タブ→[すべて更新]をクリック

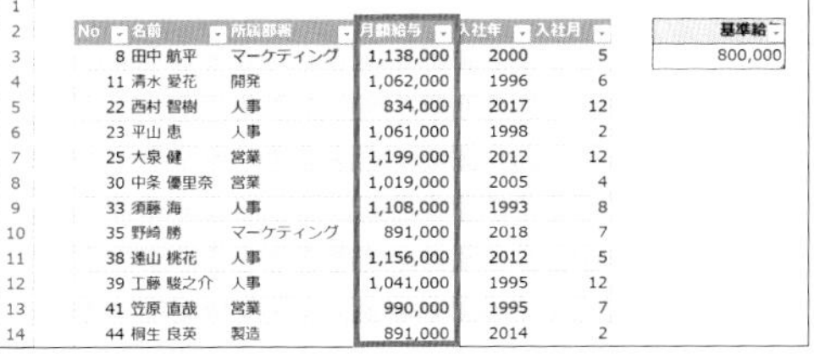

入力した数値以上の月額給与の行のみを抽出できた

11

テキストフィルター
／日付フィルター

FILE：Chap6-11.xlsx

指定した期間やキーワードを含んだデータのみ表示させよう

BEFORE

AFTER

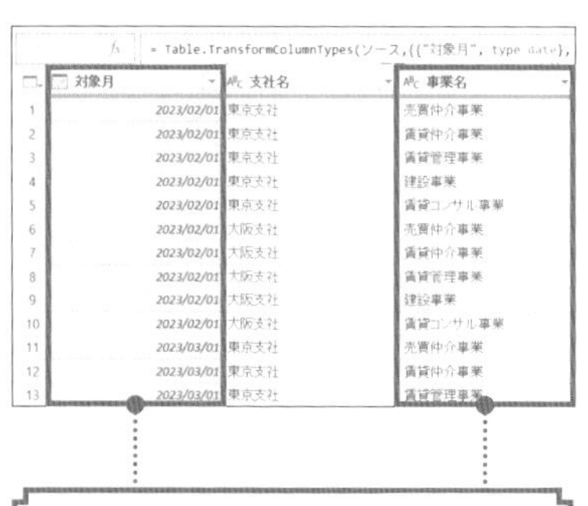

2月中の、「賃貸」というキーワードを含む事業名のデータのみ表示させたい

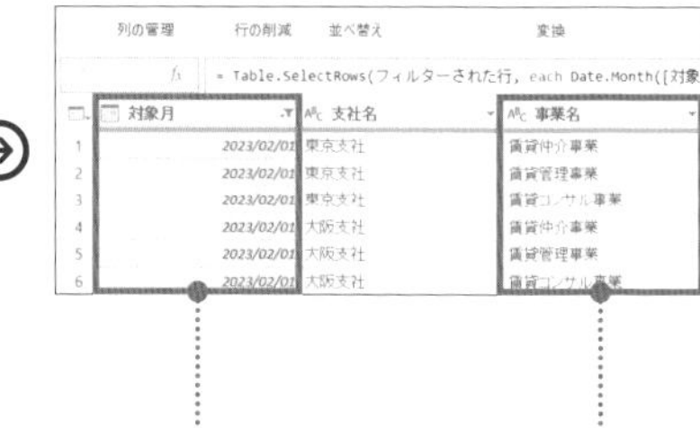

指定した期間の、指定したキーワードを含むデータのみ表示できた

文字や日付に対するフィルター

156ページでは数値データに対して以上、以下、未満などといった条件でフィルターを使ってデータを絞り込みましたが、パワークエリでは文字や日付といった数値型以外のデータに対してもフィルターを設定できます。この機能を活用して「◯月のデータのみ」「特定のキーワードを含むデータのみ」といったフィルタリングが可能です。

POINT：

1 フィルターはテキストや日付（期間）も対象に実行可能

2 入力したテキストを含む行のみ表示できる

3 年、月、日など指定した期間の行のみ表示できる

MOVIE：

https://dekiru.net/ytpq611

指定したキーワードを含むデータのみ表示させる

「テキストフィルター」機能を使うことで、指定したキーワードを含むデータだけを表示させられます。ここでは、「賃貸」というキーワードを含むデータのみを表示してみましょう。

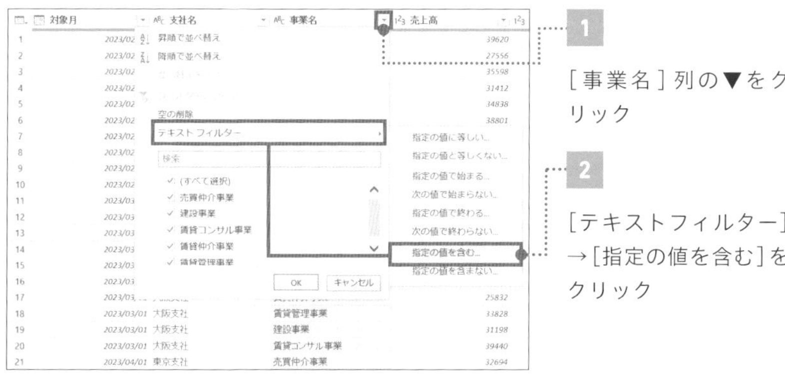

1 ［事業名］列の▼をクリック

2 ［テキストフィルター］→［指定の値を含む］をクリック

［行のフィルター］ダイアログボックスが表示された

CHECK!

先ほど選択した［指定の値を含む］が条件として指定されています。この後、フィルターを行う対象のキーワードを入力します。

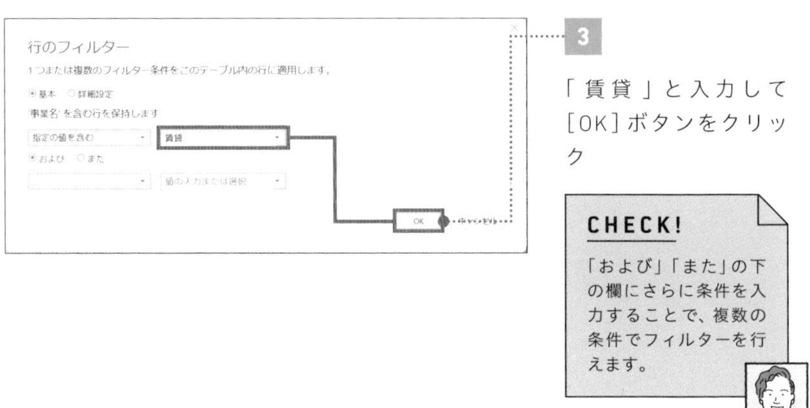

3

「賃貸」と入力して[OK]ボタンをクリック

CHECK!

「および」「また」の下の欄にさらに条件を入力することで、複数の条件でフィルターを行えます。

	対象月	支社名	事業名	売上高
1	2023/02/01	東京支社	賃貸仲介事業	
2	2023/02/01	東京支社	賃貸管理事業	
3	2023/02/01	東京支社	賃貸コンサル事業	
4	2023/02/01	大阪支社	賃貸仲介事業	
5	2023/02/01	大阪支社	賃貸管理事業	
6	2023/02/01	大阪支社	賃貸コンサル事業	
7	2023/03/01	東京支社	賃貸仲介事業	
8	2023/03/01	東京支社	賃貸管理事業	
9	2023/03/01	東京支社	賃貸コンサル事業	
10	2023/03/01	大阪支社	賃貸仲介事業	
11	2023/03/01	大阪支社	賃貸管理事業	

「賃貸」というキーワードを含んだデータのみ表示された

▶ 特定の期間のデータのみ表示させる

「日付フィルター」機能を使うことで、指定した期間のデータのみ表示できます。ここでは、2月のデータのみを表示させます。

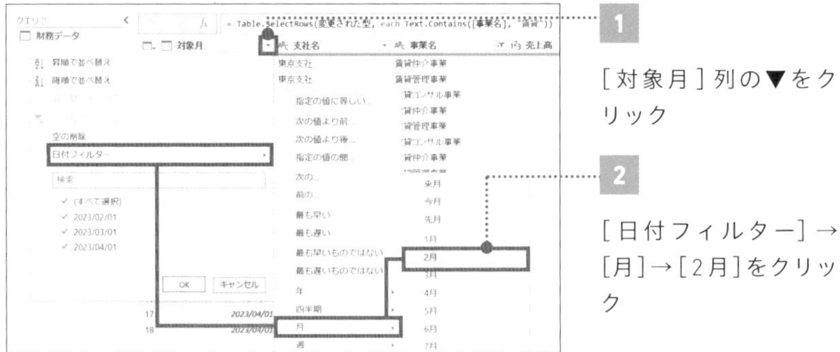

1

[対象月]列の▼をクリック

2

[日付フィルター]→[月]→[2月]をクリック

列の管理	行の削減	並べ替え	変換

```
= Table.SelectRows(フィルターされた行, each Date.Month([対象月
```

	対象月	支社名	事業名
1	2023/02/01	東京支社	賃貸仲介事業
2	2023/02/01	東京支社	賃貸管理事業
3	2023/02/01	東京支社	賃貸コンサル事業
4	2023/02/01	大阪支社	賃貸仲介事業
5	2023/02/01	大阪支社	賃貸管理事業
6	2023/02/01	大阪支社	賃貸コンサル事業

2月のデータのみが表示された

理解を深めるHINT

前月比のデータ比較もラクラク

実務では、当月と前月のデータを抽出して、前月比として比較ができるように集計をしてレポートを作成することがあります。このとき、元データがCSVファイルで提供される場合、当月と前月のデータを取得するたびに、毎回フィルターを設定して集計をする必要があります。

パワークエリの機能では、日付のフィルターのメニューとして「今月」や「先月」を利用できます。そのため、事前に今月と先月でクエリを作成しておけば、元データが更新されても対応できます。具体的には、8月分までのCSVファイルがあったときに、9月分のデータが新たに追加されたとします。この場合、クエリを作成しておけば、「今月」として9月分のデータが抽出されます。さらに、「先月」として8月分のデータが抽出されるわけです。

このように、月次で発生する集計作業は、まず日付を基準としてデータにフィルターをかけてみましょう。そのうえで、必要なデータを抽出できるようにさらにフィルターをかければ、事務作業の手間を大幅に削減できるはずです。

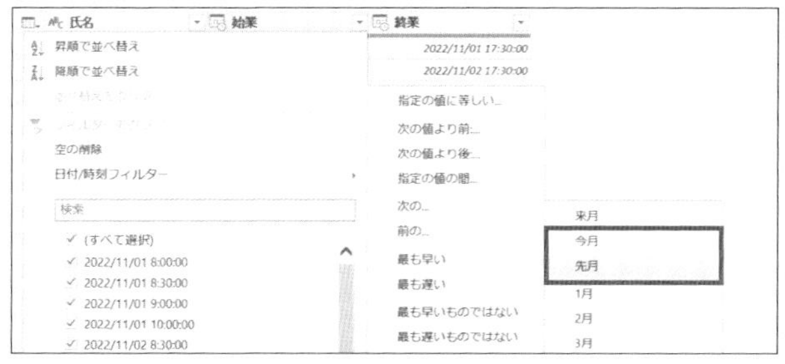

パワークエリでは「今月」「先月」のフィルターを設定できる

12

抽出

FILE：Chap6-12.xlsx

テキストデータの一部分のみ抽出しよう

テキストの欲しい部分だけ取り出す

	請求ID	品番	販売日	曜日
1	1	HGA-HLKOG	2017/01/01	日曜日
2	2	TBC-DVAKH	2017/02/01	月曜日
3	3	JWP-OUVEM	2017/03/01	火曜日
4	4	LVK-VQCKZ	2017/04/01	水曜日
5	5	LYU-JWDVM	2017/05/01	木曜日
6	6	XOE-GZDTX	2017/06/01	金曜日
7	7	CXO-QFCWE	2017/07/01	土曜日
8	8	MDT-OUBND	2017/08/01	日曜日
9	9	XAV-LZRID	2017/09/01	月曜日
10	10	VUH-VCAYG	2017/10/01	火曜日
11	11	QSM-VLNHR	2017/11/01	水曜日
12	12	ZFB-TSLVG	2017/12/01	木曜日

区切り記号（ハイフン）の後の文字のみ抽出したい

「月」「火」など最初の1文字のみ抽出したい

テキストデータから抽出を行う

パワークエリに取り込んだ後で、1つの列内のテキストデータから一部だけを抽出して活用したい場面があるでしょう。たとえば品番データの冒頭部分のIDだけを取り出したいといったケースです。このような場合に役立つのが「抽出」機能です。抽出機能では、テキストのうち、区切り記号の前後、先頭（末尾）から○文字、といったさまざまなパターンで指定した列から一括してテキストを抽出できます。

Excelで同じ操作をしようとすると関数に複雑な引数を指定したり、複数の関数を組み合わせたりする必要があります。パワークエリでは、メニューから選択するだけで同様の操作を行えます。

POINT：

1 「抽出」機能で、テキストの一部のみ取り出せる

2 区切り記号の前後のテキストを抽出できる

3 テキストの「最初の○文字」、「最後の○文字」と指定して取り出せる

MOVIE：

https://dekiru.net/ytpq612

◎ 区切り記号の後のテキストを抽出する

「抽出」機能では、区切り記号の前後のテキストを抽出できます。複数の要素で構成されたIDやコード番号から、欲しい部分だけを取り出せます。ここでは、品番のハイフンで区切られている後の部分を抽出します。

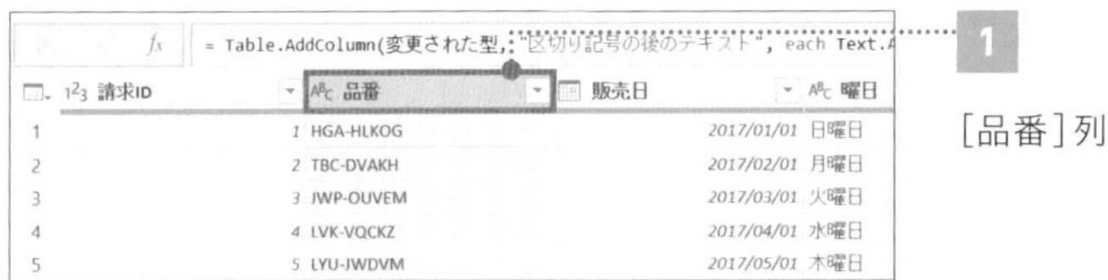

1 ［品番］列を選択する

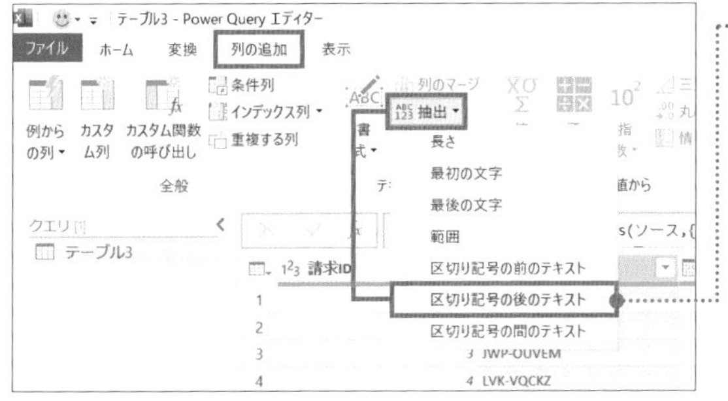

2 ［列の追加］タブ→［抽出］→［区切り記号の後のテキスト］をクリック

区切り記号の後のテキスト

抽出する内容の先頭を示す区切り記号を入力します。

区切り記号

▷詳細設定オプション

OK　キャンセル

［区切り記号の後のテキスト］ダイアログボックスが表示された

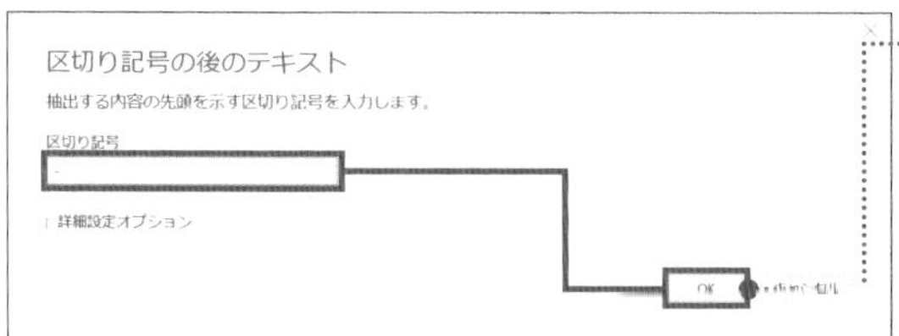

3

[区切り記号]に「-」(ハイフン)を入力して[OK]ボタンをクリック

	品番	区切り記号の後のテ...	販売日
1	1 HGA-HLKOG	HLKOG	
2	2 TBC-DVAKH	DVAKH	
3	3 JWP-OUVEM	OUVEM	
4	4 LVK-VQCKZ	VQCKZ	
5	5 LYU-JWDVM	JWDVM	
6	6 XOE-GZDTX	GZDTX	
7	7 CXO-QFCWE	QFCWE	
8	8 MDT-OUBND	OUBND	

ハイフンの後のテキストのみを抽出できた

最初の文字のみを抽出する

テキストの冒頭または終わりから文字数を指定して抽出することもできます。ここでは「月曜日」「火曜日」などの最初の1文字のみを取り出します。

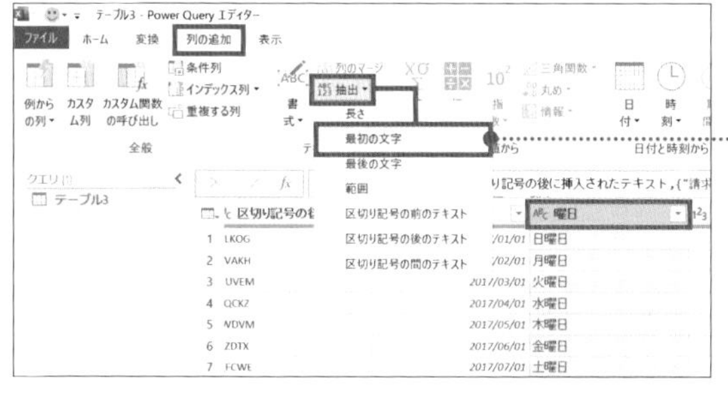

1

[曜日]列を選択して[列の追加]タブ→[抽出]→[最初の文字]をクリック

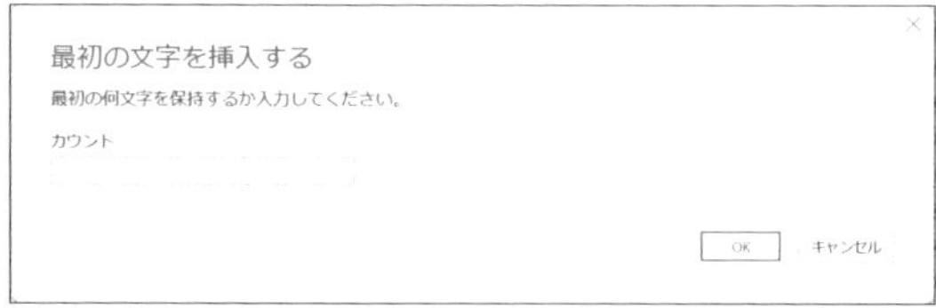

[最初の文字を挿入する]ダイアログボックスが表示された

CHECK!

[カウント]には、テキストの最初の何文字を抽出するか入力します。

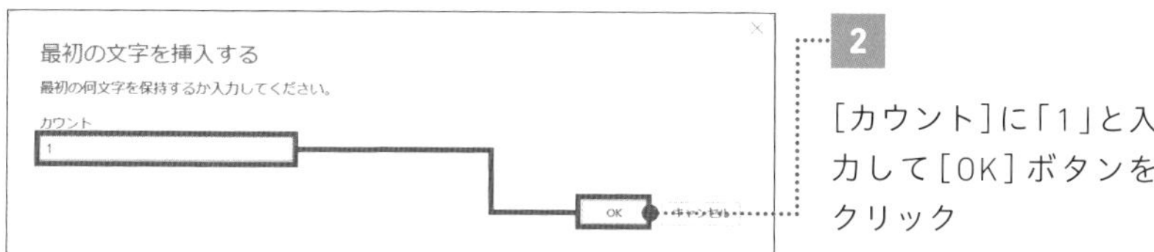

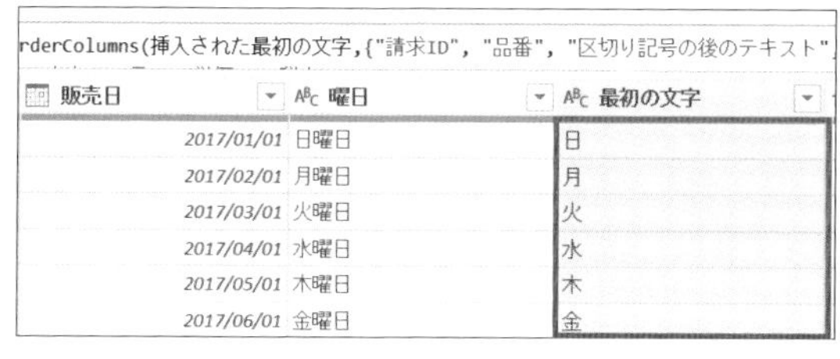

販売日	曜日	最初の文字
2017/01/01	日曜日	日
2017/02/01	月曜日	月
2017/03/01	火曜日	火
2017/04/01	水曜日	水
2017/05/01	木曜日	木
2017/06/01	金曜日	金

最初の1文字のみを抽出できた

理解を深めるHINT

抽出のさまざまなオプション

パワークエリの抽出機能には、以下の7つのオプションがあります。

- **長さ**
  テキストの文字数(数値)を抽出します。
- **最初の文字**
  テキストの先頭から、指定した数の文字を抽出します。
- **最後の文字**
  テキストの末尾から、指定した数の文字を抽出します。
- **範囲**
  「何文字目から何文字を抽出する」と指定して抽出します。たとえば「2文字目から4文字抽出する」といった抽出が可能です。
- **区切り記号の前のテキスト**
  区切り記号を1つ指定し、その区切り記号より前のテキストを抽出します。
- **区切り記号の後のテキスト**
  区切り記号を1つ指定し、その区切り記号より後のテキストを抽出します。
- **区切り記号の間のテキスト**
  区切り記号を2つ指定し、2つの区切り記号の間のテキストを抽出します。

COLUMN

仕事でやる気が出るときってどんなとき？

突然ですが、皆さんは仕事でやる気が出るときって、どんなときでしょうか。好きなことをしているときでしょうか。お客様に喜んでもらえたときでしょうか。はたまた、困難と向き合う中で何かを実現できたときでしょうか。もちろん、どれも正解だと思います。でも、一番身近なやる気が出る瞬間は、もっと簡単なことなのではないでしょうか。たとえば、私の場合は「仕事が予定通り進んでいる」と実感できるとき、一番やる気が出ます。

今日やるべきことが記載されたTodoリストをすべて定時までに完了させることができた。そんな瞬間を想像したら、皆さんも嬉しい気持ちになりませんか？しかし、仕事を予定通りこなすには、限られた時間の中で効率よく仕事を進める必要があります。

もちろん、単に予定通り仕事が終わればいいのではありません。大切なことは、「本当の仕事」と「忙しいだけの仕事」を見極めることです。つまり、成果に紐づく「本当の仕事」を「予定通りに進める」ことが重要なのであって、ただ「忙しいだけの仕事」をしているだけでは、達成感を得られることはないでしょう。しかし、難しいのは「忙しいだけの仕事」をやらないわけにはいかないという現実です。たとえば、月次でデータを集計して報告書を作成する仕事については、報告書を書いたところで売り上げが上がるわけでもありません。でも、必要なんだからやめるわけにもいかない。このように「忙しいだけの仕事」については、できる限り時間を短縮する必要があります。このとき、パワークエリは皆さんの心強いパートナーとして機能してくれるはずです。というのも、パワークエリは「忙しいだけの仕事」が得意だからです。

データ集計の「忙しいだけの仕事」はパワークエリでしくみを構築して任せてしまって、皆さんは「本当の仕事」に集中できる。しかも、「本当の仕事」が予定通り進んでいる。そんな毎日を、ぜひとも皆さんに送っていただきたいと思います。

付録

データ型

データ型の一覧

37ページでは数値型、テキスト型、日付型といった大まかなデータ型の分類を紹介しましたが、パワークエリには、「パーセンテージ」や「期間」などほかにもさまざまなデータ型が存在します。これにより、いろいろなデータが含まれたデータソースの整形や管理を行えます。

データ型の一覧

一覧を次のページに記載します。「データ型の分類」は、37ページで紹介したデータ型の分類（数値型、テキスト型、日付型）を示しています。

各データ型について、よりくわしく調べたい方はMicrosoft社のリファレンスも参照してください。

Power Query のデータ型

https://learn.microsoft.com/ja-jp/power-query/data-types

データ型を理解しておくと、Excelに出力したデータ分析の作業が効率的になります。次ページで解説するように、たとえば数値のデータでも小数点の扱いなどがデータ型によって異なります。パワークエリでデータ型を設定しておかないと、Excelに出力した後で表示形式を修正する作業をしなければいけなくなります。パワークエリで都合のよいデータ型に変更しておけば、Excelに出力したデータを分析などにすぐ使えますね。

データ型の分類	データ型	アイコン	説明
数値型	10進数	1.2	一般的な数値を扱う型。小数点以下15桁までしか保持できないため、計算に用いた場合に誤差が生じる場合がある。
	通貨	$	小数点4桁以下の値を持つ数値を扱う型。小数点以下の数値を正確に扱える。
	整数	123	小数点以下の値を持たない数値を扱う型
	パーセンテージ	%	%で表す百分率
日付型	日付/時刻		日付と時刻の両方を表す型
	日付		日付だけを表す型
	時刻		時刻だけを表す型
	日付/時刻/タイムゾーン		UTC(協定世界時)の日付/時刻とタイムゾーンの型
	期間		時間の長さを表す型
テキスト型	テキスト	ABC	計算に使えない文字列
その他	True/False		真または偽を表す型
	バイナリ		バイナリ(0と1で表現される2進数)形式でデータを表す型

付録

演算子

演算子の一覧

条件列（168ページ）やフィルター（154ページ）では、「指定した数値より大きい（小さい）」「指定したテキストと一致する（しない）」といった条件を設定できます。この条件を数式で記載する記号を「演算子」と呼びます。演算子を用いる場合は、

- **対象の列**
- **条件となる値**

をそれぞれ設定します。

演算子の種類によって、対象にできるデータ型が異なります。たとえば「=（指定の値に等しい）」は数値やテキストを対象にできますが、「=>（次の値以上）」は数値のみ対象にできます。

条件	演算子	意味	対象となるデータ型
指定の値に等しい	=	[列]と[値]が等しい場合に条件を満たす	数値型、テキスト型
指定の値と等しくない	<>	[列]と[値]が等しくない場合に条件を満たす	数値型、テキスト型
次の値より大きい	>	[列]が[値]より大きい場合に条件を満たす	数値型
次の値以上	>=	[列]が[値]以上の場合に条件を満たす	数値型
次の値より小さい	<	[列]が[値]より小さい場合に条件を満たす	数値型
次の値以下	<=	[列]が[値]以下の場合に条件を満たす	数値型

INDEX

機能名やキーワードから知りたいことを探せます。

記号・数字

アルファベット

あ

か

さ

た

な

は

ま

ら

本×動画で効率的に学べる

「できるYouTuber式」シリーズ

「できるYouTuber式」シリーズの特徴

人気YouTuberが解説！

「ユースフル / スキルの図書館」チャンネルの講師がやさしく解説します。

本×動画のハイブリッド学習！

要点をつかみやすい本と、操作の流れが見えやすい動画を組み合わせた学習が可能です。

著者:ユースフル（神川陽太）

定価:1,980円
（本体1,800円+税10%）
ISBN:978-4-295-01810-0

できるYouTuber式
Excel パワーピボット 現場の教科書

Excelのデータ分析ツール「パワーピボット」について、実務で必要な知識に絞ってコンパクトに解説します。「DAX」を活用することで、Excelより高度なデータ分析をシンプルな操作で実現できます。

できるYouTuber式 Excel現場の教科書

Excel業務を効率的にこなすためのスキルを凝縮した1冊です。データのインプット(入力)→アウトプット(集計・加工)→シェア(共有)という実務フローに沿って解説を行うため、Excelを用いた仕事にすぐ活かせます。

著者:長内 孝平

定価:1,650円
(本体1,500円+税10%)
ISBN:978-4-295-00558-2

できるYouTuber式 Googleスプレッドシート 現場の教科書

Webブラウザから利用できる表計算ツール「Googleスプレッドシート」を仕事の現場で役立てるためのノウハウを丁寧に解説した1冊です。

著者:神川陽太/長内孝平

定価:1,848円
(本体1,680円+税10%)
ISBN:978-4-295-01249-8

ユースフル / スキルの図書館

ユースフルチャンネルは「明日の働き方を変える」をテーマに、個人が抱えるキャリアやスキルの悩み、経営人事が抱えるAI活用、DX人材育成の悩みに対するお役立ちコンテンツをお届けしています。ChatGPTやBingAIなどのAI仕事術の他、Excel・Word・PowerPoint・Access・Outlook・Googleなどの IT仕事術、法人の経営陣や育成担当者のインタビューなど、現代に求められるビジネスのコアスキルが体系的に学べます。

大垣凛太郎 おおがき りんたろう

Youseful株式会社執行役員。学習院大学首席早期卒業。法務博士（慶応義塾大学）。工学修士（東京大学）。新卒は社会問題に取組む仕事をしたいと考え一般社団法人に入社。50名規模のマネジメント業務を推進し、専務執行役員として多岐に渡る業務に従事。2022年6月にYousefulに参画。スキル教育領域にて新規事業開発を担当後、事業責任者を歴任し現在に至る。

STAFF

カバーデザイン	小口翔平＋奈良岡菜摘（tobufune）
カバー写真	渡 徳博
本文デザイン	大上戸由香（nebula）
本文イラスト	野崎裕子
校正	株式会社トップスタジオ
DTP制作	田中麻衣子
デザイン制作室	鈴木 薫
制作担当デスク	柏倉真理子
編集	鹿田玄也
副編集長	田淵 豪
編集長	藤井貴志

本書は、Excel、およびパワークエリを使ったパソコンの操作方法について2023年11月時点の情報を掲載しています。紹介している内容は用途の一例であり、すべての環境において本書の手順と同様に動作することを保証するものではありません。本書の利用によって生じる直接的または間接的被害について、著者ならび、弊社では一切責任を負いかねます。あらかじめご了承ください。

■ 商品に関する問い合わせ先

このたびは弊社商品をご購入いただきありがとうございます。本書の内容などに関するお問い合わせは、下記のURLまたは二次元バーコードにある問い合わせフォームからお送りください。

https://book.impress.co.jp/info/

上記フォームがご利用いただけない場合のメールでの問い合わせ先

info@impress.co.jp

※お問い合わせの際は、書名、ISBN、お名前、お電話番号、メールアドレス に加えて、「該当するページ」と「具体的なご質問内容」「お使いの動作環境」を必ずご明記ください。なお、本書の範囲を超えるご質問にはお答えできないのでご了承ください。

- 電話やFAX でのご質問には対応しておりません。また、封書でのお問い合わせは回答までに日数をいただく場合があります。あらかじめご了承ください。
- インプレスブックスの本書情報ページ https://book.impress.co.jp/books/1122101159 では、本書のサポート情報や正誤表・訂正情報などを提供しています。あわせてご確認ください。
- 本書の奥付に記載されている初版発行日から3年が経過した場合、もしくは本書で紹介している製品やサービスについて提供会社によるサポートが終了した場合はご質問にお答えできない場合があります。

■ 落丁・乱丁本などの問い合わせ先

FAX 03-6837-5023

service@impress.co.jp

※古書店で購入されたものについてはお取り替えできません。

できるYouTuber式

Excelパワークエリ 現場の教科書

2023年12月1日　初版発行

著者　ユースフル（大垣凜太郎）

発行人　高橋隆志

発行所　株式会社インプレス

〒101-0051　東京都千代田区神田神保町一丁目105番地

ホームページ　https://book.impress.co.jp/

印刷所　株式会社 暁印刷

ISBN 978-4-295-01809-4　C3055

Printed in Japan